新装改訂版

U.S.マリーンズ ザ・レザーネック

United States Marine Corps "The Leather Neck"
revised edition

SHIN UEDA
上田 信

大日本絵画

目　次

table of contents

第1部　現用アメリカ海兵隊の装備と戦術

第2部　アメリカ海兵隊戦史

第3部　君も今日から海兵隊員！

本書は1995年に初版が発行された『U.S.マリーンズ　ザ・レザーネック』を増補改訂したものです。場合によって表現を変えていますが、再収録の記事文中の記述は基本的に初版発行年当時のものに準拠しており、それ以降に装備された兵器、戦術形態、戦いについては新たな原稿を、それぞれ第1部と第2部の末尾に掲載しています。

第1部

Chapter;1

現用アメリカ海兵隊の装備と戦術

Chapter; 1

我が日本国にも駐留しているアメリカ海兵隊は、有事の際に真っ先に戦線へ投入される機動兵力であり、そのため、他のアメリカ陸・海・空軍にも引けを取らない勇敢な隊員～荒くれ者～たちと優れた装備を備えていることでも知られる。

とくに装備兵器については一般的な歩兵の携行火器や装甲車両、ヘリコプター、オスプレイなどの回転翼機やジェット戦闘機、さらにはそれを運ぶ強襲揚陸艦にいたるまで多岐にわたっている。

ここでは20世紀後半から21世紀になった今日に至るまでのその装備や戦術について見てみよう。

1 海兵隊の戦術単位について

引き続きB中隊も
発進せよ！
A中隊は
LZホーク、
B中隊は
LZスワローを確保せよ。

司令、ヘリコプターによる2往復で、A・B中隊とも全兵力の展開を無事に終えました。
ようし、反撃もたいしたことはなかったようだ。ヘリボーンの次はウォーターボーンの番だな。

上陸海岸より4キロのラインに達しました。
C中隊、D中隊出撃準備せよ。

C中隊上陸開始!!

AV-8、AH-1は
対地攻撃を開始せよ。
駆逐艦、フリゲート艦も
艦砲をもって
上陸部隊を支援。

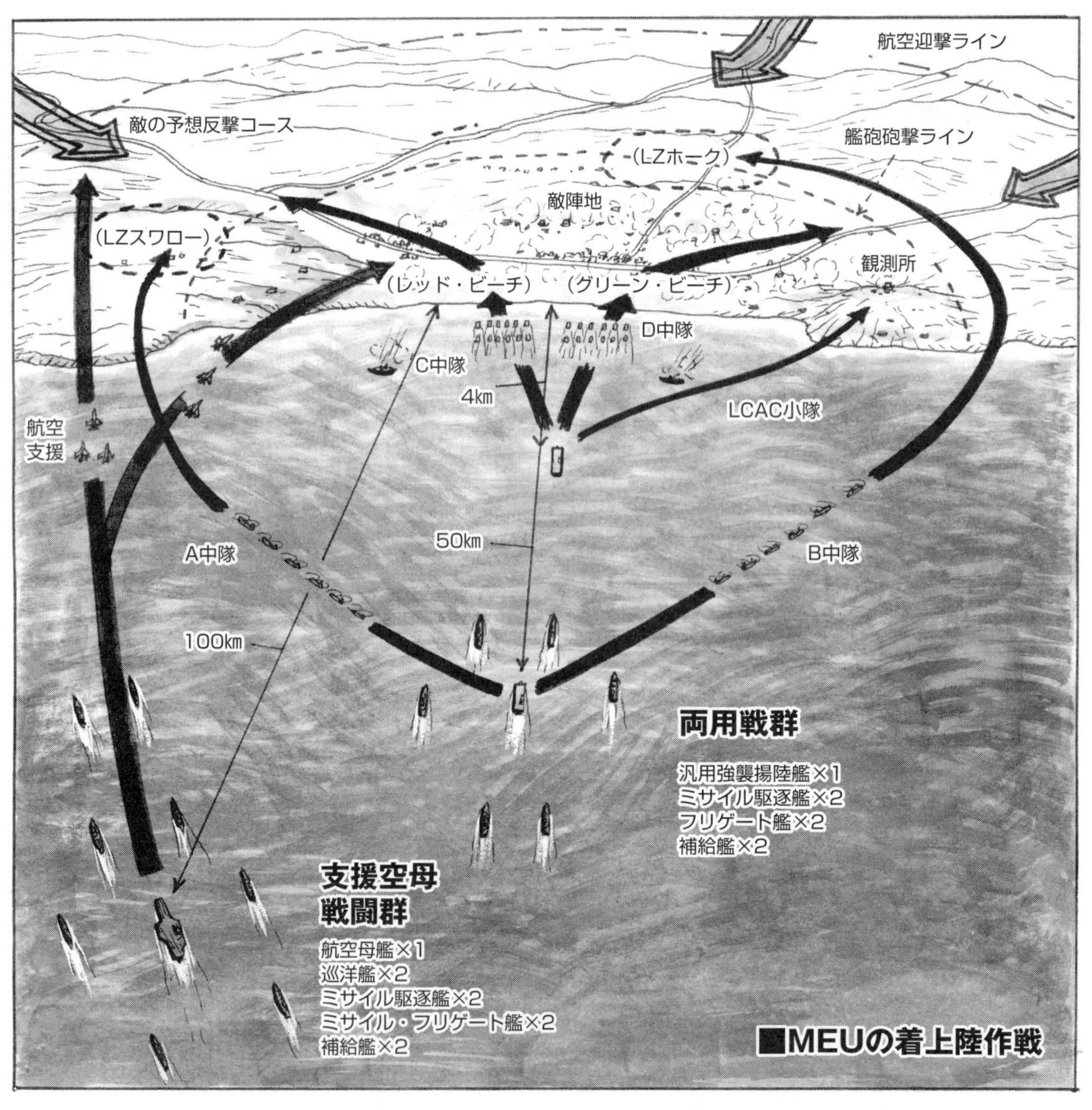
航空迎撃ライン
敵の予想反撃コース
艦砲砲撃ライン
(LZホーク)
敵陣地
(LZスワロー)
観測所
(レッド・ビーチ)
(グリーン・ビーチ)
D中隊
C中隊
4km
LCAC小隊
航空
支援
A中隊
50km
B中隊
100km
両用戦群
汎用強襲揚陸艦×1
ミサイル駆逐艦×2
フリゲート艦×2
補給艦×2
支援空母
戦闘群
航空母艦×1
巡洋艦×2
ミサイル駆逐艦×2
ミサイル・フリゲート艦×2
補給艦×2

■MEUの着上陸作戦

C中隊はレッド・ビーチ、
D中隊はグリーン・ビーチに上陸。
また、C中隊の1個小隊をもって
敵観測所を攻撃、確保せよ。
これには高速のLCACを使用。
LVTPの後にはLCM、
LCUが続き、戦車や車両等も
上陸させて海岸堡を強化。
1818
1820
1818

ヘリボーン部隊とウォーターボーン部隊
とで敵を挟撃して駆逐掃討、
約3時間の予定で目標地帯を占領、
陸上の戦闘配置を完了する。

1775年11月に創設されたアメリカ海兵隊は今日まで輝かしい歴史を誇っており、各戦場におけるエピソードも取り上げて行くぞ。

※かわらぬ忠誠：Semper Fi！（ラテン語が語源）

MAGTF（Marine・Air Ground, Task, Forceの略）

■海兵空・陸機動部隊（MAGTF）

CE（Command Element）

GCE、ACE、CSSEの指揮と統合のための単一の本部である

GCE（Ground, Combat Element）

地上戦闘部隊の規模は、歩兵大隊1個から歩兵師団1個、またはそれ以上までもあり、砲兵大隊、戦車大隊、偵察大隊、強襲水陸両用大隊、戦闘工兵組織などが含まれる

ACE（Aviation Combat Element）

増強ヘリコプタースコードロン1個から航空団あるいはそれ以上まであり、攻撃航空支援飛行隊、強襲支援飛行隊、航空偵察飛行隊、対空戦飛行隊、電子戦飛行隊、指令・統制の各組織が含まれることがある

CSSE（Combat Service Support Element）

海兵遠征隊の任務支援群であらゆる規模の兵站支援に対応できるように構成されており物資補給、機動輸送、施設、技術工兵、医療・歯科などの他に18の機能を果たすことになっている

MAGTFはその作戦の必要に応じて構成されることになり、基本的なタイプは3つに分けられる。
海兵遠征軍（MEF）、海兵遠征旅団（MEB）、海兵遠征隊（MEU）であり、それに海兵隊海上事前集積艦（MPS）が配備されています。

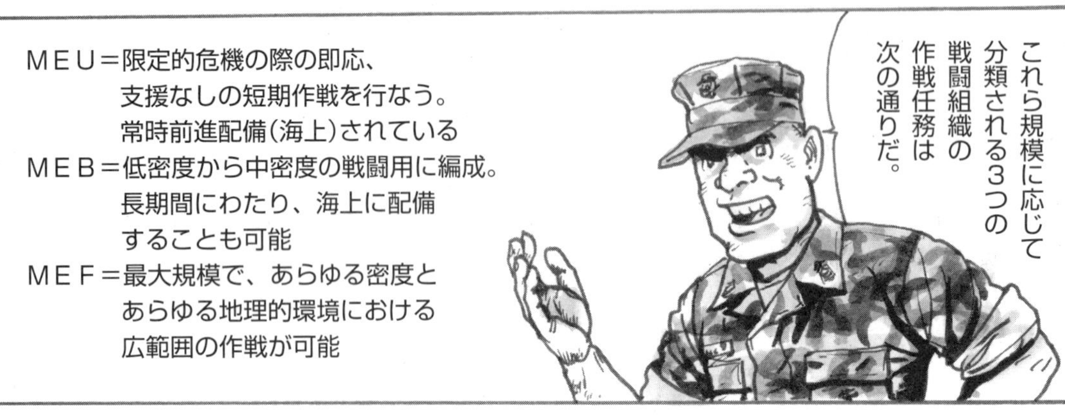
これら規模に応じて分類される3つの戦闘組織の作戦任務は次の通りだ。
MEU＝限定的危機の際の即応、支援なしの短期作戦を行なう。常時前進配備（海上）されている
MEB＝低密度から中密度の戦闘用に編成。長期間にわたり、海上に配備することも可能
MEF＝最大規模で、あらゆる密度とあらゆる地理的環境における広範囲の作戦が可能

3つの実戦部隊に組織されているMEFは1個が大西洋艦隊司令官、2個が太平洋艦隊司令官の指揮下に置かれている。
第2海兵遠征軍（ⅡMEF）が大西洋軍、第1海兵遠征軍（ⅠMEF）と第3海兵遠征軍（ⅢMEF）が太平洋軍配属だ。
ⅢMEFは海外に配備されている唯一のMEFで、日本の沖縄、岩国に配備されておる。

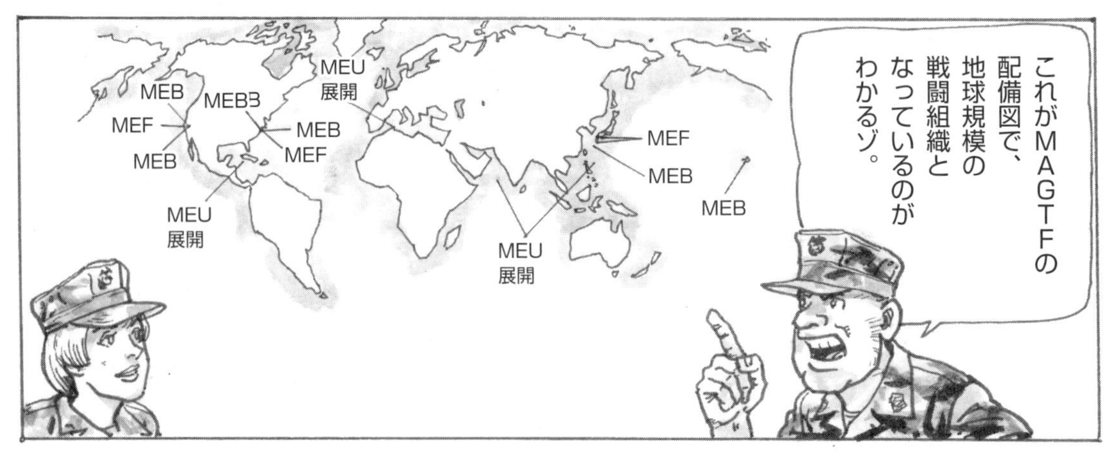
これがMAGTFの配備図で、地球規模の戦闘組織となっているのがわかるゾ。
MEB
MEBB
MEF
MEB
MEU展開
MEB
MEF
MEU展開
MEF
MEB
MEB
MEU展開

MEFは海兵空・陸機動部隊で最大規模の戦闘部隊である。広範囲の水陸両用作戦とそれに引き続く、陸上作戦を遂行する能力を保有している。

通常の編成は海兵師団、航空団、海軍支援隊各1個であるが、作戦規模により増強され海兵師団の他、いくつかの航空群によって編成されることもある。

本部
- 海兵航空団
- 海兵師団(強化)
- 海軍支援隊

海兵航空団

航空機・ランチャー	
AV-8B	60機
F/A-18	48機
A-6E	20機
EA-6	8機
KC-130	12機
OV-10	12機
CH-53E	16機
CH-53D	32機
CH-46D/E	60機
UH-1N	24機
AH-1J/T/W	24機
ホークランチャー	24基
スティンガーランチャー	75基

海兵師団(強化)

主要陸戦兵器	
戦車MA60A3又はM1A1	70両
81㎜迫撃砲M29A1	72門
60㎜迫撃砲M242	81門
TOWランチャー	144基
M47ドラゴンランチャー	288基
装甲兵車(AAV7)	208両
LAV25軽装甲車	147両
155㎜榴弾砲(T)	90門
155㎜榴弾砲(SP)	18門
8インチ榴弾砲(SP)	12門
12.7㎜機関銃	435挺
40㎜擲弾発射筒M19	345挺
7.62㎜機関銃M60	255挺

海軍支援隊

主要装備	
5tトラック	254台
ドラゴンワゴン	230台
2.5tトラック	53台
浮橋車	9両
30t給水車	12台
7.5t給水車	17台
5tトラック(集積)	72台
5t救急車	19台
ブルドーザー	39台
給水タンク車	28台
野戦トラック	447台

海兵隊	49,700人
海軍	2,600人
海軍支援要員	2,800人

MEFの所要(基本)

海兵水陸統制群
- 海兵航空団統制飛行隊 — 通信支援(艦隊連繋)
- 軽対空ミサイル大隊 — スティンガーミサイル小隊
- 海兵航空統制飛行隊 — 戦術航空作戦センター
- 海兵航空支援飛行隊 — 海兵航空支援センター — 航空支援レーダーチーム
- 指令部付本部飛行隊 — 戦術航空統制センター — 自動システム(艦艇連繋)
- 野戦防空砲兵中隊 — ホーク中隊
- 海兵航空支援管制飛行隊 — 航空交通管制センター分遣隊

MEFの指揮は中将か少将がとるが通常は先任(シニアクラス)が当たることになっている。地上戦闘部隊は左表のようになっている。海軍支援隊は60日分の上陸支援の兵站補給を行なう。15日分は強襲部隊で後の45日分は第2派部隊が運ぶことになっている。

なお、海軍要員の中には特殊部隊SEALと水中破壊チーム(UDT)が含まれています。

AAV(強襲水陸両用車) LAV(8輪軽装甲車) SP(自走砲) T(牽引)

■海兵遠征旅団(MEB)
(計画上基準任務編成)

現在MEBは6個である。
第1海兵遠征旅団(カネホエベイ)
第4 〃 (ノーホーク)
第5 〃 (ペンドルトン)
第6 〃 (レジューン)
第7 〃 (28パームズ)
第9 〃 (沖縄)
このうち第4は大西洋艦隊に、
第5は太平洋艦隊の直属部隊
に指定されています。

旅団本部
- 海兵航空群
- 連隊上陸団
- 旅団支援隊

航空機・ランチャー

機種	数
AV-8B	30機
F/A-18	24機
A-6E	10機
EA-6	4機
KC-130	6機
OV-10	6機
CH-53E	8機
CH-53D	20機
CH-46	48機
UH-1N	12機
AH-1J/T/W	12機
ホークランチャー	6基
スティンガーランチャー	15基

主要陸戦兵器

兵器	数
戦車MA60A3又はM1A1	17両
81㎜迫撃砲M29A1	24門
60㎜迫撃砲M242	27門
TOWランチャー	48基
M47ドラゴンランチャー	96基
装甲兵車(AAV7)	47両
LAV25軽装甲車	36両
155㎜榴弾砲(T) M198	24門
155㎜榴弾砲(SP) M109A3	6門
8インチ榴弾砲(SP) M110A2	6門
12.7㎜機関銃M2	138挺
40㎜擲弾発射筒M19	114挺
7.62㎜機関銃M60	255挺

人員	数
海兵隊	15,000人
海軍	700人
海軍支援要員	1,250人

■海兵遠征隊(MEU)(計画基準任務編成)

本部

- 航空スコードロン(増強)
- 大隊上陸団
- MEU支援隊

航空機・ランチャー

機種	数
CH-53D/E	4機
CH-46	12機
UH-1	2機
AH-1	4機
スティンガーランチャー	5基

主要陸戦兵器

兵器	数
戦車MA60A1又はM1A1	5両
81㎜迫撃砲M29A1	8門
60㎜迫撃砲M242	9門
TOWランチャー	8基
M47ドラゴンランチャー	32基
装甲兵車(AAV7)	12両
LAV25軽装甲車	36両
155㎜榴弾砲M198	8門
12.7㎜機関銃	20挺
40㎜擲弾発射筒M19	26挺
7.62㎜機関銃M60	60挺

人員	数
海兵隊	1,900人
海軍	100人
海軍支援要員	490人

増強ヘリコプター飛行隊は4種類のヘリコプターを保有。場合によってV/STOLが配備されることもある。

■海兵隊海上事前集積艦(MPS)

本部(旅団)

海兵航空群 / **連隊上陸団** / **旅団支援隊**

航空機・ランチャー	
AV-8B	20機
F/A-18	24機
A-6	10機
EA-6	4機
KC-130	6機
OV-10	6機
CH-53E	8機
CH-53D	12機
CH-46	12機
UH-1	12機
AH-1	24機
ホークランチャー	6基
スティンガーランチャー	30基

主要陸戦兵器	
戦車MA60A3又はM1A1	53両
81㎜迫撃砲M29A1	24門
60㎜迫撃砲M242	27門
TOWランチャー	96基
M47ドラゴンランチャー	96基
装甲兵車(AAV7)	107両
LAV25軽装甲車	28両
155㎜榴弾砲(T) M198	20門
155㎜榴弾砲(SP) M109A3	6門
8インチ榴弾砲(SP) M110A	6門
12.7㎜機関銃	303挺
40㎜擲弾発射筒M19	114挺
7.62㎜機関銃M60	360挺
海兵隊	15,775人
海軍	880人

各MPSには4~5隻の
事前集積艦が配置
されますが、専用艦船は
13隻です。そのうち5隻の
新造船は排水量が
40・846トンもあり、
MPS用物資の
4分の1を1隻に
搭載できます。

■海兵遠征旅団(MEB)および事前集積艦(MPS)配備図

7thMEB
5thMEB
9thMEB
4thMEB
6thMEB
MPS-1
MPS-3
1stMEB
MPS-2
アラビア海
インド洋
ベンガル湾
太平洋
大西洋

MPSは3つの戦略拠点海域に
配備され、MPS1は第6MEB、
MPS2は第7MEB、MPS3
は第1MEBに指定され、
配備艦船は13隻で、
その能力は30日間再補給
なしで作戦が遂行できる
と言われている。

MPSの3個船団は世界的規模の即応性を保持している。
この他にノルウェーにMEB1個分の装備と物資が陸上前進配置(ポスカム)されている。

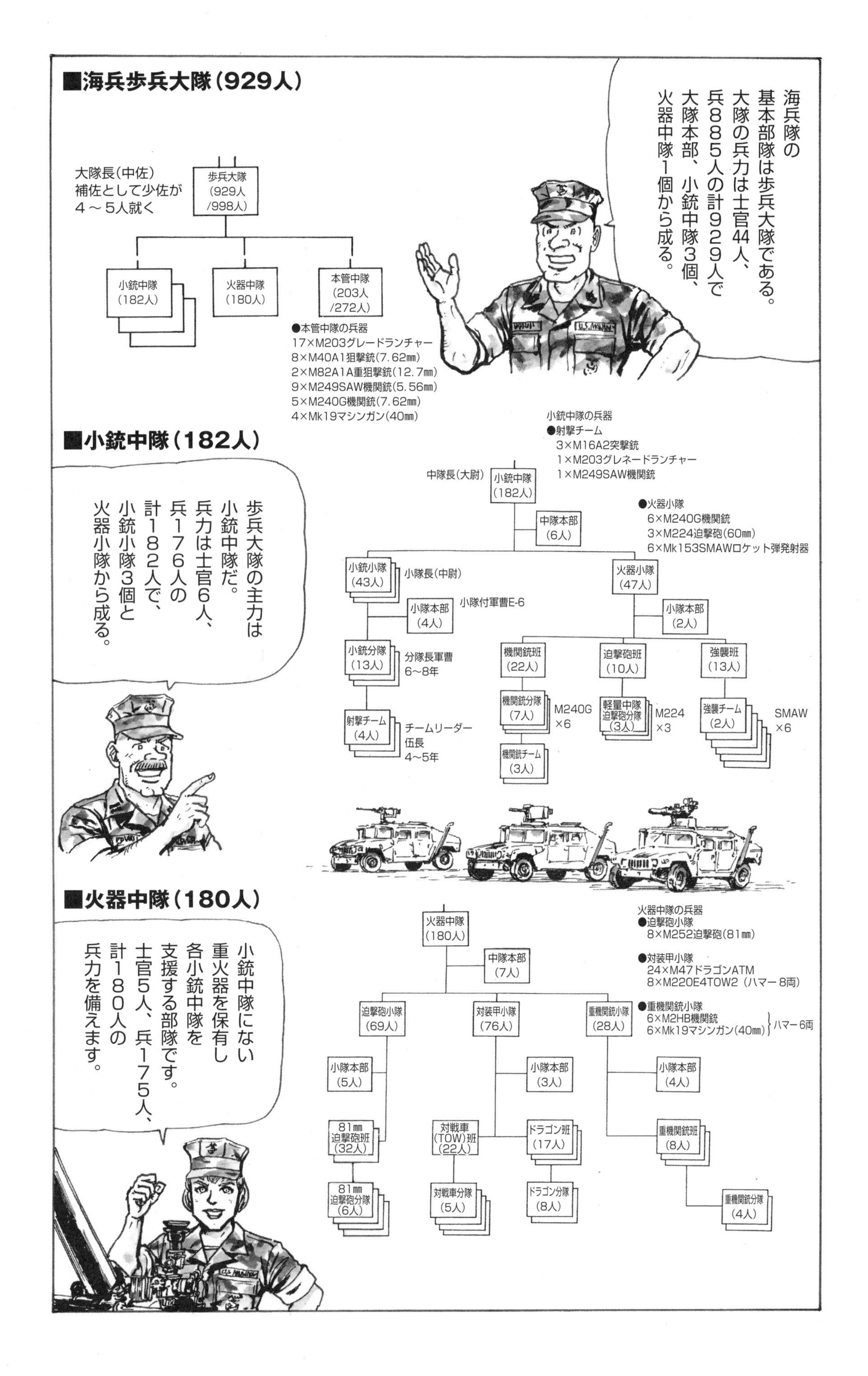
■海兵歩兵大隊（929人）
海兵隊の
基本部隊は歩兵大隊である。
大隊の兵力は士官44人、
兵885人の計929人で
大隊本部、小銃中隊3個、
火器中隊1個から成る。
大隊長（中佐）
補佐として少佐が
4～5人就く
歩兵大隊
（929人
/998人）
小銃中隊
（182人）
火器中隊
（180人）
本管中隊
（203人
/272人）
●本管中隊の兵器
17×M203グレードランチャー
8×M40A1狙撃銃（7.62㎜）
2×M82A1A重狙撃銃（12.7㎜）
9×M249SAW機関銃（5.56㎜）
5×M240G機関銃（7.62㎜）
4×Mk19マシンガン（40㎜）
■小銃中隊（182人）
歩兵大隊の主力は
小銃中隊だ。
兵力は士官6人、
兵176人の
計182人で、
小銃小隊3個と
火器小隊から成る。
小銃中隊の兵器
●射撃チーム
3×M16A2突撃銃
1×M203グレネードランチャー
1×M249SAW機関銃
●火器小隊
6×M240G機関銃
3×M224迫撃砲（60㎜）
6×Mk153SMAWロケット弾発射器
中隊長（大尉）
小銃中隊
（182人）
中隊本部
（6人）
小銃小隊
（43人）
小隊長（中尉）
小隊本部
（4人）
小隊付軍曹E-6
小銃分隊
（13人）
分隊長軍曹
6～8年
射撃チーム
（4人）
チームリーダー
伍長
4～5年
火器小隊
（47人）
小隊本部
（2人）
機関銃班
（22人）
機関銃分隊
（7人）
M240G
×6
機関銃チーム
（3人）
迫撃砲班
（10人）
軽量中隊
迫撃砲分隊
（3人）
M224
×3
強襲班
（13人）
強襲チーム
（2人）
SMAW
×6
■火器中隊（180人）
小銃中隊にない
重火器を保有し
各小銃中隊を
支援する部隊です。
士官5人、兵175人、
計180人の
兵力を備えます。
火器中隊の兵器
●迫撃砲小隊
8×M252迫撃砲（81㎜）
●対装甲小隊
24×M47ドラゴンATM
8×M220E4TOW2（ハマー8両）
●重機関銃小隊
6×M2HB機関銃
6×Mk19マシンガン（40㎜）
ハマー6両
火器中隊
（180人）
中隊本部
（7人）
迫撃砲小隊
（69人）
小隊本部
（5人）
81㎜
迫撃砲班
（32人）
81㎜
迫撃砲分隊
（6人）
対装甲小隊
（76人）
小隊本部
（3人）
対戦車
（TOW）班
（22人）
対戦車分隊
（5人）
ドラゴン班
（17人）
ドラゴン分隊
（8人）
重機関銃小隊
（28人）
小隊本部
（4人）
重機関銃班
（8人）
重機関銃分隊
（4人）

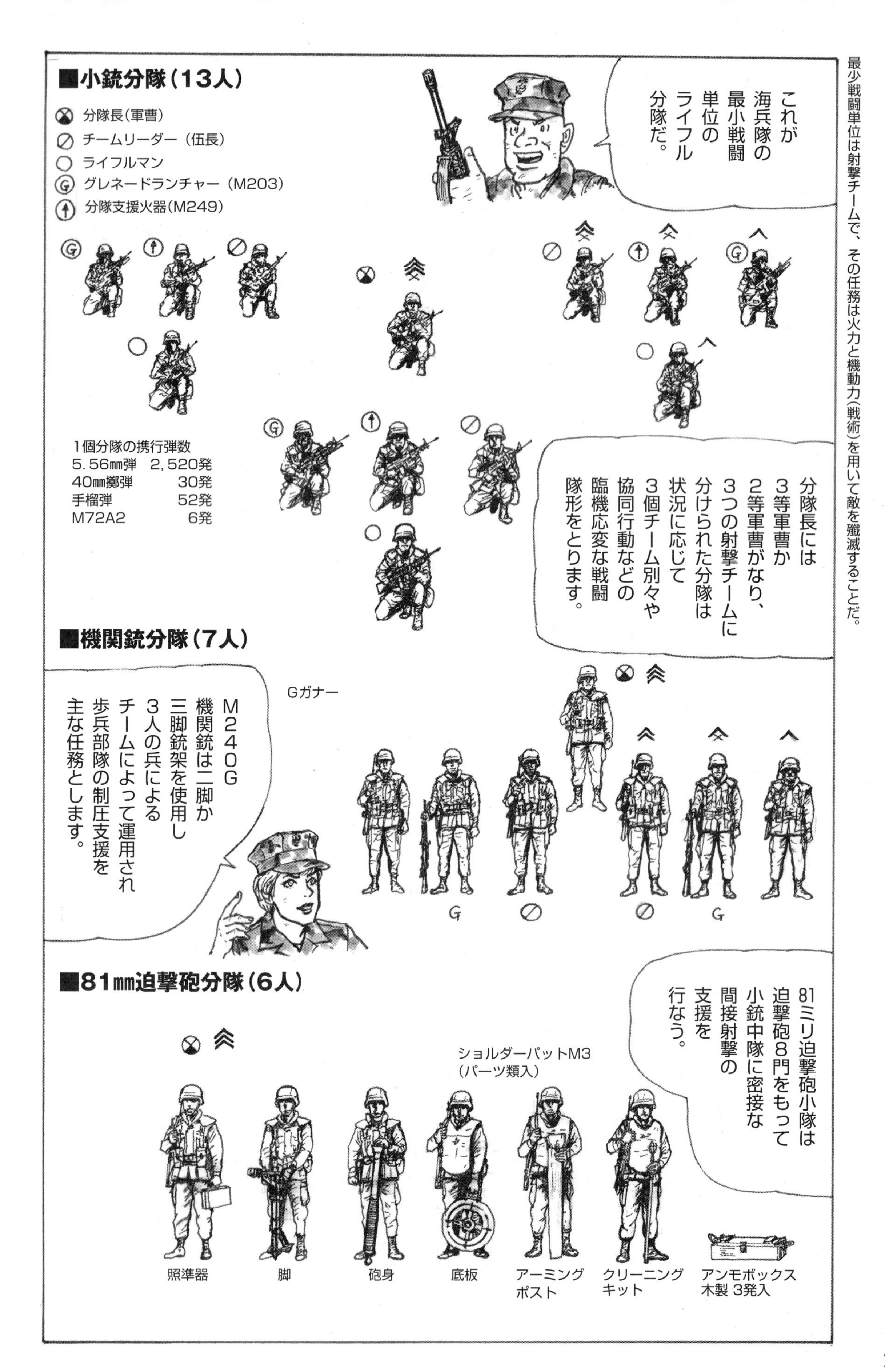
最少戦闘単位は射撃チームで、その任務は火力と機動力（戦術）を用いて敵を殲滅することだ。
■小銃分隊（13人）
分隊長（軍曹）
チームリーダー（伍長）
ライフルマン
グレネードランチャー（M203）
分隊支援火器（M249）
これが海兵隊の最小戦闘単位のライフル分隊だ。
1個分隊の携行弾数
5.56㎜弾　2,520発
40㎜擲弾　30発
手榴弾　52発
M72A2　6発
分隊長には3等軍曹か2等軍曹がなり、3つの射撃チームに分けられた分隊は状況に応じて3個チーム別々や協同行動などの臨機応変な戦闘隊形をとります。
■機関銃分隊（7人）
Gガナー
M240G機関銃は二脚か三脚銃架を使用し3人の兵によるチームによって運用され歩兵部隊の制圧支援を主な任務とします。
■81㎜迫撃砲分隊（6人）
81ミリ迫撃砲8門をもって小銃中隊に密接な間接射撃の支援を行なう。
ショルダーパットM3
（パーツ類入）
照準器
脚
砲身
底板
アーミングポスト
クリーニングキット
アンモボックス木製 3発入

■海兵師団

それは、これまでの師団が3個歩兵連隊編成であったのに、内1個を諸兵種連合連隊に改編したと言う点だ。

歩兵連隊は偵察中隊と歩兵大隊3個だったが、諸兵種連合連隊は軽装甲偵察中隊、戦車大隊、軽装甲歩兵大隊2個編成の「機甲連隊」と言えるものなのだ。

2 陸上部隊の兵器と装備

「分隊装備火器」

■M9　9㎜ピストル

1911年以来、75年間も制式拳銃だった
コルト・ガバメントに代わり
1985年に、アメリカ軍制式拳銃となった
このモデルはイタリア製のベレッタM92Fが
採用されたもので、伝統的な45口径から
9㎜へと小口径化されている

口径	9㎜
全長	217㎜
重量	973g（未装弾状態）
装弾数	15発
有効射程	50m

■M16A2ライフル

ベトナム戦争以来使用されている、5.56㎜の小口
径アサルトライフルM16A1の改良型。使用弾薬
が5.56㎜NATO弾となり、有効射程が延長した

口径	5.56㎜
全長	990㎜
重量	3,850g（マガジン付）
装弾数	30発
発射速度	600発／分

■M7バヨネット　M16ライフル用銃剣

全長	282㎜
刀身長	167㎜
重量	約300g

海兵隊は
M9MPBSは
白兵戦には
向かない
として採用
せず

「歩兵支援火器」

■M203　40㎜グレネードランチャー

M16A2ライフルに取り付けられる
擲弾発射装置で、これにより歩兵の
火力は大幅にアップした

口径	40㎜
全長	389㎜
重量	1,360g
有効射程	150m

ポンプアクション式の
単発で、擲弾や照明弾等
各種弾薬を発射できる

■M249SAW分隊機関銃

M16A2と同じ弾薬を
使用する軽機関銃。
M16ライフルの12倍の
火力を発揮する
強力な分隊支援火器だ

口径	5.56㎜
全長	1,040㎜
重量	6.83㎏
給弾方式	200発ベルト 30発(M16用マガジン使用)
発射速度	700発／分
最大	1,000発／分
有効射程	450m

「小隊装備火器」
■M60A2マシンガン
GPMG
三脚に載せて重機関銃、
単体で軽機関銃にと
バリエーションが多い
多用途型機関銃(GPMG)。
海兵隊では
陸軍に先がけて
改良型のE3型を採用、
M60より約2.25kg
軽量化され、バランスも
良くなっている
バレル・ロッキング・レバー
コッキング・ハンドル
ロック・レバー
M112トライポッド
トレバーシング・レバー
口径 7.62mm
全長 1,067mm
重量 8.5kg
給弾方式 ベルト給弾
発射速度 500～650発／分
有効射程 1,000m
最大 3,735m
フロント・サイト
ハンドル
リアサイト
バイポッド
ピストル・グリップ
50発入ペーパー・カートン
「中隊装備火器」
■M2 .50口径重機関銃
HMG
1933年以来使用中の
重機関銃で、現在も
アメリカ軍の主力
重機関銃だ
コッキング・ハンドル
フロント・サイト
リアサイト
トリガー
ハンドル・グリップ
キャリング・ハンドル
口径 .50（12.7mm）
全長 1,635mm
重量 38.2kg
給弾方式 ベルト給弾
発射速度 450～500発／分
有効射程 4,000m
最大 6,800m
■M40A1スナイパーライフル
民間のレミントンM700
ボルトアクション
ライフルをベース
にしたスナイパー
モデル
スコープ&マウント
口径 7.62×51
全長 1,117mm
重量 6.57kg
装弾数 5発
有効射程 1,000m
ボルト・ハンドル
セフティ
ユナーテル
USMCスナイパースコープ
固定 10倍率
全長 305mm
重量 1,021g
■ .50口径バーレットM82A1
スナイパーライフル
海兵隊では、有効射程2,000mの
ロングレンジ・スナイパーとして
.50口径のライフルを
数種類採用している。
バーレットは
セミ・オートマチックで、
数量としてはマクミラン社の
ボルトアクション式のものが多い。
大隊の狙撃部隊が2丁を装備する
口径 .50（12.7mm）
全長 1,549mm
重量 13.4kg
装弾数 11発

※1990年以降、最大射程1500mのスーパードラゴンへ、2010年以降はFGM-148ジャベリンへ更新中

「対戦車兵器」

<個人携行火器>

■M72A2LAW

使い捨て対戦車ロケットランチャーで、
使用時にはチューブを伸ばして使う。
軽量で1人2～3本は携行でき、
掩蔽壕やトーチカ等の
構築物の攻撃にも有効だ。
現在はAT-4に更新されている

フロント・サイト
トリガー
リア・サイト
リア・サイトカバー
グラスファイバー製チューブ

口径	66㎜
全長	655㎜
（発射時）	893㎜
重量	2,360g
装甲貫徹力	305㎜
有効射程	
移動目標	150m
静止目標	300m

<小隊装備>

■SMAW（多目的強襲兵器）

イスラエルのB300
対戦車ロケットを
採用したもので、
海兵隊では市街戦で
構築物を破壊する
ために使用される

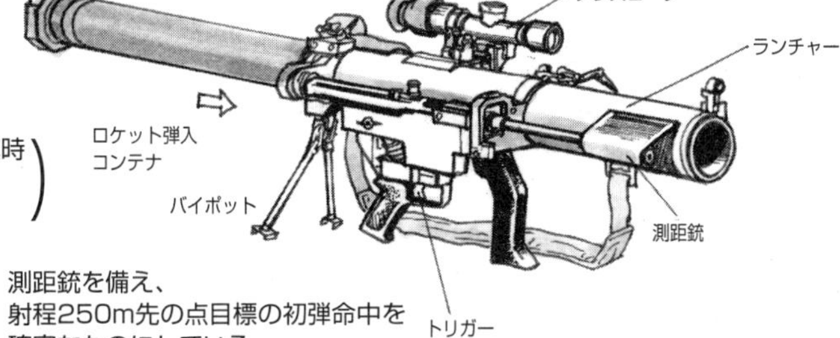

口径	81㎜	（コンテナ装填時
全長	825㎜	1,375㎜
重量	7.5㎏	13.4㎏）
装甲貫徹力	600㎜	
有効射程	500m	
ロケット弾		
重量	6.1㎏	
全長	760mm	

測距銃を備え、
射程250m先の点目標の初弾命中を
確実なものにしている

■AT-4（軽対戦車ロケット兵器）

スウェーデンで開発された
口径84㎜の無反動ロケット砲。
使い捨て式で、これは
対戦車火器として使用する

トランスポート・セフティピン
リア・サイト
セフティ・キャッチ
トリガー
フロント・サイト
ショルダーパッド
フロント・グリップ

口径	84㎜	装甲貫徹力	400m
全長	1m	有効射程	300m
重量	6.7㎏		

<中隊装備>

■M47ドラゴンⅡ

装甲貫徹力を
増強した改良型のドラゴン

ミサイル直径	12.4㎜
発射重量	6.97㎏
誘導方式	目視有線
最大射程	1,000m

中射程（1000m）の有線誘導式で、
無反動肩負い発射型の対戦車ミサイル。
その軽便さで強化バンカーや
トーチカ等の強固な目標に対する
強襲兵器としても使用できる

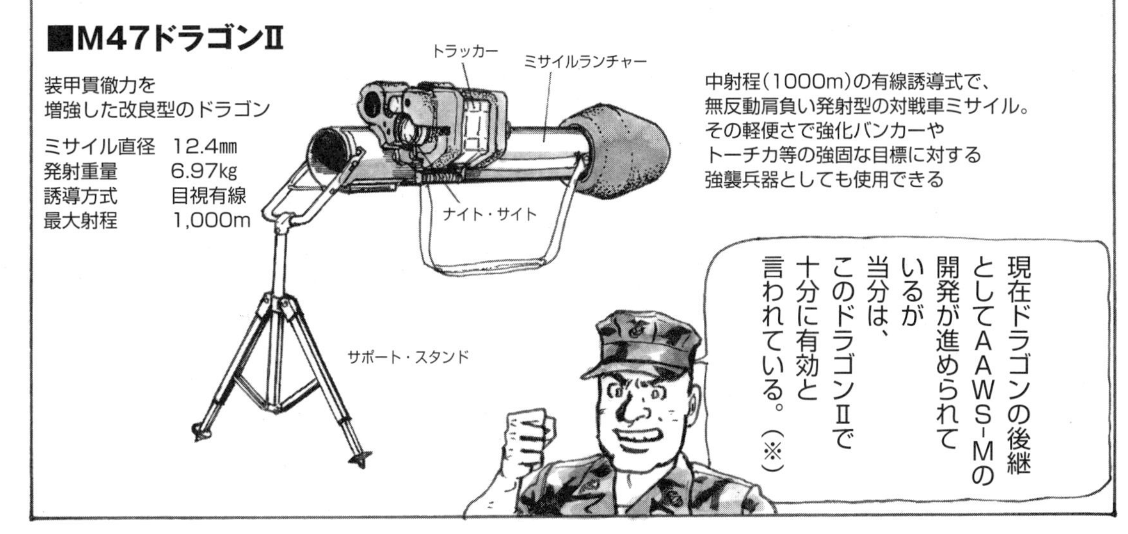

<携帯兵器>

■ハンドグレネード（手榴弾）

M67 破片手榴弾

現在アメリカ軍の主力手榴弾

延期信管 4～5秒
重量 390g
炸薬 TNT 184g

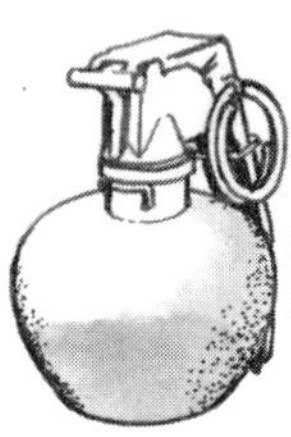

M69 訓練用手榴弾

延期信管 ナシ
炸薬 ナシ

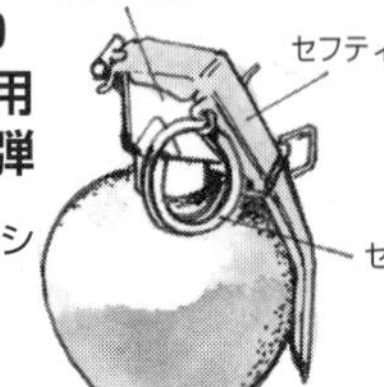

●暴動鎮圧用の催涙ガス手榴弾

M7A3ライアットCS（ガス）手榴弾

延期信管 0.7～2秒
重量 440g
CSガス 208g

M25A2CS（ガス）手榴弾

延期信管 1.4～3秒
重量 227g
CSガス 不明

AN-M14 焼夷手榴弾

延期信管 0.7～2秒
重量 900g
炸薬 テルミット 752g

MK1 照明手榴弾

延期信管 7秒
重量 284g
200mの範囲を25秒間照明

M18 発煙手榴弾

信号用に赤、緑、黄、紫色の4種類がある

延期信管 0.7～2秒
重量 681g
発煙時間 105～150秒間

<地雷>

■対人地雷

M16A2

作動すると2mぐらい飛び上がり炸裂する。
ニックネームは「バンシング・ベティ」

重量 3.75kg
炸薬TNT 約453g
殺傷能力半径30m
複合信管

バンシング・ベティ（お転婆ベティ）複合信管、圧力式または仕掛け線式と両方が使える

M18A1 クレイモア

有名な指向性地雷。60度の角度で扇状に鉄球を飛び散らせる。電気信管で遠隔起爆させるか仕掛け線で敵にひっかけさせる

本体はファイバーグラス製

重量 1.58kg
炸薬 C4 680g
700個の鉄球
殺傷能力半径100m

■対戦車地雷

威力は戦車のキャタピラを切断し、軽装甲車級の床装甲を破壊する

M15

重量 13.6kg
炸薬 コンポB 9.9kg

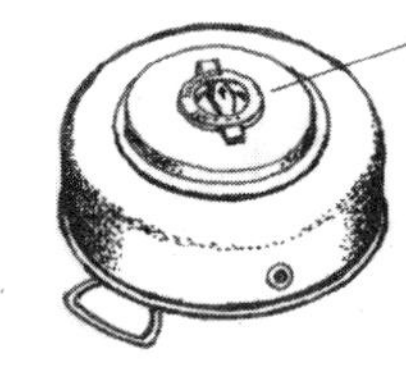

圧力式の一般的な戦車用地雷。地中に埋められ、158kg～340kgの圧力が加わると爆発

M19

探知されにくいようにオールプラスチック製の地雷

重量 11.3kg
炸薬 コンポB9.5kg

M21

先端にアダプターを取りつけ、接触したら爆発するようにもセットできる

46cmの延長アダプター、20度以上傾くと信管が作動

重量 7.8kg
炸薬 コンポH6 4.9kg

■ショットガン

軍用ショットガンにはレミントン、ウィンチェスターなど各社の12番ゲージ、ポンプ・アクションのものがほとんどだ

「迫撃砲」
<小隊装備>

■M224　60㎜軽迫撃砲

手軽な割に威力がある軽迫撃砲の最新モデルで
口径が60㎜ながら、81㎜中迫撃砲なみの
攻撃力を持っている

口径	60㎜
重量	21.1kg
発射速度	20発／分
最大	30発／分
射程距離	（最大）3,500m
	（最小）70m

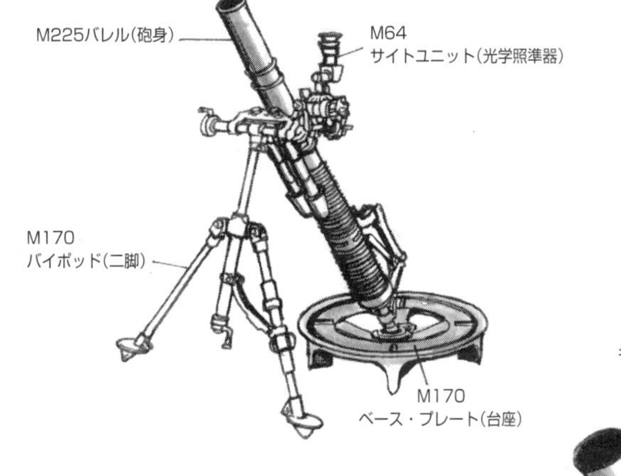

M224は
緊急時に1人で
備え付けのトリガーを
使って、手持ち射撃が
可能だ

キャリングハンドル
トリガー
フィアリング
セレクター
M8
ベース・プレート

運搬時の
重量は8.2kgと
軽機関銃なみだ

<大隊装備>

■M252　81㎜中迫撃砲

アメリカ軍の中迫撃砲として
長い間使用されていた
M29A1の最新モデルで、
イギリス軍のL16A2を基に
改良した新型迫撃砲。
旧型のM29A1に比べ
最大射程や発射速度など
大きく上回っている

口径	81㎜
重量	35.38kg
発射速度	15発／分
最大	30発／分
射程距離	
（最大）	5,675m
（最小）	100m

「軽支援火器」
<中隊装備>

■Mk.19　40㎜ グレネードランチャー

M203グレネードランチャーと
同じ40㎜擲弾を速射する擲弾機関銃。通常は
車両上に装備するが、地上からも発射できる

口径	40㎜
全長	1,028㎜
重量	35kg
発射速度	350～450発／分
有効射程	1,600m

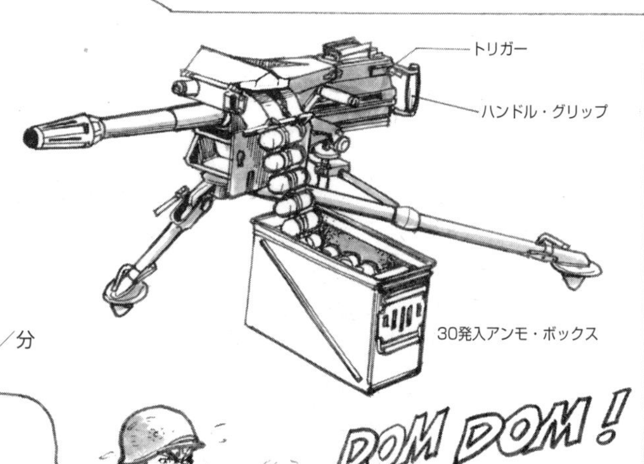

DOM DOM!

これはベトナム
戦争時、
アメリカ海軍が
河川哨戒艇用に
開発したが、
その威力に海兵隊が
目を付けたのだよ。

<中隊装備>

■TOW・対戦車中隊の主力装備

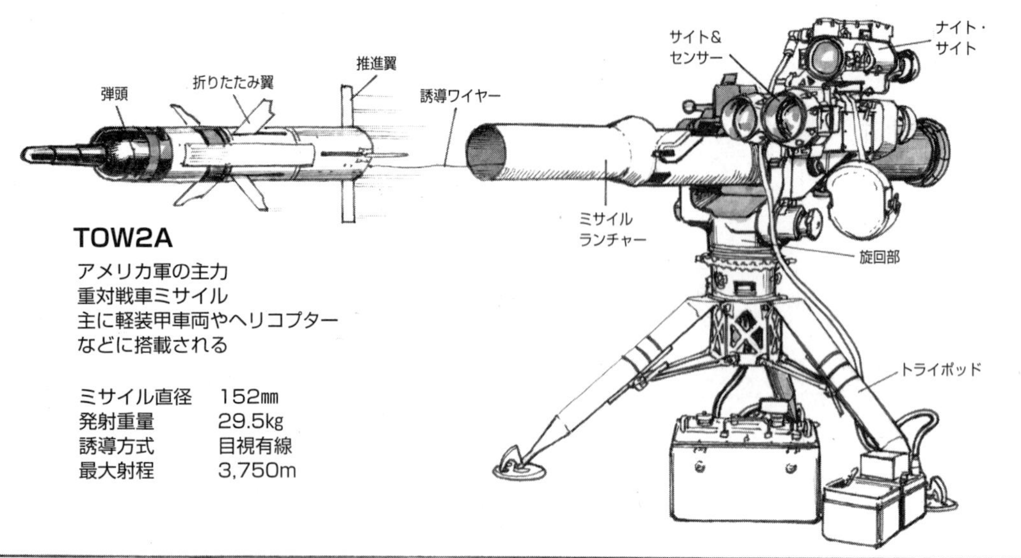

TOW2A

アメリカ軍の主力
重対戦車ミサイル
主に軽装甲車両やヘリコプター
などに搭載される

ミサイル直径	152mm
発射重量	29.5kg
誘導方式	目視有線
最大射程	3,750m

「防空兵器」
<大隊装備>

■スティンガーSAM

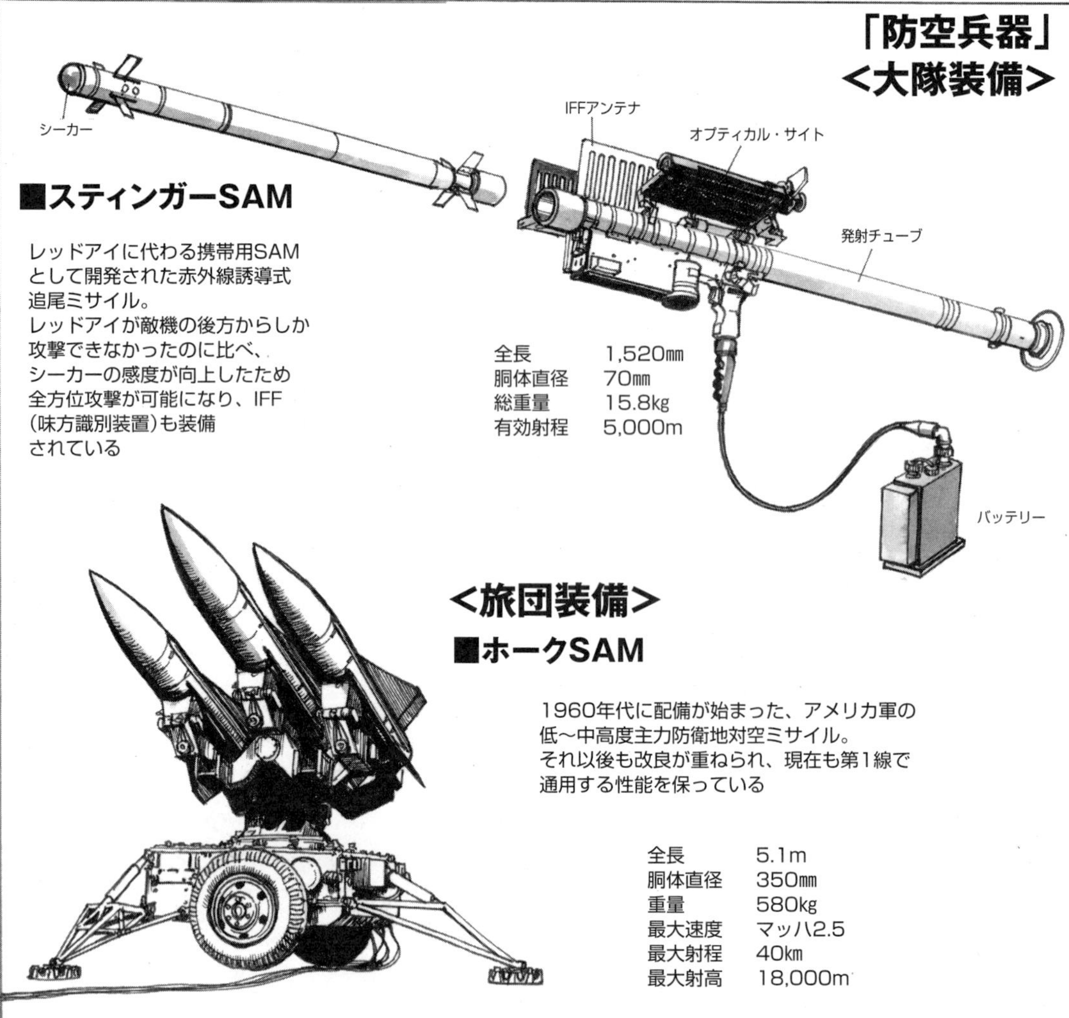

レッドアイに代わる携帯用SAM
として開発された赤外線誘導式
追尾ミサイル。
レッドアイが敵機の後方からしか
攻撃できなかったのに比べ、
シーカーの感度が向上したため
全方位攻撃が可能になり、IFF
(味方識別装置)も装備
されている

全長	1,520mm
胴体直径	70mm
総重量	15.8kg
有効射程	5,000m

<旅団装備>

■ホークSAM

1960年代に配備が始まった、アメリカ軍の
低~中高度主力防衛地対空ミサイル。
それ以後も改良が重ねられ、現在も第1線で
通用する性能を保っている

全長	5.1m
胴体直径	350mm
重量	580kg
最大速度	マッハ2.5
最大射程	40km
最大射高	18,000m

「火砲」砲兵連隊の装備

■M198　155㎜
牽引式榴弾砲

海兵隊砲兵連隊の主力野砲で
地上部隊の直接支援を行なう。
(海兵隊は旧式の105mm榴弾砲M101を
現在このM198に装備換えしている)

口径	155㎜
重量	7,139㎏
射程(最大有効)	30,100m
最大射撃速度	10発/分
1発の破壊地域	30×50m
射撃準備所要時間	5分

CH-47大型輸送ヘリコプターで
空輸が可能(スリング状態)
操作要員11名

M813
5tカーゴ
トラック

■M109A2　155㎜自走榴弾砲

アメリカ以外に世界20数ヶ国で装備されている
M109自走砲の改良型で、M198牽引砲と
同じ弾薬を使用できる

乗員(含む砲員)	6名
戦闘重量	25t
全長	21m
全幅	6.2m
全高	3.2m
エンジン出力	405hp
最高速度	56㎞/時

口径	155㎜
射程(最大有効)	24,000m
最大射撃速度	4発/分
搭載弾薬数	28発
射撃準備所要時間	1分

■M110A2
8インチ自走榴弾砲

通常、車長、操縦手、砲手3名を含む
13名の要員によって操作される。
搭載弾薬が2発分なので1門ごとに
専用のM548装軌弾薬車が随伴する。
なおM110の乗員は5名で
残りはM548に乗る。
(海兵隊では現在、M548は
配備されておらず、5tトラックが
流用されている)

口径	203㎜
射程(最大有効)	20,500m
最大射撃速度	4発/分
1発の破壊地域	30×80m
射撃準備所要時間	3分
重量	26.5t
エンジン出力	405hp
最高速度	55㎞/時

155ミリ砲には牽引式(T)と自走式(SP)の2つのタイプがあり、MEUには牽引式、MEBには自走式の155ミリ砲が装備されています。MEFはその両方を装備しており、また8インチ砲はMEBとMEFの両方に装備されます。

海兵隊では155ミリ砲は中口径砲、8インチ(203ミリ)砲は大口径砲に分類されている。これ以上の規模の火力支援は航空攻撃や艦砲射撃が引き受けるぞ。

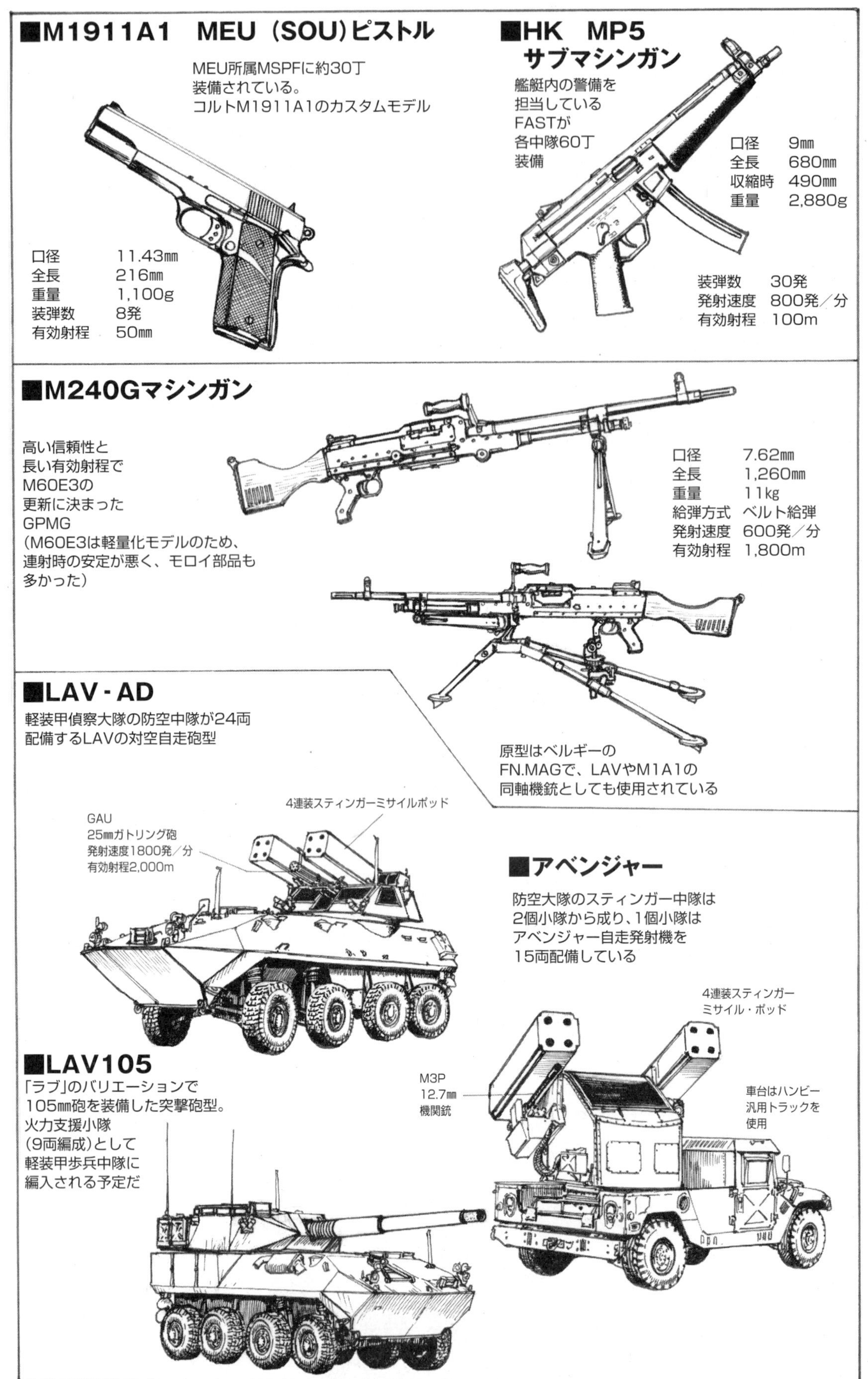

FAST（船隊付対テロ保安チーム）

GPMG（汎用機関銃）

3 揚陸作戦艦艇

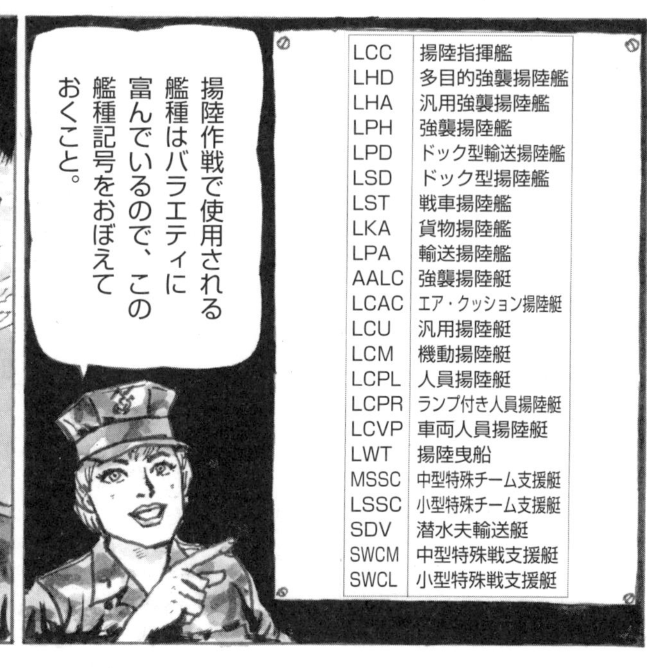

LCC	揚陸指揮艦
LHD	多目的強襲揚陸艦
LHA	汎用強襲揚陸艦
LPH	強襲揚陸艦
LPD	ドック型輸送揚陸艦
LSD	ドック型揚陸艦
LST	戦車揚陸艦
LKA	貨物揚陸艦
LPA	輸送揚陸艦
AALC	強襲揚陸艇
LCAC	エア・クッション揚陸艇
LCU	汎用揚陸艇
LCM	機動揚陸艇
LCPL	人員揚陸艇
LCPR	ランプ付き人員揚陸艇
LCVP	車両人員揚陸艇
LWT	揚陸曳船
MSSC	中型特殊チーム支援艇
LSSC	小型特殊チーム支援艇
SDV	潜水夫輸送艇
SWCM	中型特殊戦支援艇
SWCL	小型特殊戦支援艇

■汎用強襲揚陸艦LHA-1 「タラワ」タラワ級

同型艦5隻「タラワ」「サイパン」「ベローウッド」「ナッソー」「ペリリュー」

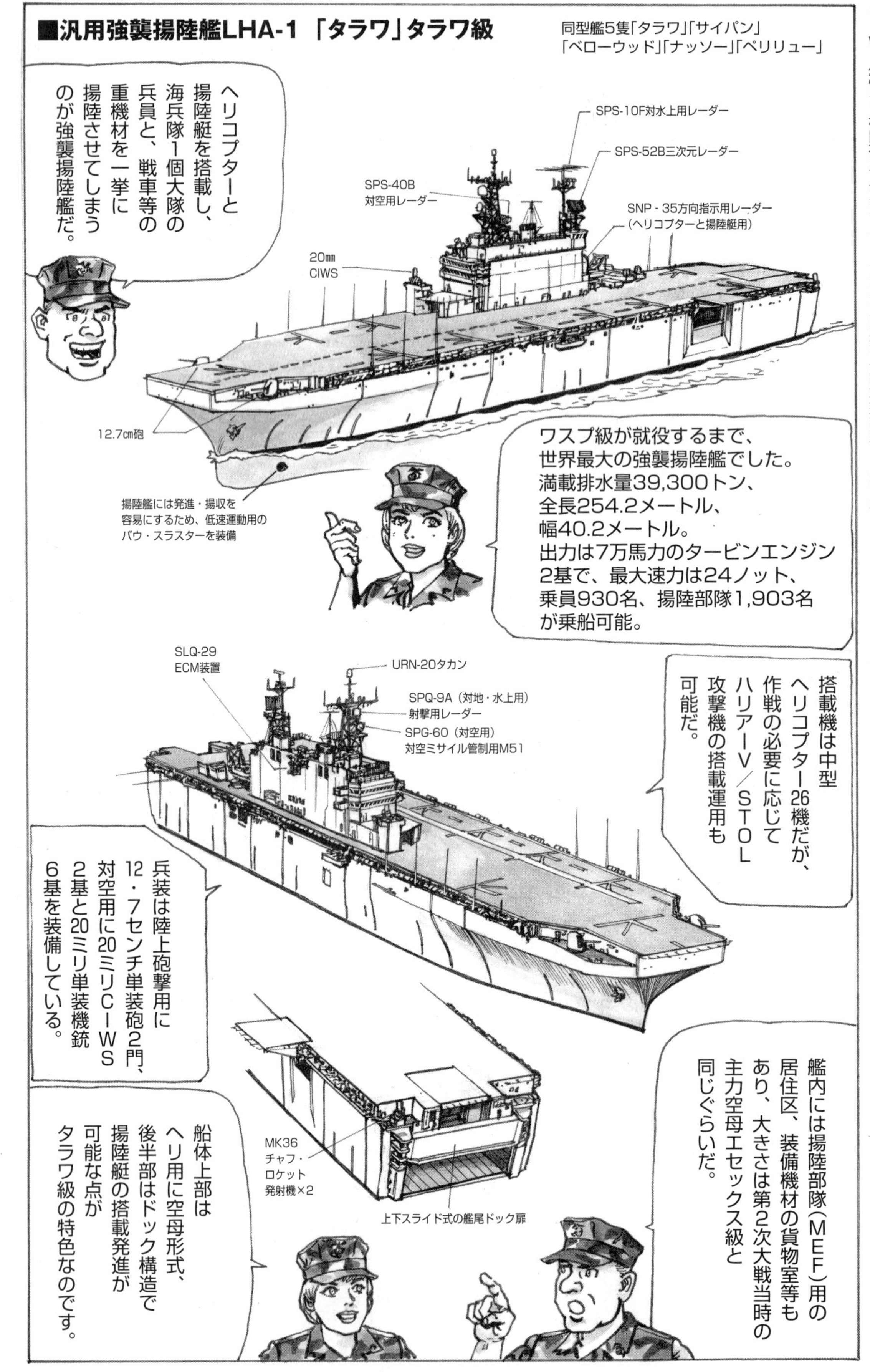

CIWS（20ミリ機関砲バルカン・ファランクスを持つ対空近接防御システム）

ＩＴＷＤＳ（上陸作戦統合戦術情報処理装置）　ＣＩＣ（戦闘情報中枢管制）　エア・ボス（飛行長。パロット出身の佐官）

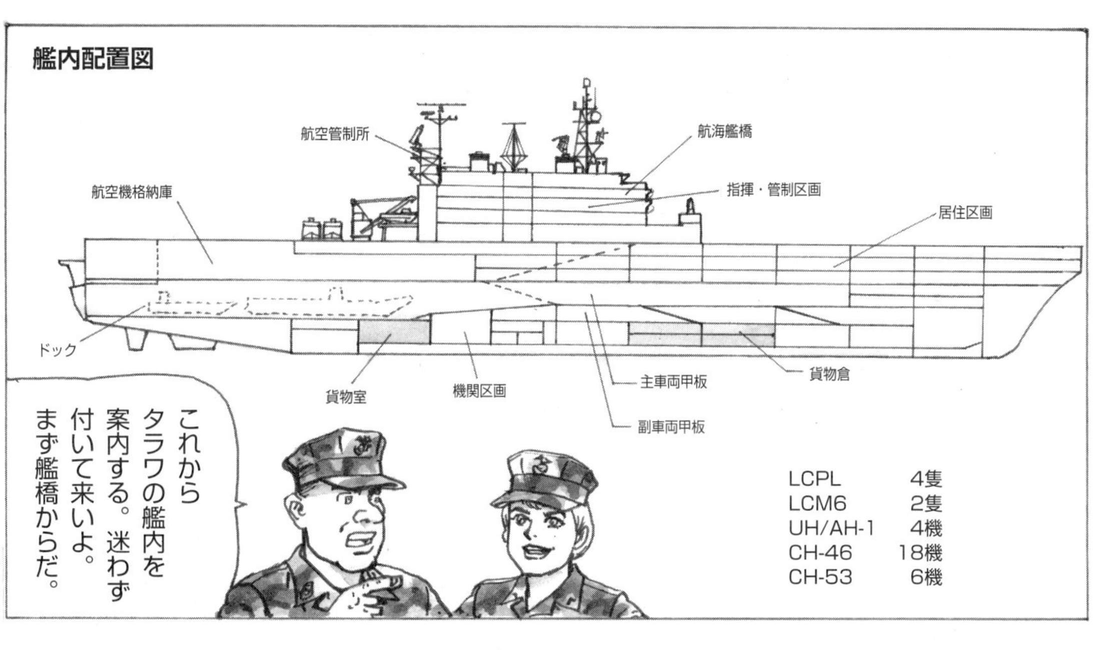

航空管制所

ここは航空管制所だ。多数のヘリコプターを安全かつ迅速に発着艦させるところで、こちらのエア・ボスが指揮をとっている。

タラワ級の航空管制はきわめて優れており、同時に50機までのヘリコプターを指揮管制できるぞ。

サイド・エレベーターは縦15・2メートル、横10・3メートルあり最大搭載量は18・2トン。最大重量10・4トンのCH-46などは軽く昇降させられる。

ヘリコプターは輸送用の中型のCH-46　18機、大型のCH-53　4機観測・攻撃用のAH-1　4機を搭載しており、CH-53を搭載しない場合はCH-46を30機も搭載するゾ。

CH-53は兵員35名または約7トンの物資、CH-46は兵員20名または約1・8トンの物資を輸送でき、CH-46なら1機でLCVP1隻と同じ輸送能力を発揮できる。

揚陸艇用のドック・ウェルは
格納庫の下にあり、
天井まで約9メートル
の高さがあるゾ。
ウァ〜
信じられない。
大きくて船の中とは
思えないワ。

ドック・ウェル
長さ81・7メートル、
幅23・8メートル、
前方には車両甲板に
通じるランプが
設けられておる。
ここはLCU1610型4隻か
LCUが2隻とLCM8型3隻、
またはLCM6型17隻の搭載が
可能だが、
幅の広いLCACは
1隻しか収容できない。

揚陸艇の発進と
収容はバラスト
タンクに注水して
艦尾を沈めてから
艦尾扉を開いて
行なう。
おっと忘れる所
だった。
揚陸艦は
飛行甲板にも
LCM6型と
LCPLを2隻ずつ
搭載していた。

これらは
容量が27トンの
クレーンで
揚収するわけだ。

天井に設けられたレールは
貨物を揚陸艇に搭載するための
モノレール・クレーンで、
吊り上げ能力2トンの
ホイスト11個が
装備されていて
数隻同時の
荷役が可能だ。
全ての荷役作業は
管理をコンピュータと
監視テレビで
行なえるように
なっているんですネ。

揚陸部隊用の装備品、補給品の倉庫は3311立方メートル。

艦内の荷役用として5ヶ所の貨物用エレベーター、自走式コンベア、モノレール、パレット運搬車や23台のフォークリフトを装備しているんですネ。

特殊なものでは世界各地の環境を自由に作り出せる環境トレーニング室があり、隊員は作戦前にここで体の調節を行なうことができる。

USMC.

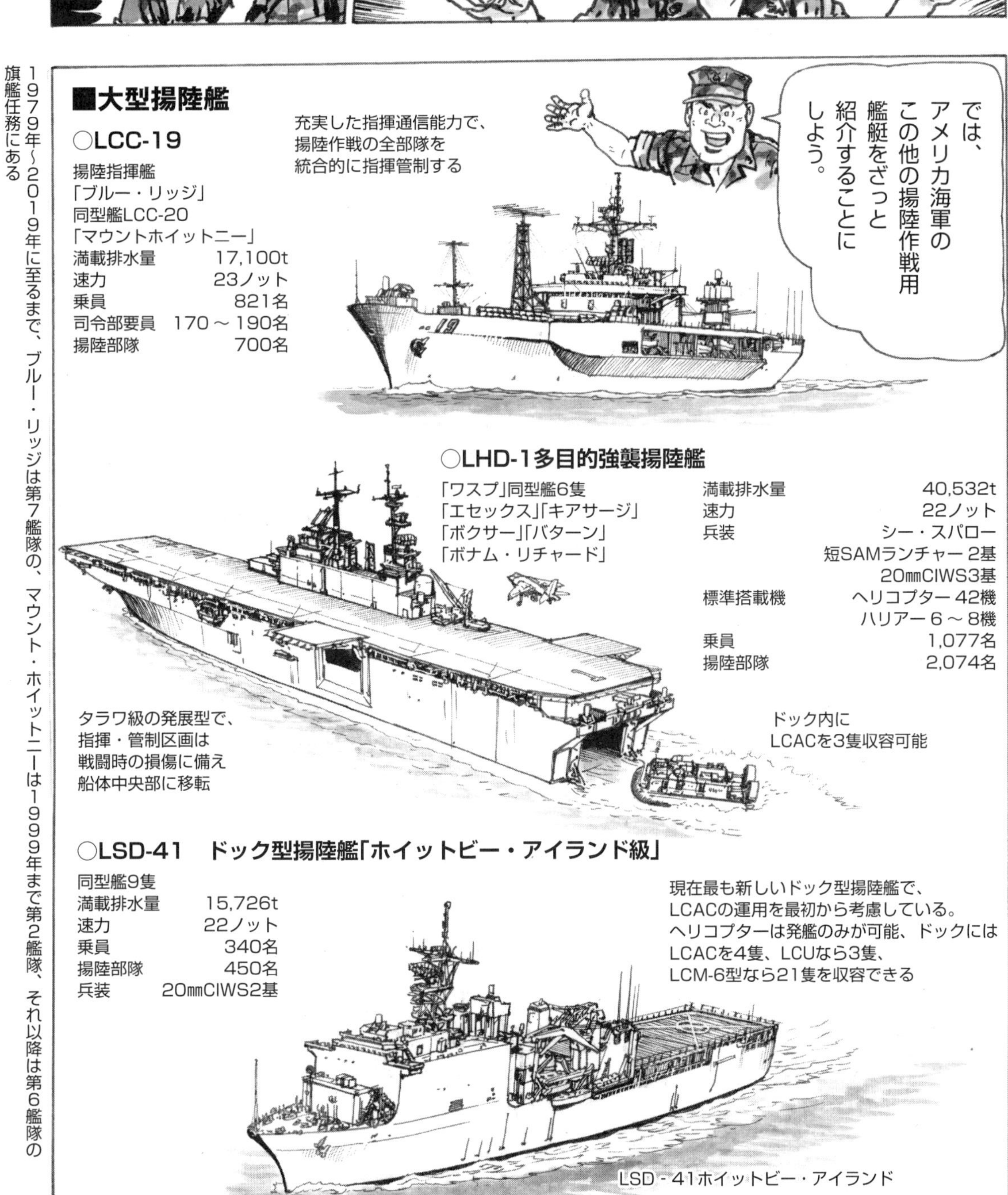

■大型揚陸艦

○LCC-19

揚陸指揮艦
「ブルー・リッジ」
同型艦LCC-20
「マウントホイットニー」

満載排水量	17,100t
速力	23ノット
乗員	821名
司令部要員	170〜190名
揚陸部隊	700名

充実した指揮通信能力で、
揚陸作戦の全部隊を
統合的に指揮管制する

○LHD-1多目的強襲揚陸艦

「ワスプ」同型艦6隻
「エセックス」「キアサージ」
「ボクサー」「バターン」
「ボナム・リチャード」

満載排水量	40,532t
速力	22ノット
兵装	シー・スパロー 短SAMランチャー2基 20㎜CIWS3基
標準搭載機	ヘリコプター42機 ハリアー6〜8機
乗員	1,077名
揚陸部隊	2,074名

タラワ級の発展型で、
指揮・管制区画は
戦闘時の損傷に備え
船体中央部に移転

ドック内に
LCACを3隻収容可能

○LSD-41　ドック型揚陸艦「ホイットビー・アイランド級」

同型艦9隻

満載排水量	15,726t
速力	22ノット
乗員	340名
揚陸部隊	450名
兵装	20㎜CIWS2基

現在最も新しいドック型揚陸艦で、
LCACの運用を最初から考慮している。
ヘリコプターは発艦のみが可能、ドックには
LCACを4隻、LCUなら3隻、
LCM-6型なら21隻を収容できる

LSD-41ホイットビー・アイランド

1979年〜2019年に至るまで、ブルー・リッジは第7艦隊の、マウント・ホイットニーは1999年まで第2艦隊、それ以降は第6艦隊の旗艦任務にある

機動揚陸艇ＬＣＭ８型には左記のスティール製の他、アルミニウム製の物もある。満載排水量65ｔ、速力9・2ノット、揚陸部隊200名を搭載可能

4 強襲水陸両用兵員輸送車AAVP-7A1

LVTP(Landing Vehicle Tracked Personnel)　AAVP(Armored Amphibious Assault Vehicle Personnel)

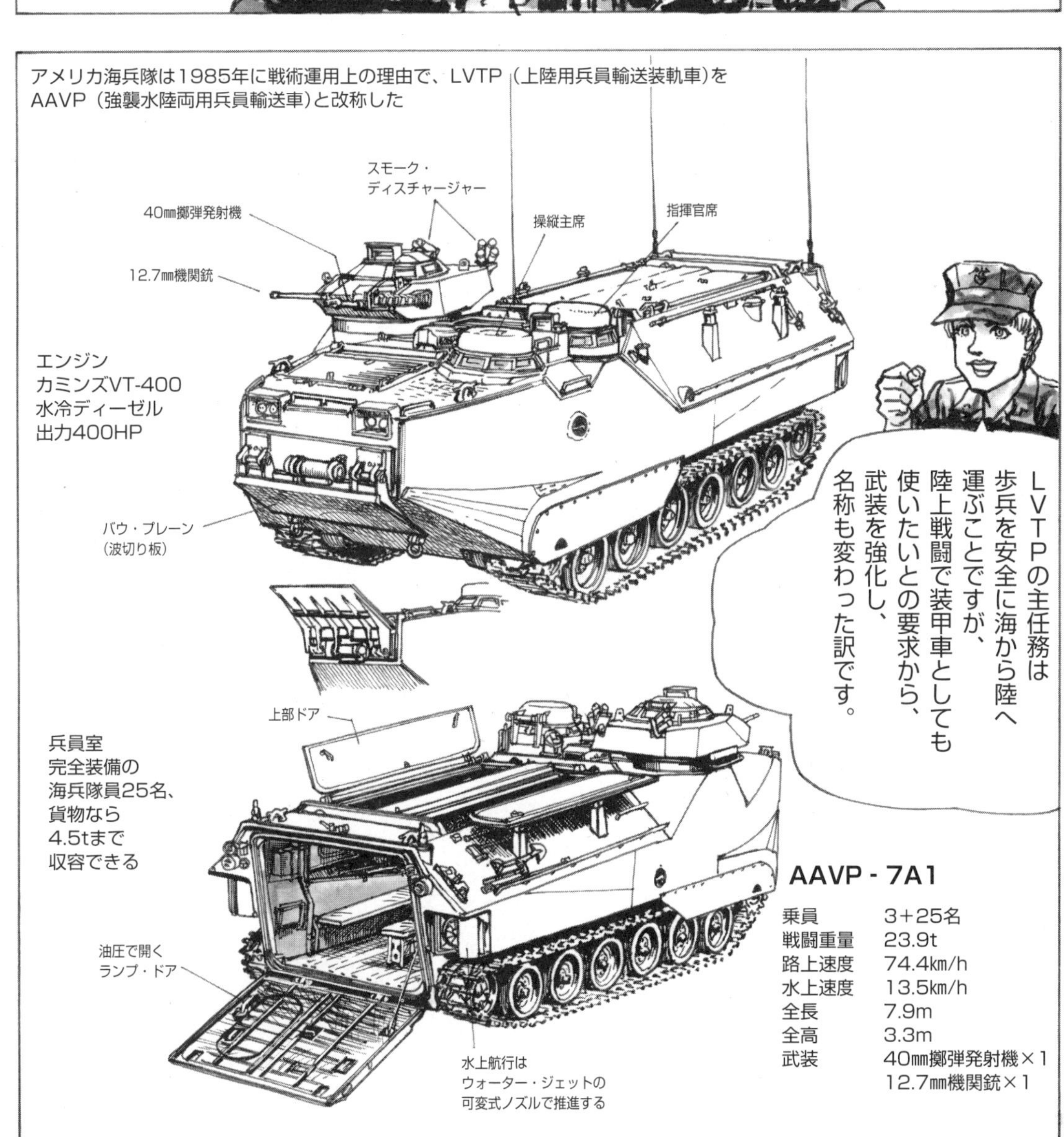

※現在は中央のベンチシートは使わず完全武装の兵士16名〜20名を乗せるようになっている

乗員3名に25名の海兵隊員を乗せて強襲揚陸艦から発進し、3メートルの高波の中でも進めるように設計されている。

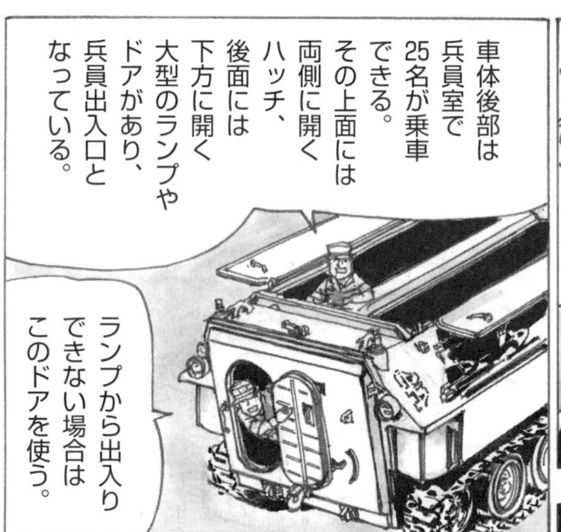

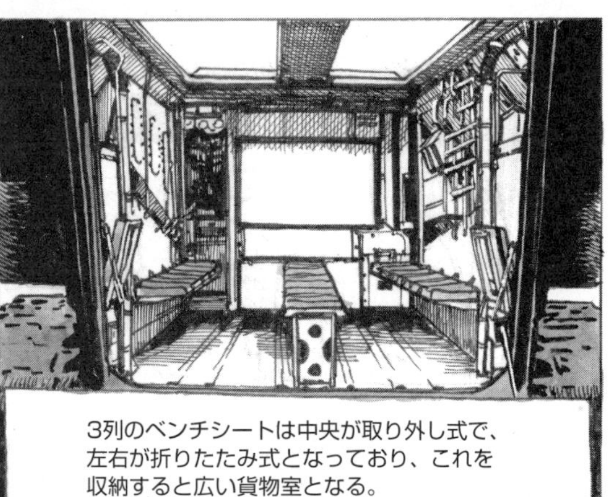
3列のベンチシートは中央が取り外し式で、左右が折りたたみ式となっており、これを収納すると広い貨物室となる。

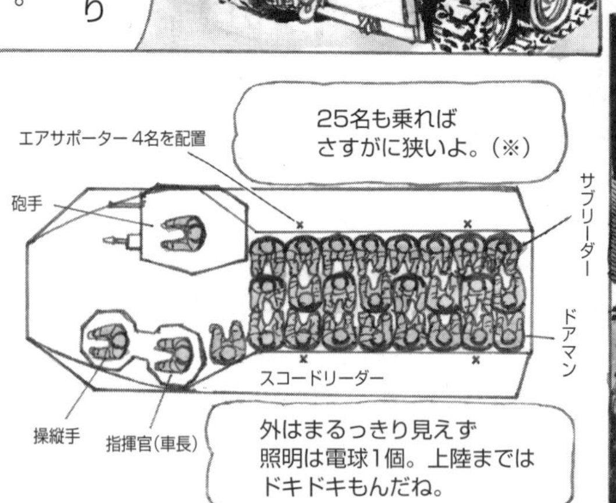

全てのハッチ、ポート類は閉鎖。

ウォーター・ジェット(前から流入した水をポンプで後方へ噴出して、その反動で推進する。動力系統は陸上走行用と同じエンジン)

EAAK(強化型増加装甲キット)
大きなシルエットの本車は速やかに遮蔽物の蔭に入り、海兵隊員を下車、散開させる。

上陸成功後は基本的に機械化部隊として、戦車と共同作戦行動を行なうことになる。
機動力や装甲、援護射撃能力がありますからね。その任務が重要になったので、武装や装甲が強化されたんですね。

■LVTPからAAVPへ
LVTP-7
LVTP-5の後継車として開発された
LVTP-7AT
新型エンジンとパッシブ式の夜間暗視装置、同様の射撃装置を導入した装備改修型
AAVP-7A1
武装強化と装甲増強型。1990年から採用されたEAAKアップリケ装甲
40ミリ擲弾発射機はイスラエル軍がアラブ軍のBMP1を1発でノックアウトしたことがある。有効射程も1000メートルあり、相当な威力だ。

種類	クラス	搭載甲板	AAVP数量
LSD	LSD-28～35	ウェル・デッキ	52
	LSD-36	ウェル・デッキ ハーフデッキ	52 15
LPD	LPD-1～3	ウェル・デッキ 車両用上甲板	24 16
	LPD-4	ウェル・デッキ 車両用上甲板	24 24
LST	LST-1171～1178	戦車甲板	21
	LST-1179	戦車甲板	23
LHA	LHA-1	後部ウェル・デッキ 前部ウェル・デッキ 3Dデッキ	24 20 35

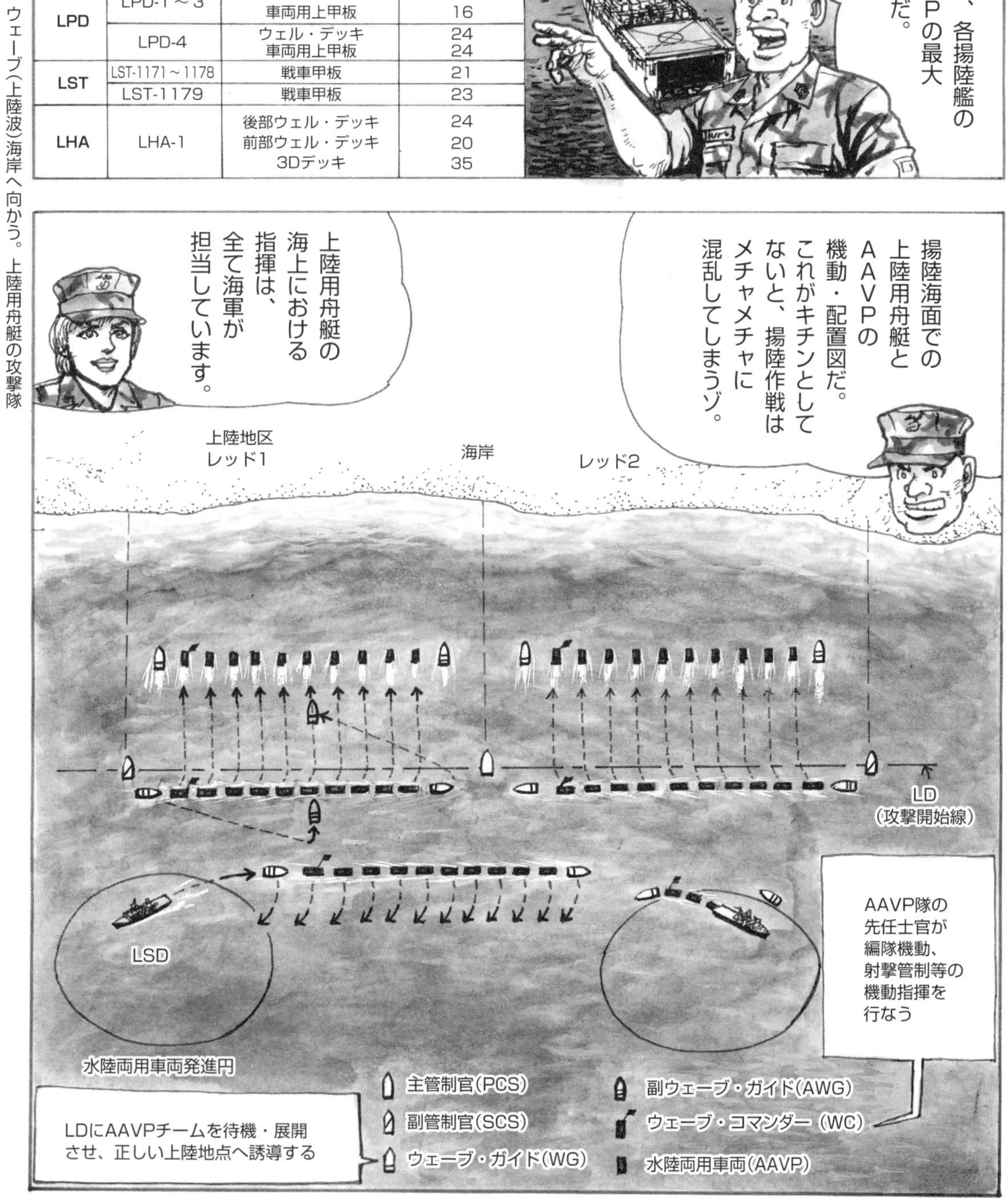

AAVP（両用指揮車）　AAVR（両用回収車）　ウェーブ（上陸波）海岸へ向かう。上陸用舟艇の攻撃隊

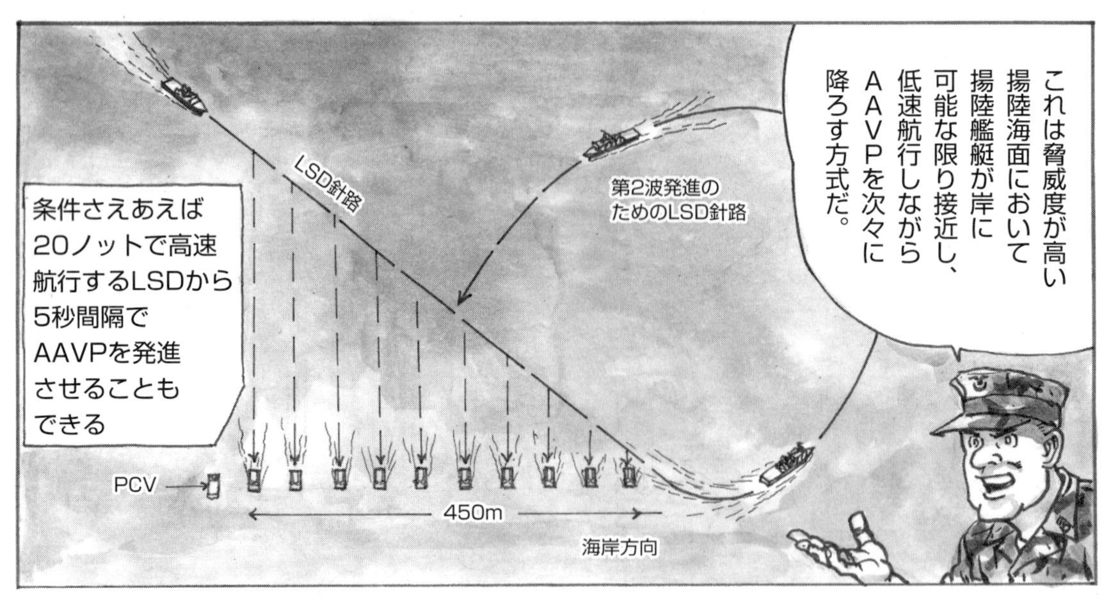
これは脅威度が高い
揚陸海面において
揚陸艦艇が岸に
可能な限り接近し、
低速航行しながら
AAVPを次々に
降ろす方式だ。
LSD針路
第2波発進の
ためのLSD針路
条件さえあれば
20ノットで高速
航行するLSDから
5秒間隔で
AAVPを発進
させることも
できる
PCV
450m
海岸方向

第1波に続いて
2波、3波と
AAVPが上陸、
橋頭堡を作った後に
LCUに乗った
戦車部隊が
上陸を開始する。
どうしても戦車が
後に来るので、
火力・防御力で劣る
AAVPはこの間、
航空兵力の支援を
必要とする訳だ。

戦車用LCUの次に
軽車両や人員用の
LCVPが揚陸する。
橋頭堡が少しずつ
拡張されて、
機材が続々と
運び込まれます。

グラスファイバー製の
マットは砂浜に敷いて
後続の兵員や軽車両の
前進を助ける。
支援車両が
続々と
上陸して
きます。

さて、先にも述べたが上陸後は、強襲揚陸部隊も機械化部隊となり陸上戦闘に参加することになる。
1991年の湾岸戦争では、クウェート解放のためにM60A1戦車と共に砂漠を進撃し、イラク軍の防御陣地を突破していますね。

機械化部隊は歩兵、戦車、強襲揚陸部隊、それに支援部隊で構成されます。
歩兵であるライフル中隊はAAVP小隊に3分割法で搭載されます。下図はその部隊展開図です。
楔隊
横隊
縦隊
斜横隊
V字隊
各ライフル小隊にAAVP3両を配備
楔隊
横隊
縦隊
斜横隊
V字隊
各ライフル小隊にAAVP2両
このようにAAVPは陸上戦ではライフル小隊(海兵小隊は36名)を状況により分割搭乗させ、歩兵戦闘車としての活躍を期待されている。
これらAAVP分隊のうち2個分隊はAAVPの各分隊長に指揮され、第3分隊は予備隊としてAAVP小隊副官が指揮に当たる。
AAVP各分隊は歩兵小隊を輸送し、残るAAVPは本部小隊のAAVP小隊長と歩兵中隊長らが搭乗している。

■AAVP-7のバリエーション

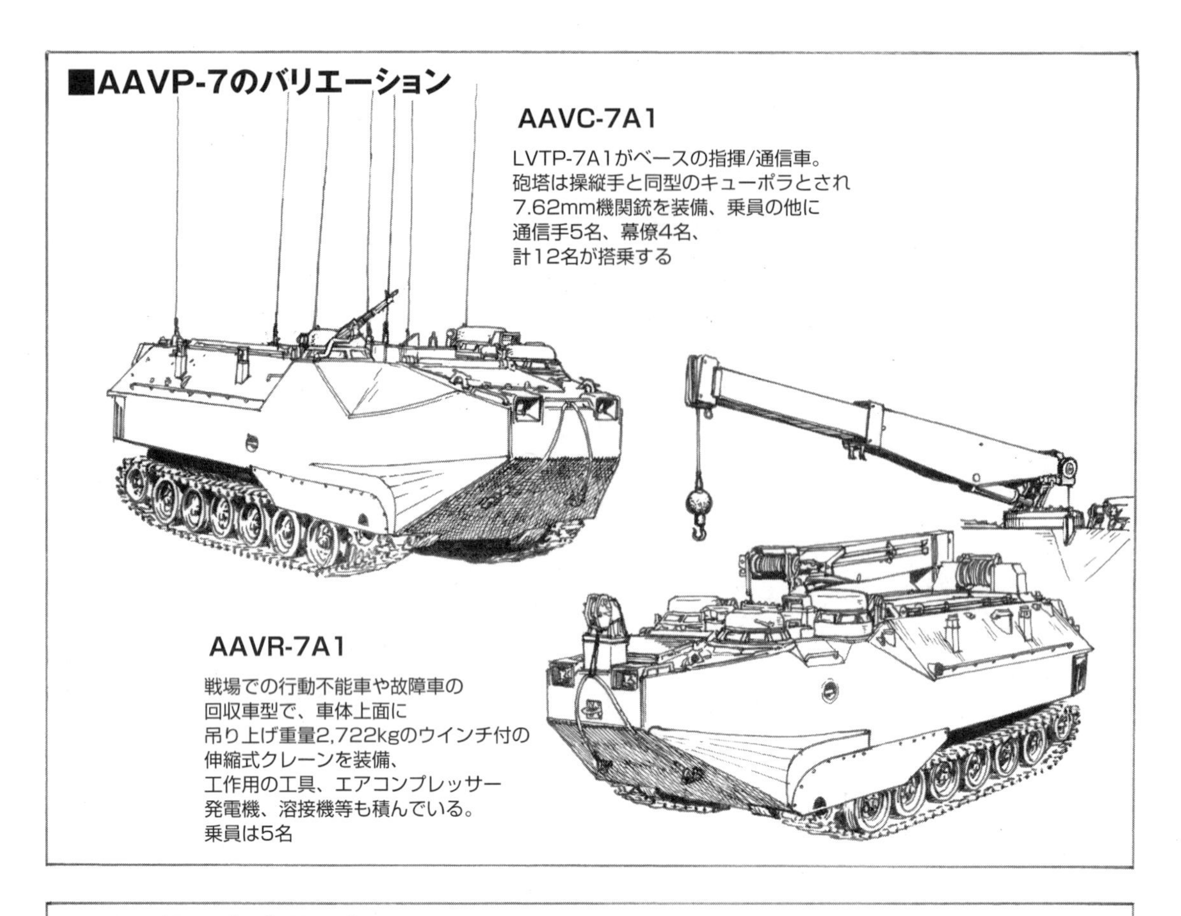

AAVC-7A1

LVTP-7A1がベースの指揮/通信車。
砲塔は操縦手と同型のキューポラとされ
7.62mm機関銃を装備、乗員の他に
通信手5名、幕僚4名、
計12名が搭乗する

AAVR-7A1

戦場での行動不能車や故障車の
回収車型で、車体上面に
吊り上げ重量2,722kgのウインチ付の
伸縮式クレーンを装備、
工作用の工具、エアコンプレッサー
発電機、溶接機等も積んでいる。
乗員は5名

■その他の水陸両用車

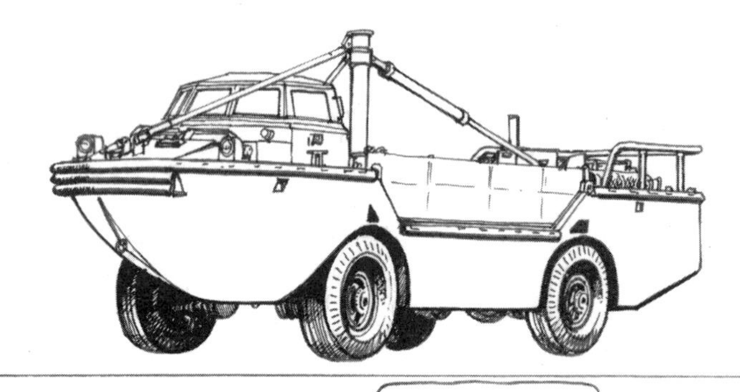

LARC-5両用輸送車

軽量アルミ製の4×4装輪車。
船に車輪を付けたスタイルで、
主に母艦から上陸地点間の
貨物輸送用に使用されている。
兵員なら20名、貨物なら
最大5tまで搭載できる

M116

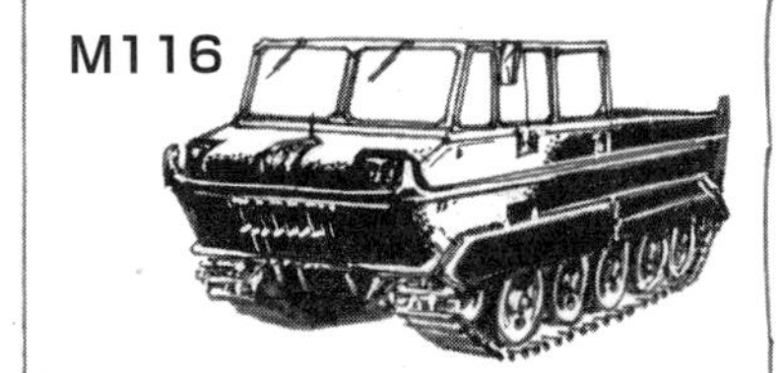

1.5t積みの全装軌型軽量輸送車両

M-733

M116を装甲化して、武装を
装備したもの

これらは沼地や砂地、内陸水路等で使用するためのものだ。

これは退役して現在は全て使用されていない。

LARC-15

15t積みの中型水陸両用輸送車両。
水上も15km/hの高速で走れる

LARC LX

60t積みの大型水陸両用車

5 装甲車両と支援車両

曹長、
続々と
部隊が
やってきますね。
そうだ。これより
上陸後の地上戦闘と
なるが、わが海兵隊も
装甲・機動化が
進み、陸軍の戦闘部隊
と比べても見劣りせんぞ。

あっ、
曹長
あれは
何ですか?
バンプーン
ブリッジだ。
あれも
車両用の
上陸舟艇で、
戦車や
重火器等を
まとめて
陸揚げ
できるぞ。

ほらきたぞ。
M60に代わって
主力戦車となった
M1エイブラムスだ。

海兵隊は1985年にM1エイブラムスの採用を決めていたんだが、予算の削減で導入が始まったのは'89年からとなってしまった。
湾岸戦争では、第4戦車大隊B中隊に配備されており、T72装備のイラク軍戦車隊を相手に大戦果を挙げています。

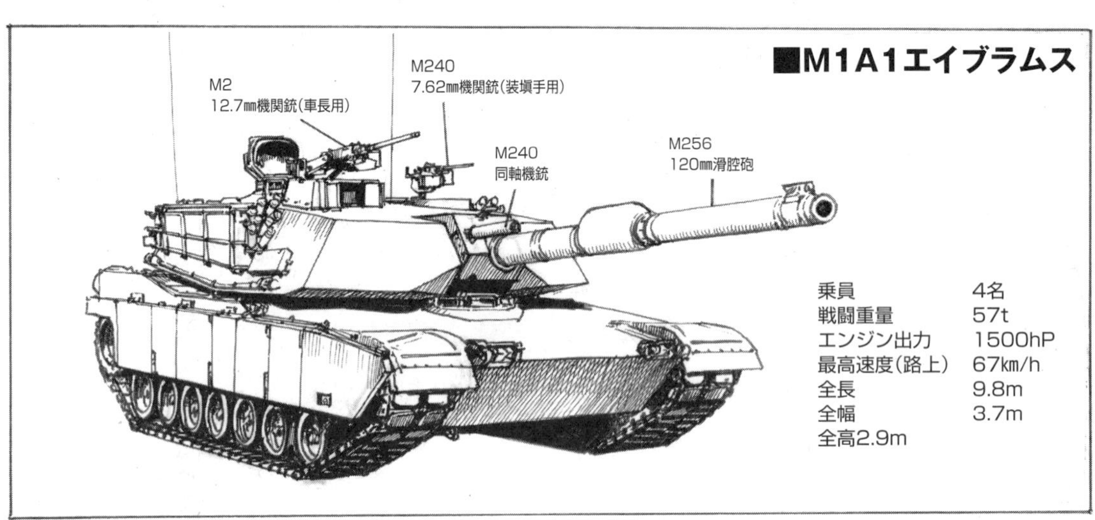
■M1A1エイブラムス
M2
12.7㎜機関銃(車長用)
M240
7.62㎜機関銃(装填手用)
M240
同軸機銃
M256
120㎜滑腔砲
乗員 4名
戦闘重量 57t
エンジン出力 1500hP
最高速度(路上) 67㎞/h
全長 9.8m
全幅 3.7m
全高2.9m

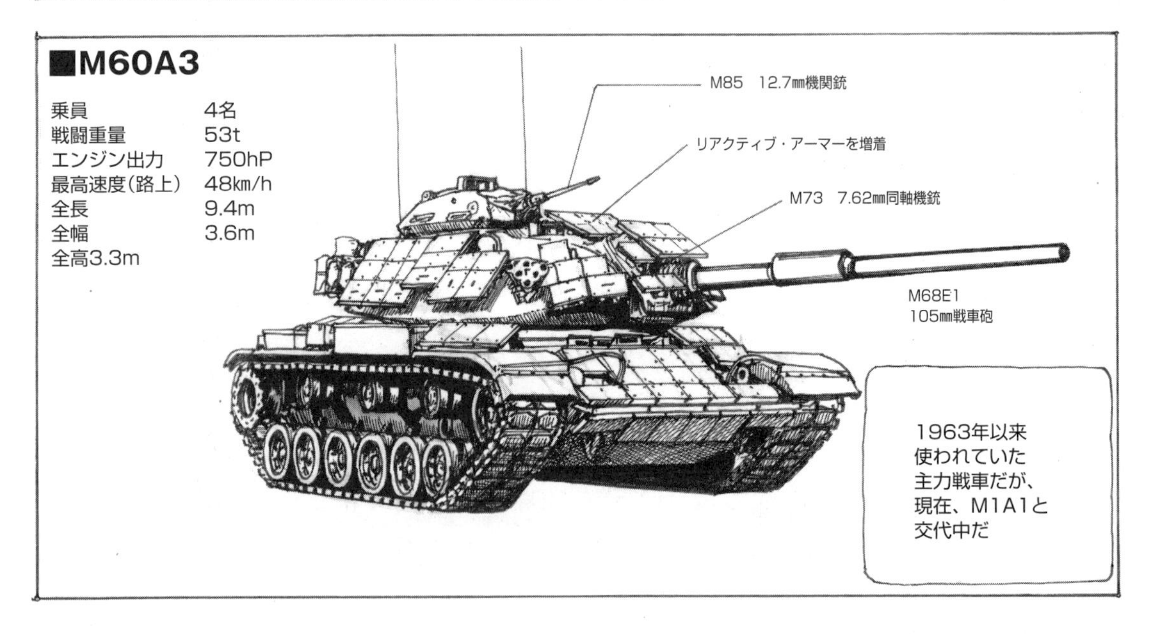
■M60A3
乗員 4名
戦闘重量 53t
エンジン出力 750hP
最高速度(路上) 48㎞/h
全長 9.4m
全幅 3.6m
全高3.3m
M85 12.7㎜機関銃
リアクティブ・アーマーを増着
M73 7.62㎜同軸機銃
M68E1
105㎜戦車砲
1963年以来使われていた主力戦車だが、現在、M1A1と交代中だ

USMCR(予備役戦車部隊)

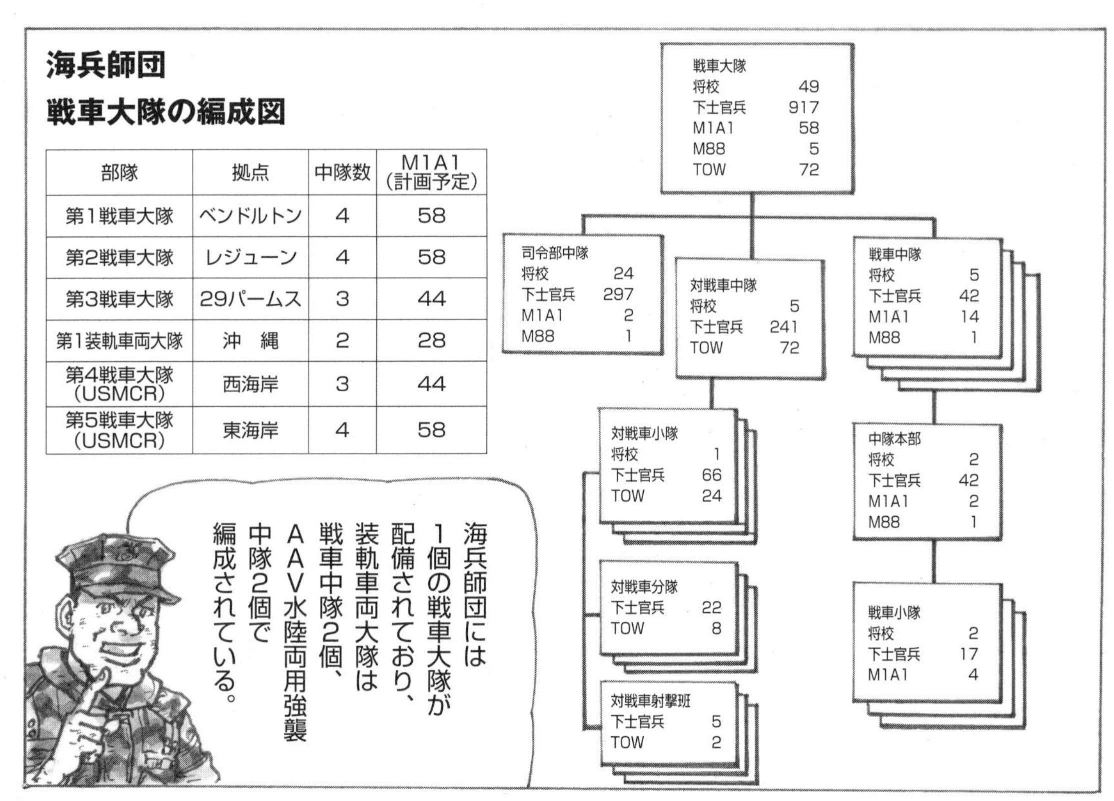

海兵師団
戦車大隊の編成図

部隊	拠点	中隊数	M1A1(計画予定)
第1戦車大隊	ベンドルトン	4	58
第2戦車大隊	レジューン	4	58
第3戦車大隊	29パームス	3	44
第1装軌車両大隊	沖　縄	2	28
第4戦車大隊(USMCR)	西海岸	3	44
第5戦車大隊(USMCR)	東海岸	4	58

海兵隊の新戦力である軽装甲歩兵大隊の上陸だ。

これは海兵隊の戦闘即応部隊として機動力を大幅に増強したもので、装備はLAV-25戦闘軽装甲車だ。

LAV-25はMPWS計画に基づき、海兵隊がカナダのピラーニャ装輪装甲車を1982年に採用したものだ。

対戦車型、自走迫撃砲車型、指揮通信車型等の各種タイプがあり、軽装甲歩兵大隊に独立部隊としての戦力を提供できる能力を持っているぞ。

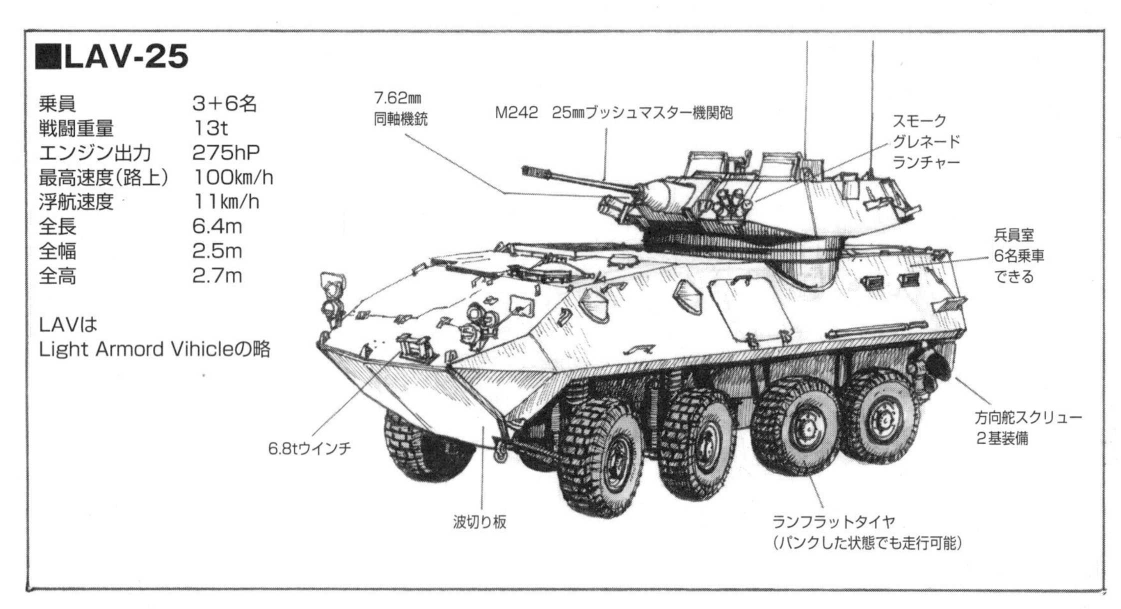
■LAV-25
乗員　3+6名
戦闘重量　13t
エンジン出力　275hP
最高速度（路上）　100km/h
浮航速度　11km/h
全長　6.4m
全幅　2.5m
全高　2.7m
LAVは
Light Armord Vihicleの略
7.62mm
同軸機銃
M242　25mmブッシュマスター機関砲
スモーク
グレネード
ランチャー
兵員室
6名乗車
できる
方向舵スクリュー
2基装備
6.8tウインチ
波切り板
ランフラットタイヤ
（パンクした状態でも走行可能）

■海兵軽装甲歩兵大隊 その編成と装備

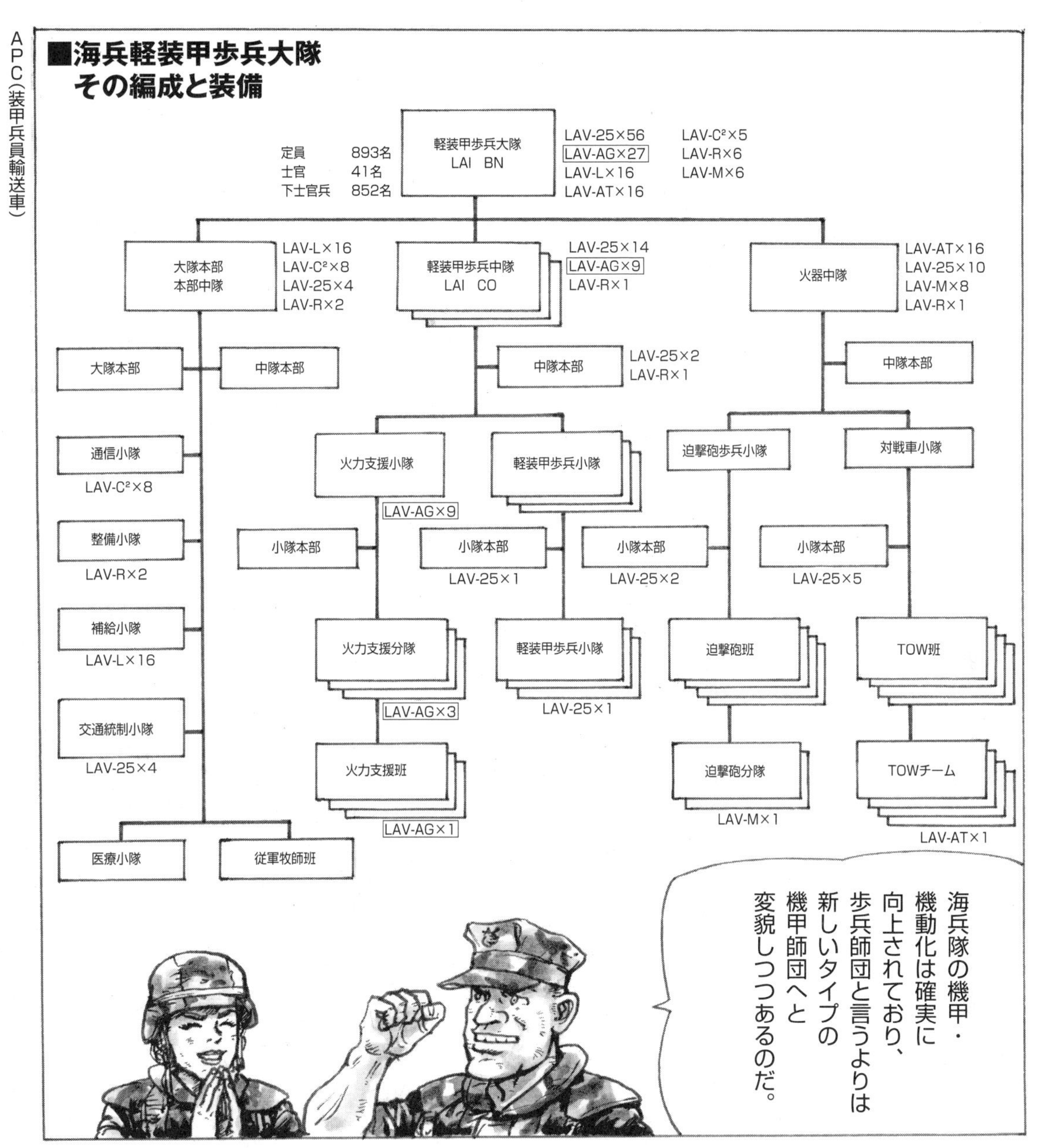

■海兵軽装甲偵察大隊の編成

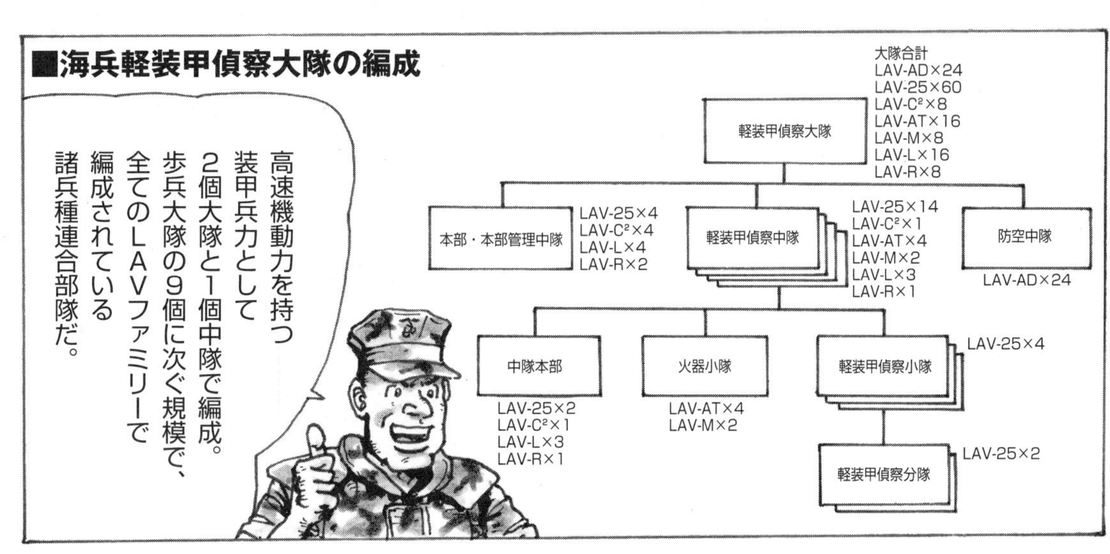

■LAVのバリエーション

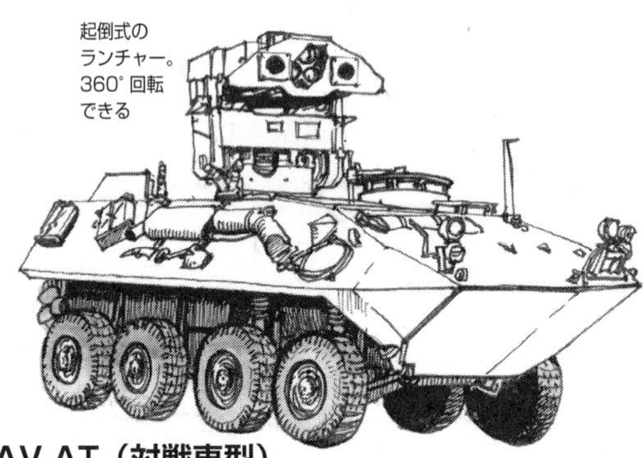

LAV-AT（対戦車型）

エマーソン製TOW2連装ランチャーを装備、
TOW2ミサイルは車内に14発を収納。
乗員は4名。本車は1個中隊に16両が配備される。

LAV-C（指揮通信車型）

車内の兵員室に、指揮・通信機材を
積み込んだ指揮車で、クルー2名の他に
無線機オペレーター等5名が乗車できる。
通信小隊をもつ司令部中隊と修理中隊で
8両まで配備される。

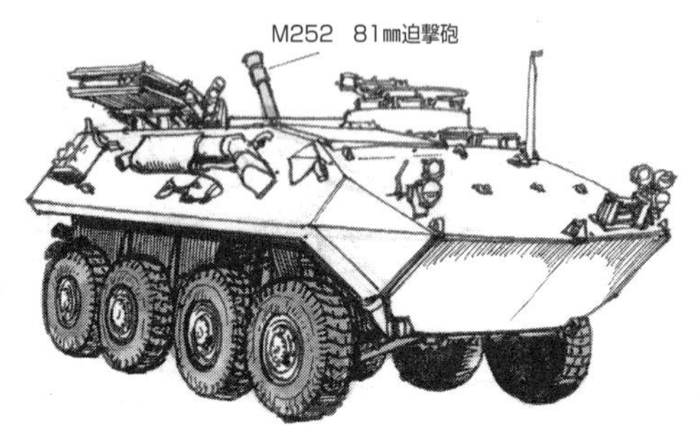

LAV-M（自走迫撃砲型）

81㎜迫撃砲を車内ターン・テーブル上に
備えている（他に107㎜や120㎜重迫撃砲も
搭載可能）。乗員は3名で、迫撃砲弾90発を
収納する。
中隊の迫撃砲小隊に8両ずつ配備

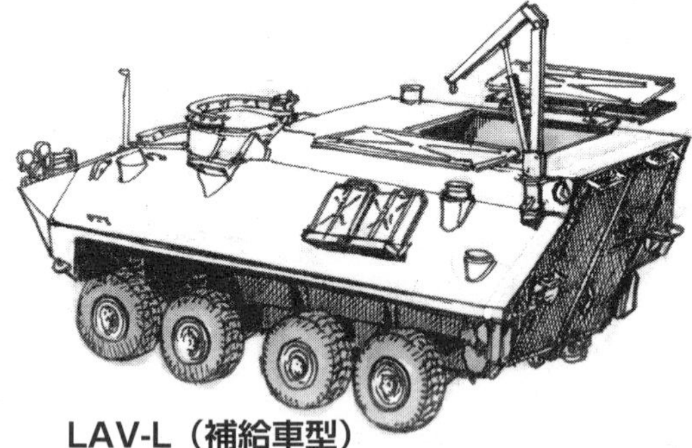

LAV-L（補給車型）

上面にルーフ・ハッチを持ち、そこからクレーンを
使って荷の積み降ろしができるようにした車両。
積載重量は2.43tで、補給小隊に16両まで配備される

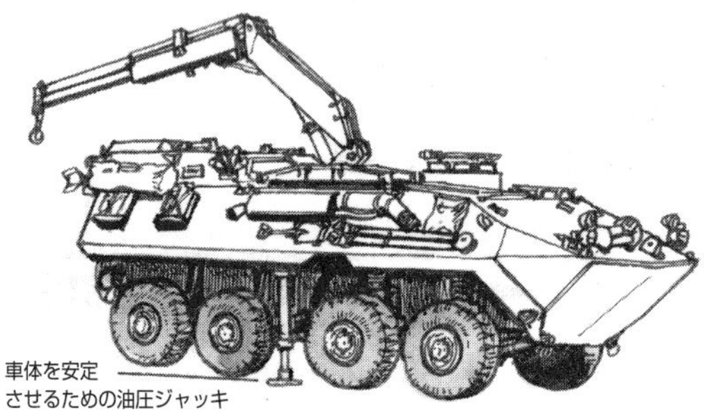

LAV-R（回収車型）

14tの牽引力を持つウインチと
1.8tを吊り上げられるクレーンをもつ。
このクレーンは車体の内外部で
操作できるようになっている。
この回収車は、整備小隊に2両ずつ
（LAVの各中隊には1個ずつ整備小隊がある）、
他は火器中隊と同中隊本部に各1両ずつが、
分散配備されている。

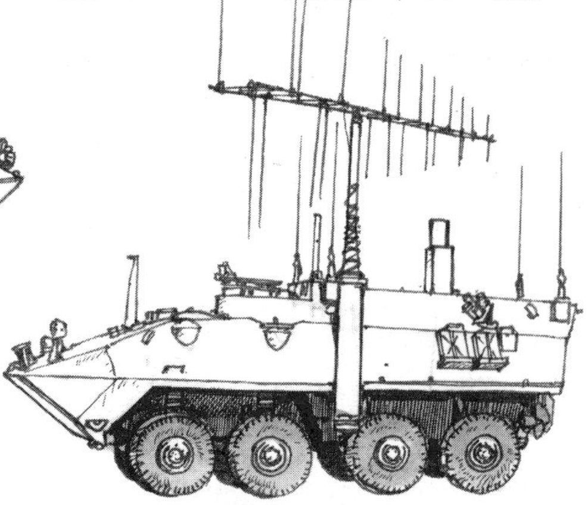

MEWSS（電子戦車両型）

機動電子戦支援システムと呼ばれる車両で、
師団レベルで運用されることになる。
車内には通信機材の他に、無線方向探知システムや
通信ジャマー等を装備している

海兵隊で「ラブ」と愛称されているLAV25は各種バリエーションの開発が進み、戦車、AAVと並ぶ主力車種として758両が発注され、全車引渡しを終えている

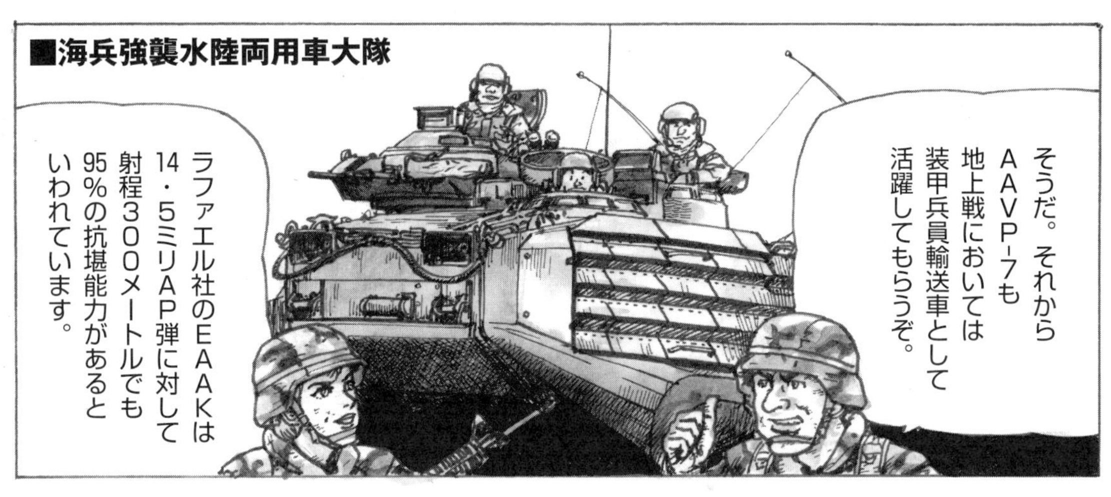
■海兵強襲水陸両用車大隊
そうだ。それから AAVP-7も 地上戦においては 装甲兵員輸送車として 活躍してもらうぞ。
ラファエル社のEAAKは 14・5ミリAP弾に対して 射程300メートルでも 95%の抗堪能力があると いわれています。

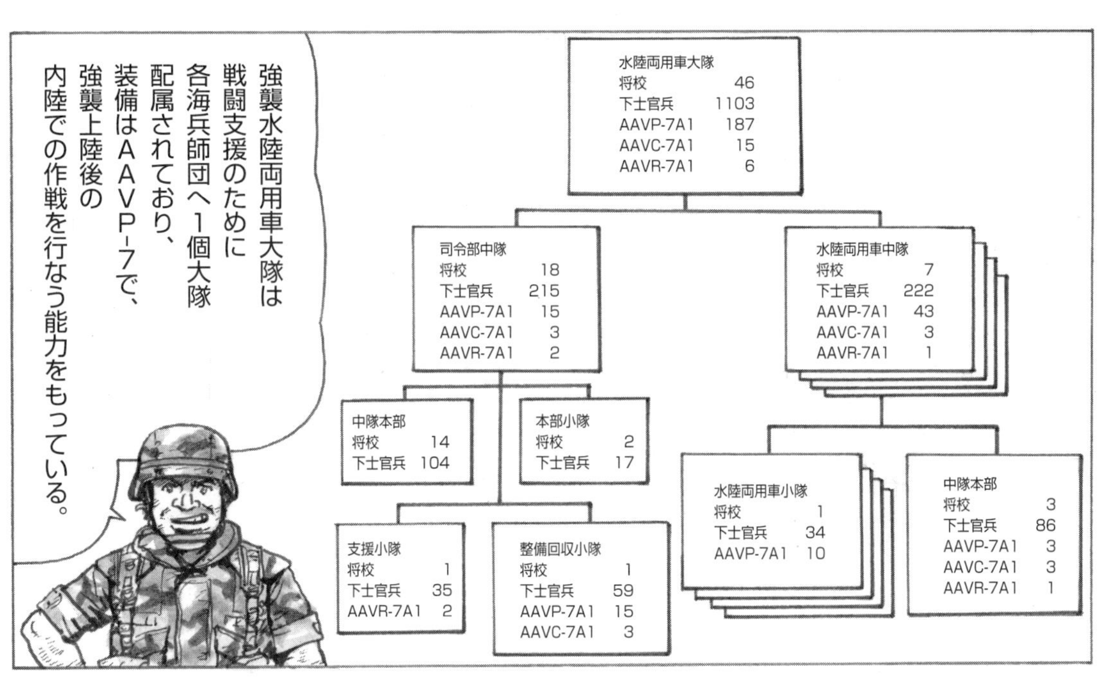
強襲水陸両用車大隊は 戦闘支援のために 各海兵師団へ1個大隊 配属されており、 装備はAAVP-7で、 強襲上陸後の 内陸での作戦を行なう能力をもっている。
水陸両用車大隊 将校 46 下士官兵 1103 AAVP-7A1 187 AAVC-7A1 15 AAVR-7A1 6
司令部中隊 将校 18 下士官兵 215 AAVP-7A1 15 AAVC-7A1 3 AAVR-7A1 2
水陸両用車中隊 将校 7 下士官兵 222 AAVP-7A1 43 AAVC-7A1 3 AAVR-7A1 1
中隊本部 将校 14 下士官兵 104
本部小隊 将校 2 下士官兵 17
支援小隊 将校 1 下士官兵 35 AAVR-7A1 2
整備回収小隊 将校 1 下士官兵 59 AAVP-7A1 15 AAVC-7A1 3
水陸両用車小隊 将校 1 下士官兵 34 AAVP-7A1 10
中隊本部 将校 3 下士官兵 86 AAVP-7A1 3 AAVC-7A1 3 AAVR-7A1 1

偵察、機動機械化歩兵
機械化歩兵
これら主力車両を もって海兵隊の 戦闘機動大隊は、 索敵・接近行動 などにおいて 火力と機動力で 敵を駆逐、さらに 火力の支援をもって 敵を襲撃し、 撃退するのだ。

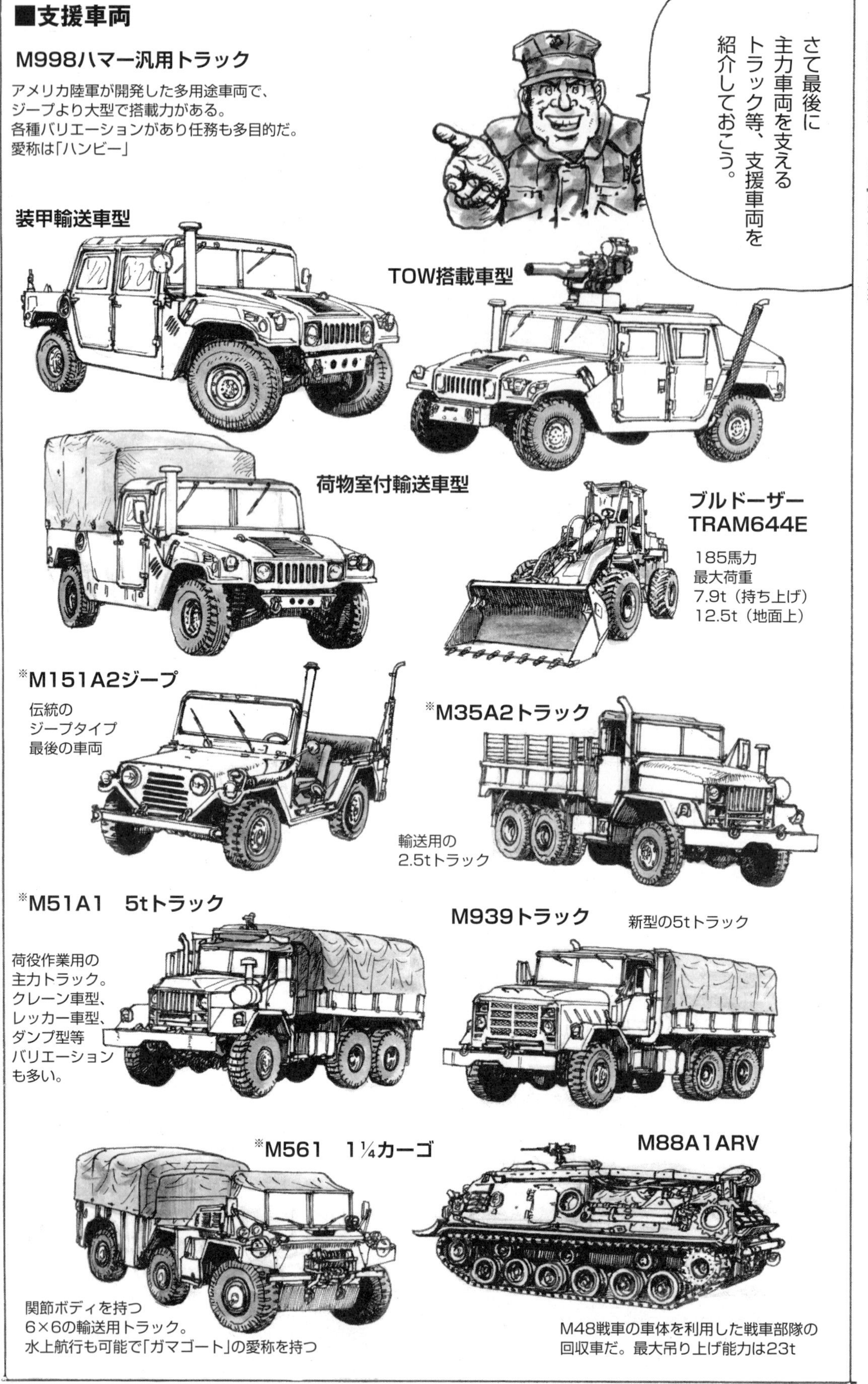

■支援車両
M998ハマー汎用トラック
アメリカ陸軍が開発した多用途車両で、
ジープより大型で搭載力がある。
各種バリエーションがあり任務も多目的だ。
愛称は「ハンビー」
さて最後に
主力車両を支える
トラック等、支援車両を
紹介しておこう。
装甲輸送車型
TOW搭載車型
荷物室付輸送車型
ブルドーザー
TRAM644E
185馬力
最大荷重
7.9t（持ち上げ）
12.5t（地面上）
※M151A2ジープ
伝統の
ジープタイプ
最後の車両
※M35A2トラック
輸送用の
2.5tトラック
※M51A1　5tトラック
荷役作業用の
主力トラック。
クレーン車型、
レッカー車型、
ダンプ型等
バリエーション
も多い。
M939トラック
新型の5tトラック
※M561　1¼カーゴ
関節ボディを持つ
6×6の輸送用トラック。
水上航行も可能で「ガマゴート」の愛称を持つ
M88A1ARV
M48戦車の車体を利用した戦車部隊の
回収車だ。最大吊り上げ能力は23t

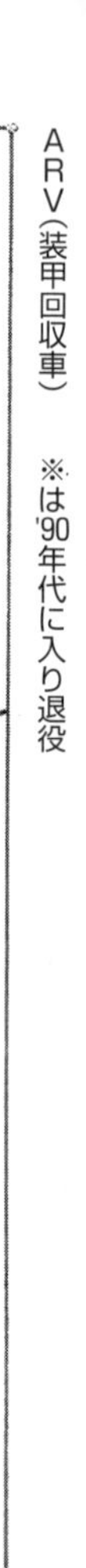

ARV（装甲回収車）
※は'90年代に入り退役

6 回転翼（ヘリコプター）機

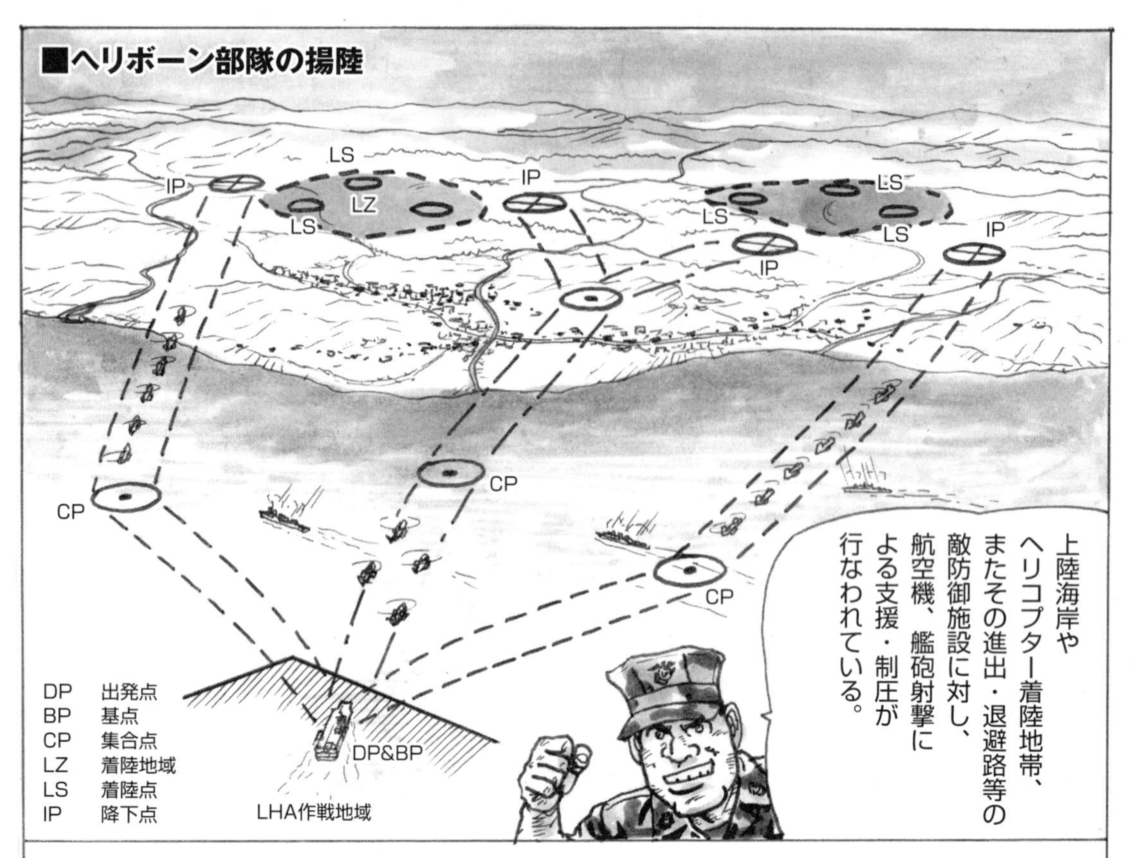

①沖合50㎞よりヘリボーン部隊が発進、敵の内陸後方LZに着陸させ、引き続きヘリボーンにより増強を続ける

②ウォーターボーン部隊が上陸開始

③LCACにより戦車を上陸させ、ヘリボーン部隊にリンク・アップさせる。重装備器材を続々と揚陸する

④ヘリボーン部隊とウォーターボーン部隊とで敵を前後からはさみ撃ちにする

⑤上陸地域の海浜を占領後、各種支援部隊を上陸させて兵站基地を設置、上陸部隊の戦闘力を維持増進させる

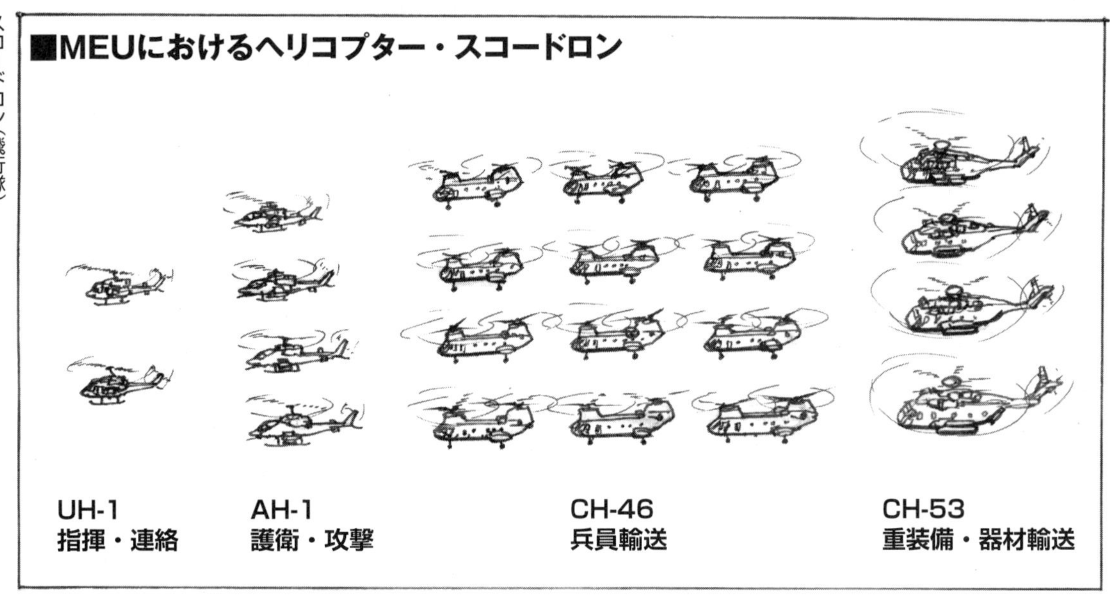
■MEUにおけるヘリコプター・スコードロン
UH-1
指揮・連絡
AH-1
護衛・攻撃
CH-46
兵員輸送
CH-53
重装備・器材輸送

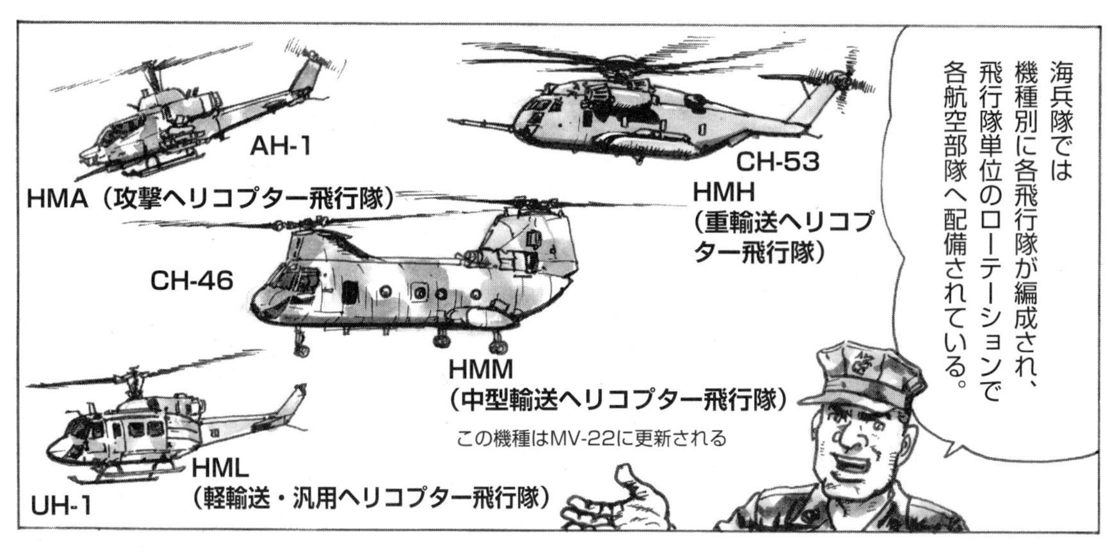
海兵隊では機種別に各飛行隊が編成され、飛行隊単位のローテーションで各航空部隊へ配備されている。
AH-1
HMA(攻撃ヘリコプター飛行隊)
CH-53
HMH
(重輸送ヘリコプター飛行隊)
CH-46
HMM
(中型輸送ヘリコプター飛行隊)
この機種はMV-22に更新される
UH-1
HML
(軽輸送・汎用ヘリコプター飛行隊)

侵攻輸送用ヘリコプターの行動半径
MV-22A
740.8km
CH-53E
463km
CH-46
129.6km
新装備MV-22を使用しての揚陸部隊は、海岸からの水平線外の位置で作戦を開始することができるし、
その航続距離を活かして、敵の抵抗拠点を迂回し最前線地域の後方にある目標への攻撃が可能となった。

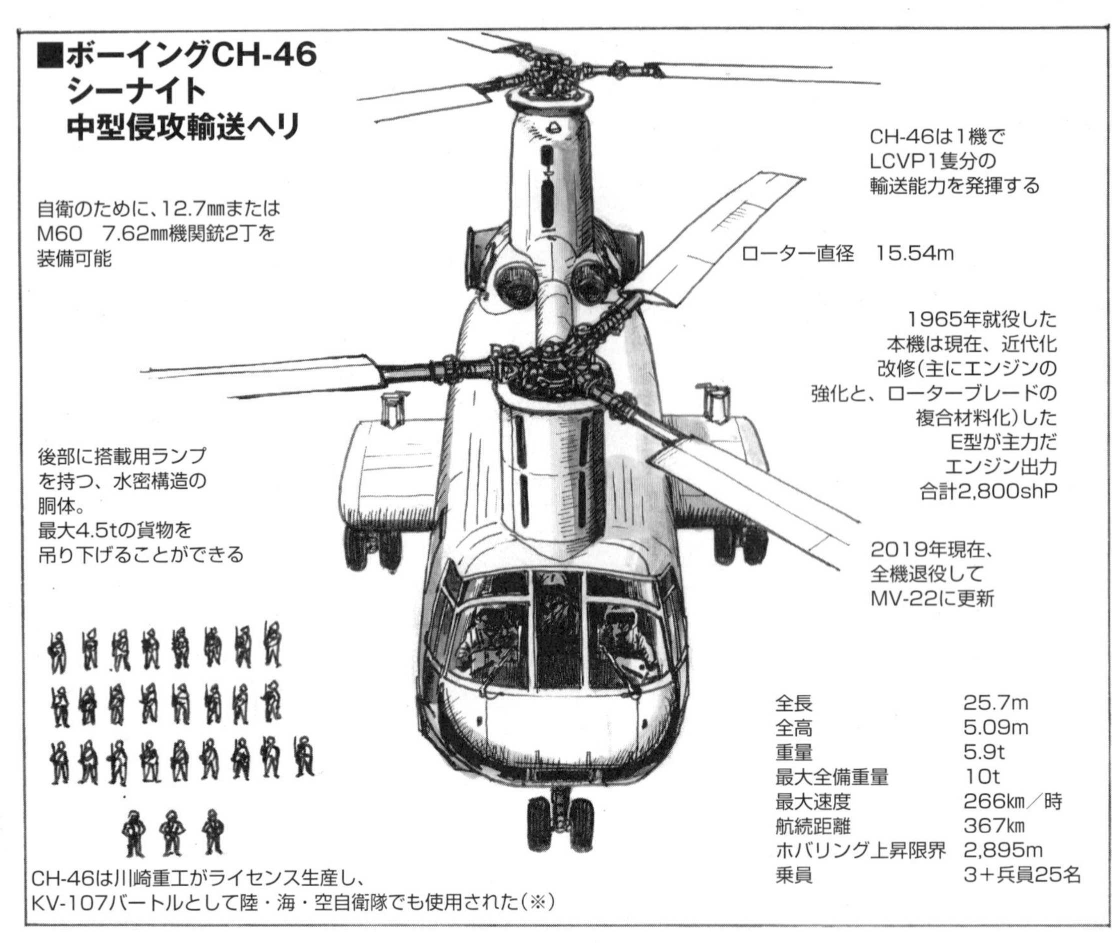

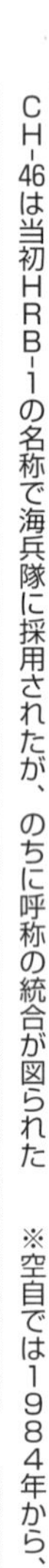
CH-46は当初HRB-1の名称で海兵隊に採用されたが、のちに呼称の統合が図られた

※空自では1984年から、陸自も1986年からCH-47Jを導入し、順次更新。

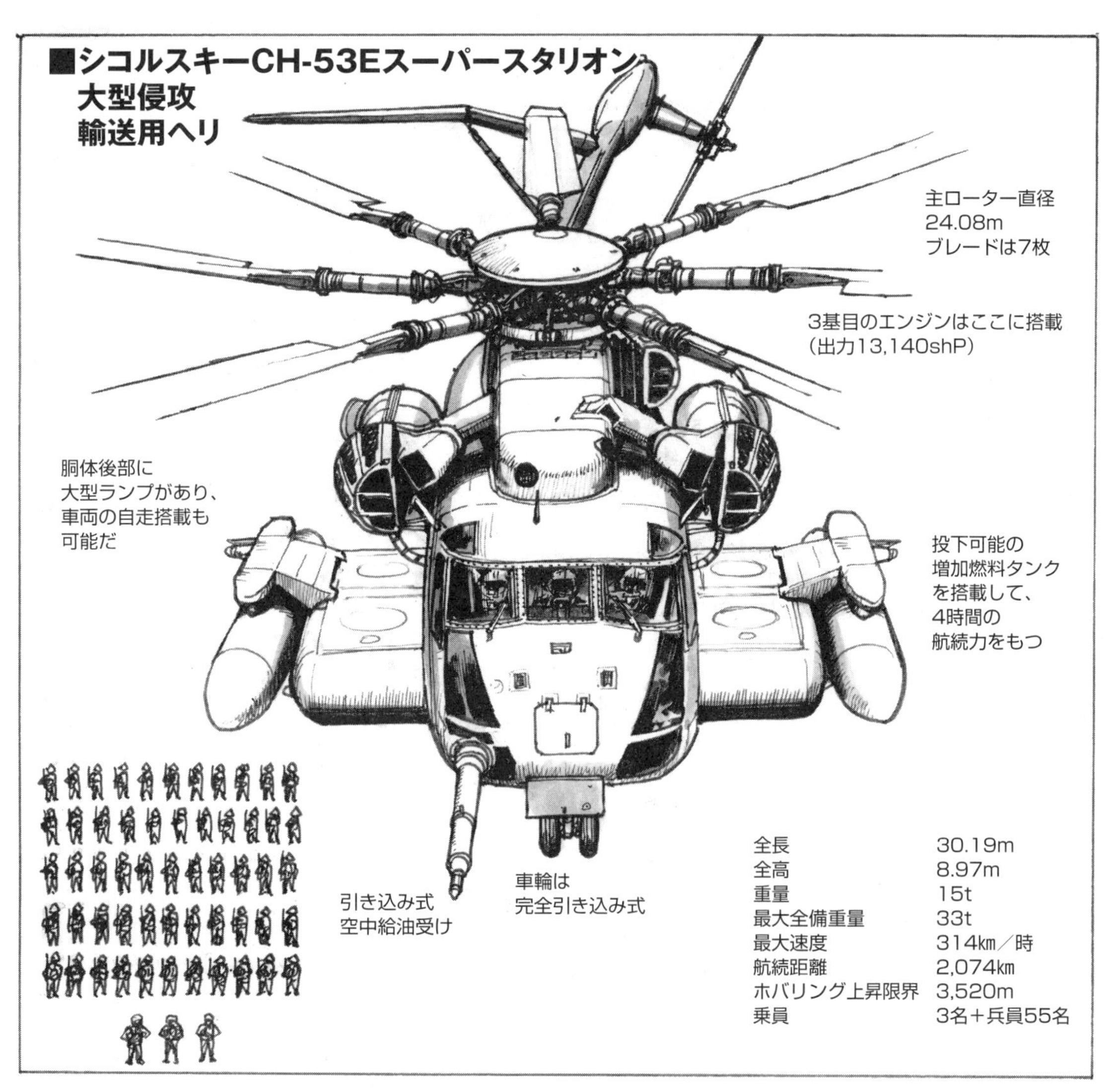
■シコルスキーCH-53Eスーパースタリオン
大型侵攻
輸送用ヘリ
主ローター直径
24.08m
ブレードは7枚
3基目のエンジンはここに搭載
(出力13,140shP)
胴体後部に
大型ランプがあり、
車両の自走搭載も
可能だ
投下可能の
増加燃料タンク
を搭載して、
4時間の
航続力をもつ
引き込み式
空中給油受け
車輪は
完全引き込み式
全長 30.19m
全高 8.97m
重量 15t
最大全備重量 33t
最大速度 314㎞/時
航続距離 2,074㎞
ホバリング上昇限界 3,520m
乗員 3名+兵員55名

CH-53D双発タービンヘリコプター「シースタリオン」をさらに大型化し、エンジンも3基となった、西側最大のヘリコプターだ。
①停船、あるいは航行中の各種艦船への緊急物資の空輸
②墜落機の回収、空母甲板からの損傷機の撤収除去
③工兵部隊の各種重施設器材の揚陸、撤収
④特殊兵器の輸送
⑤補給品空輸、負傷者の後送
これがスーパースタリオンへの要求性能だったが、スリング能力が最大18・2トンのCH-53EはF-14やA-6などの墜落機を楽々と回収できる。

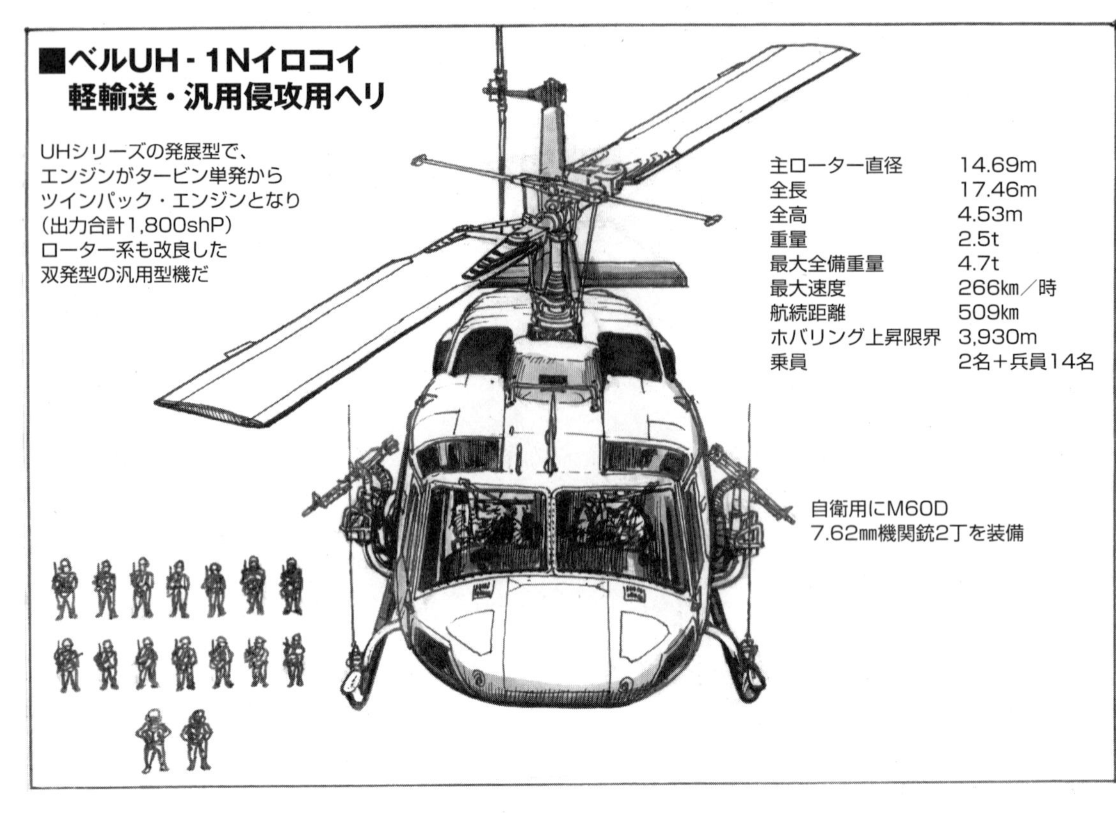

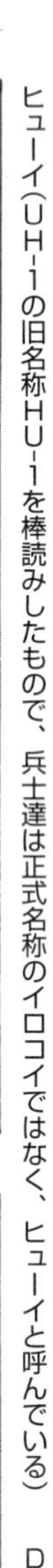
ヒューイ（UH-1の旧名称HU-1を棒読みしたもので、兵士達は正式名称のイロコイではなく、ヒューイと呼んでいる）
DME（距離測定装置）

ベトナム戦争で大活躍したおなじみのヘリコプターだ。アメリカ陸軍向けの汎用ヘリコプターとして開発された機体で、原型機の初飛行は1956年だ。

ヒューイは各種発展型が作られ、世界各国でライセンス生産も行なわれ、生産数は1万機以上と言うベストセラー機だ。

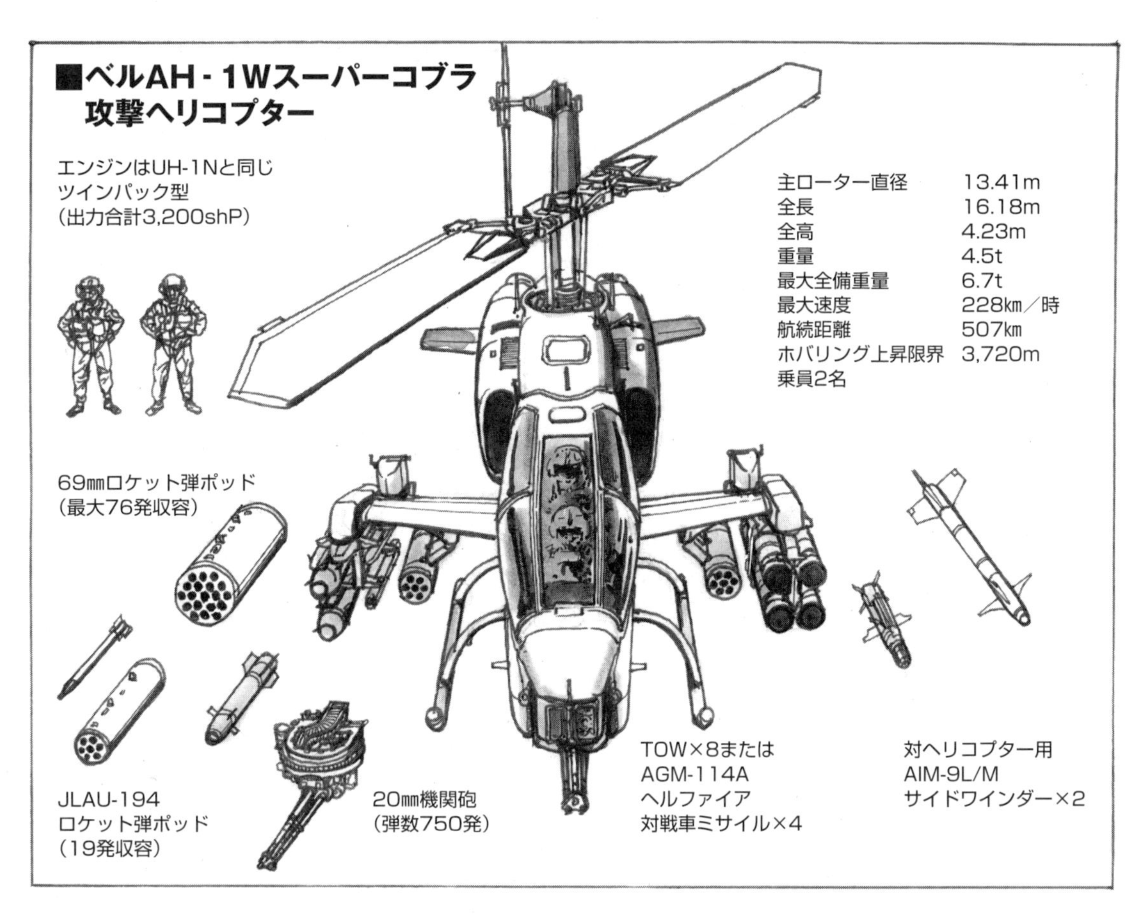
■ベルAH・1Wスーパーコブラ
攻撃ヘリコプター
エンジンはUH-1Nと同じ
ツインパック型
（出力合計3,200shP）
主ローター直径 13.41m
全長 16.18m
全高 4.23m
重量 4.5t
最大全備重量 6.7t
最大速度 228㎞／時
航続距離 507㎞
ホバリング上昇限界 3,720m
乗員2名
69㎜ロケット弾ポッド
（最大76発収容）
JLAU-194
ロケット弾ポッド
（19発収容）
20㎜機関砲
（弾数750発）
TOW×8または
AGM-114A
ヘルファイア
対戦車ミサイル×4
対ヘリコプター用
AIM-9L/M
サイドワインダー×2

UH-1を基にして作られた世界初の本格的な攻撃ヘリコプターだ。
胴体を徹底的に細くしてタンデム複座とし、地上からの攻撃に対する生存性を高めているぞ。
武装は機首下部と胴体両側の小翼に各種搭載できる。

AH-1Wは最新型で、T700ターボシャフトエンジンを搭載、ヘルファイア対戦車ミサイルの運用やサイドワインダーも搭載できるし、ヘッドアップ・ディスプレイも装備化され、低空飛行能力が向上している。
MARINES

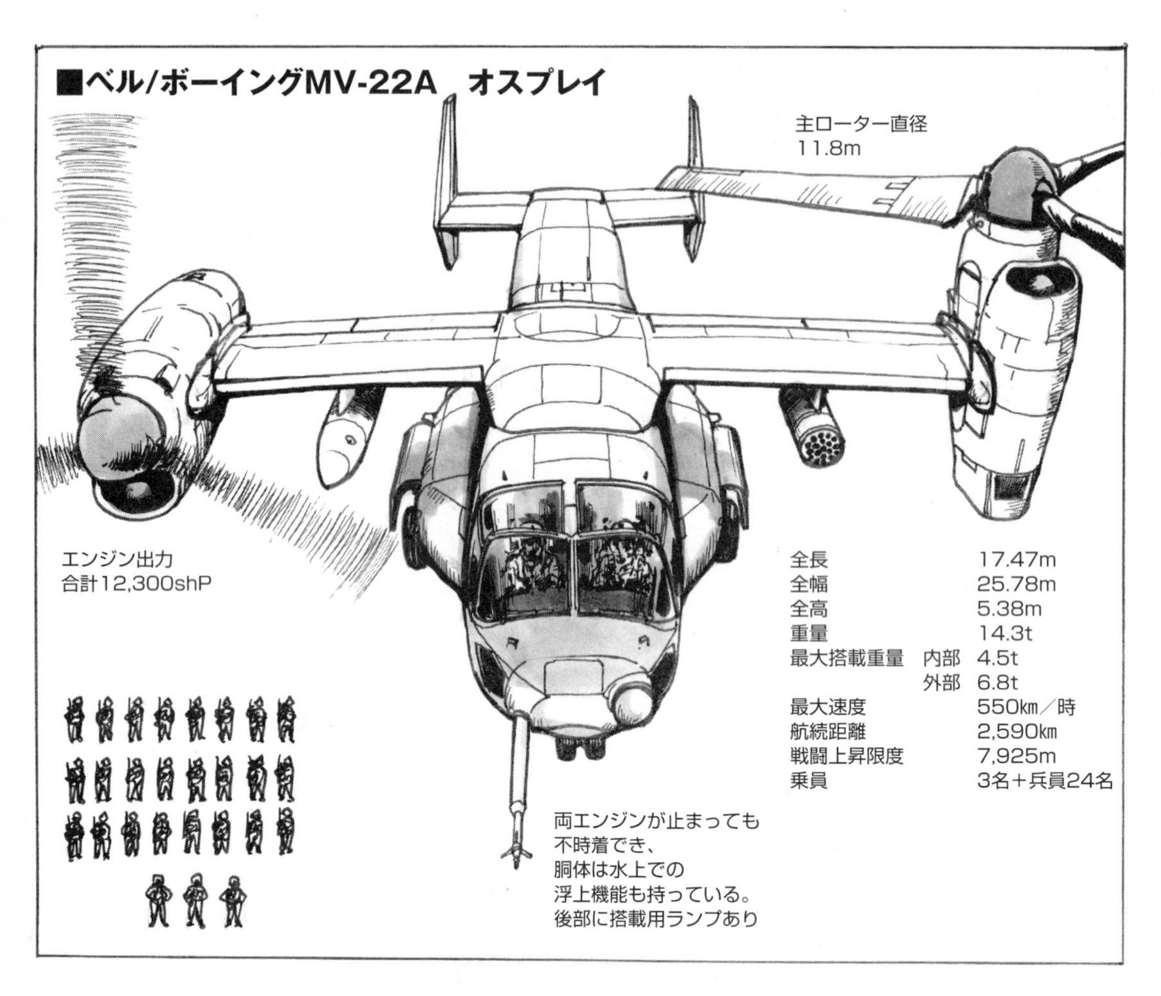
■ベル/ボーイングMV-22A　オスプレイ
主ローター直径
11.8m
エンジン出力
合計12,300shP
全長 17.47m
全幅 25.78m
全高 5.38m
重量 14.3t
最大搭載重量 内部 4.5t
外部 6.8t
最大速度 550㎞／時
航続距離 2,590㎞
戦闘上昇限度 7,925m
乗員 3名＋兵員24名
両エンジンが止まっても
不時着でき、
胴体は水上での
浮上機能も持っている。
後部に搭載用ランプあり

航空史上初の実用ティルト・ローター機だぞ。
ヘリコプターと同じように垂直離着陸ができ、翼端のエンジン・ナセルの角度を変えて飛行できる。ヘリコプターと飛行機を合体させた新鋭機なのです。

翼とローターは折りたたむことができ、主翼を90度回転した格納時では幅はわずか5・5メートルとなるぞ。

海兵隊ではCH-46の後継機として採用しており、今後MV-22は上陸作戦の主役となるはずだ。

7 固定翼機と各種飛行隊

見ろ、
ハリアー攻撃機の
対地攻撃だ。
見事なものだろう。

自前の航空部隊を
持っているのが
わがマリンコーの
最大の特色ですね。

マリンコー（Marine corps。アメリカ海兵隊の呼びかたのひとつ）

航空支援は
揚陸戦における
重要な役割を
担っているんだ。

海兵隊には陸軍の
ような重火器部隊が
ないので、
その代わりを航空機の
近接支援がやるん
ですね。

そうだ。
それも
陸上部隊指揮官
の要請で自由に
動ける航空兵力
がな。

航空支援に
よって敵の反撃を
阻止し、海岸堡を
完全に確保する
訳ですね。

■各種飛行隊

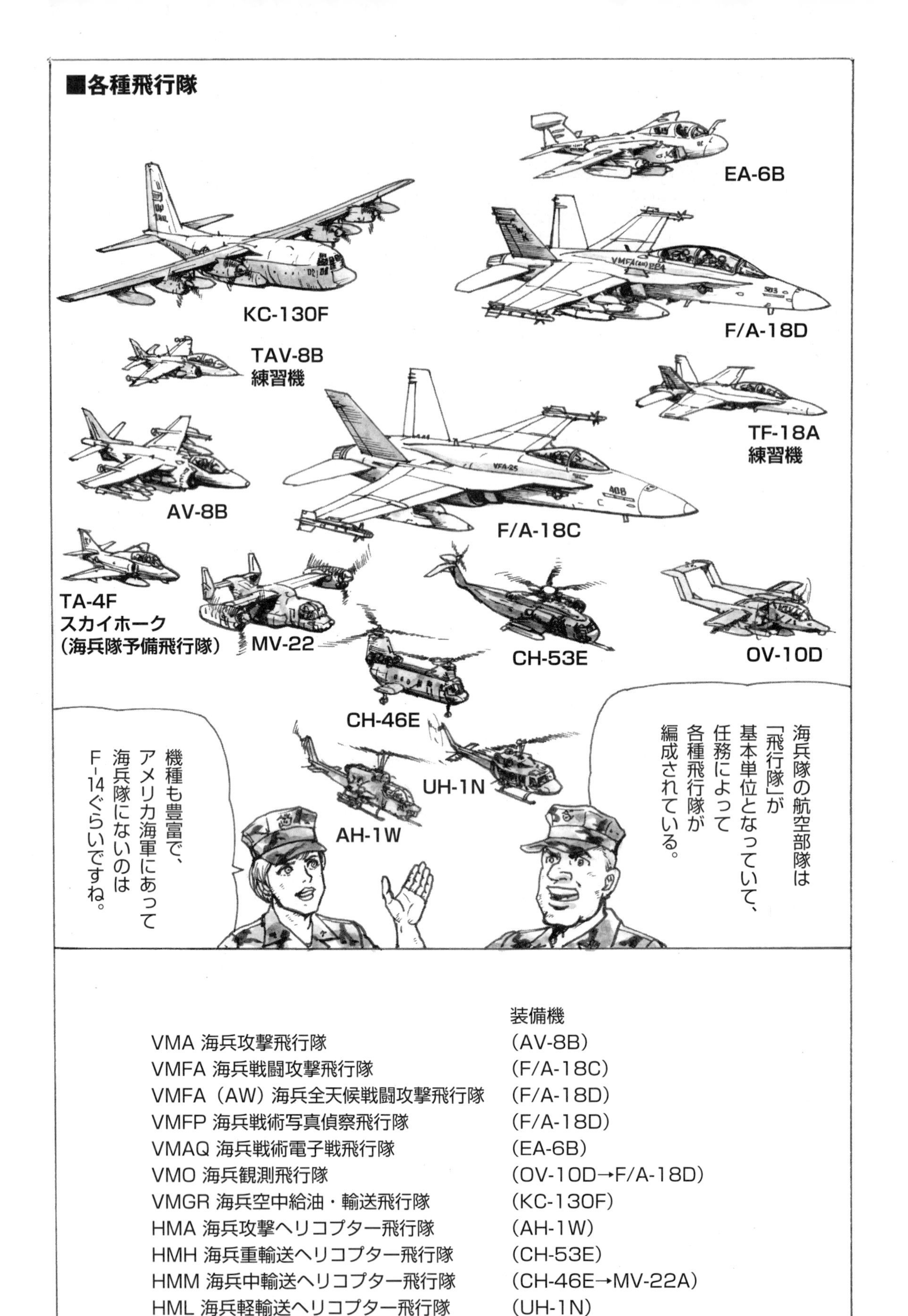

	装備機
VMA 海兵攻撃飛行隊	（AV-8B）
VMFA 海兵戦闘攻撃飛行隊	（F/A-18C）
VMFA（AW）海兵全天候戦闘攻撃飛行隊	（F/A-18D）
VMFP 海兵戦術写真偵察飛行隊	（F/A-18D）
VMAQ 海兵戦術電子戦飛行隊	（EA-6B）
VMO 海兵観測飛行隊	（OV-10D→F/A-18D）
VMGR 海兵空中給油・輸送飛行隊	（KC-130F）
HMA 海兵攻撃ヘリコプター飛行隊	（AH-1W）
HMH 海兵重輸送ヘリコプター飛行隊	（CH-53E）
HMM 海兵中輸送ヘリコプター飛行隊	（CH-46E→MV-22A）
HML 海兵軽輸送ヘリコプター飛行隊	（UH-1N）

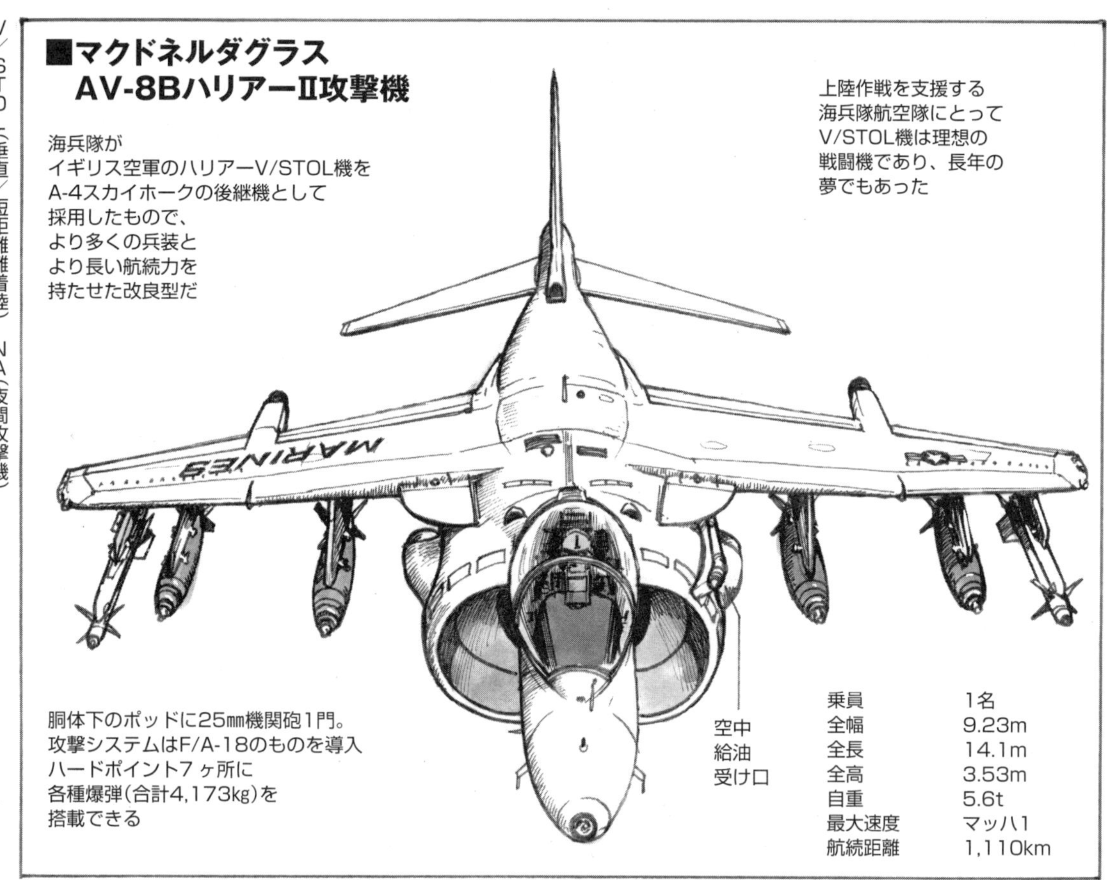
■マクドネルダグラス
AV-8BハリアーⅡ攻撃機
海兵隊が
イギリス空軍のハリアーV/STOL機を
A-4スカイホークの後継機として
採用したもので、
より多くの兵装と
より長い航続力を
持たせた改良型だ
上陸作戦を支援する
海兵隊航空隊にとって
V/STOL機は理想の
戦闘機であり、長年の
夢でもあった
MARINES
胴体下のポッドに25㎜機関砲1門。
攻撃システムはF/A-18のものを導入
ハードポイント7ヶ所に
各種爆弾(合計4,173kg)を
搭載できる
空中
給油
受け口
乗員　1名
全幅　9.23m
全長　14.1m
全高　3.53m
自重　5.6t
最大速度　マッハ1
航続距離　1,110km

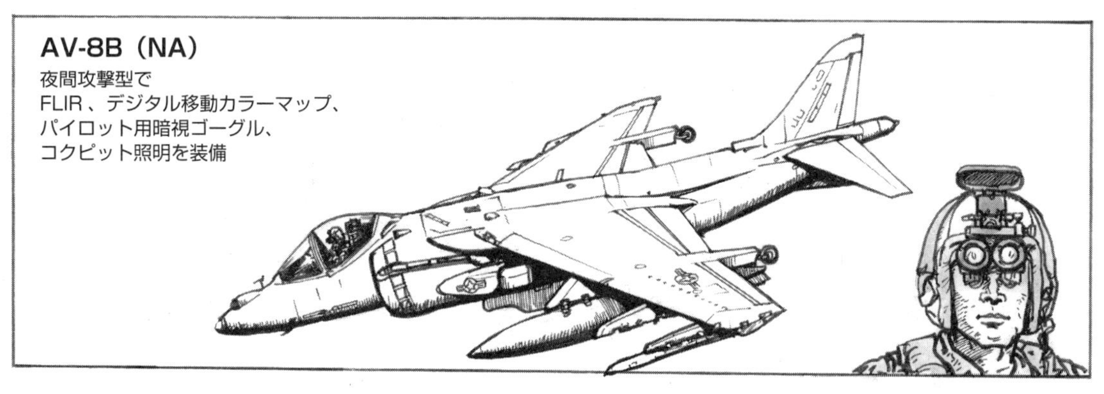
AV-8B（NA）
夜間攻撃型で
FLIR、デジタル移動カラーマップ、
パイロット用暗視ゴーグル、
コクピット照明を装備

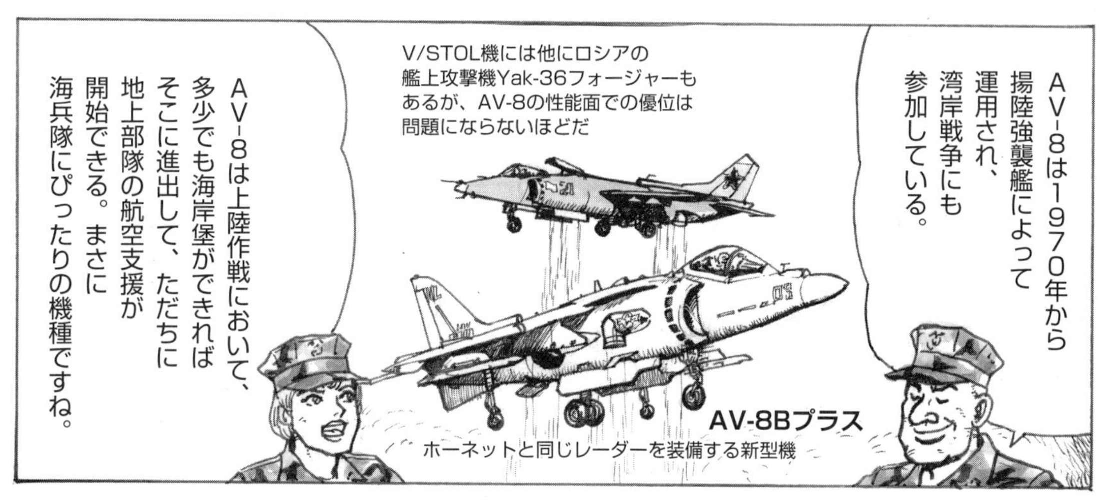
AV-8は1970年から揚陸強襲艦によって運用され、湾岸戦争にも参加している。
V/STOL機には他にロシアの
艦上攻撃機Yak-36フォージャーも
あるが、AV-8の性能面での優位は
問題にならないほどだ
AV-8は上陸作戦において、多少でも海岸堡ができればそこに進出して、ただちに地上部隊の航空支援が開始できる。まさに海兵隊にぴったりの機種ですね。
AV-8Bプラス
ホーネットと同じレーダーを装備する新型機

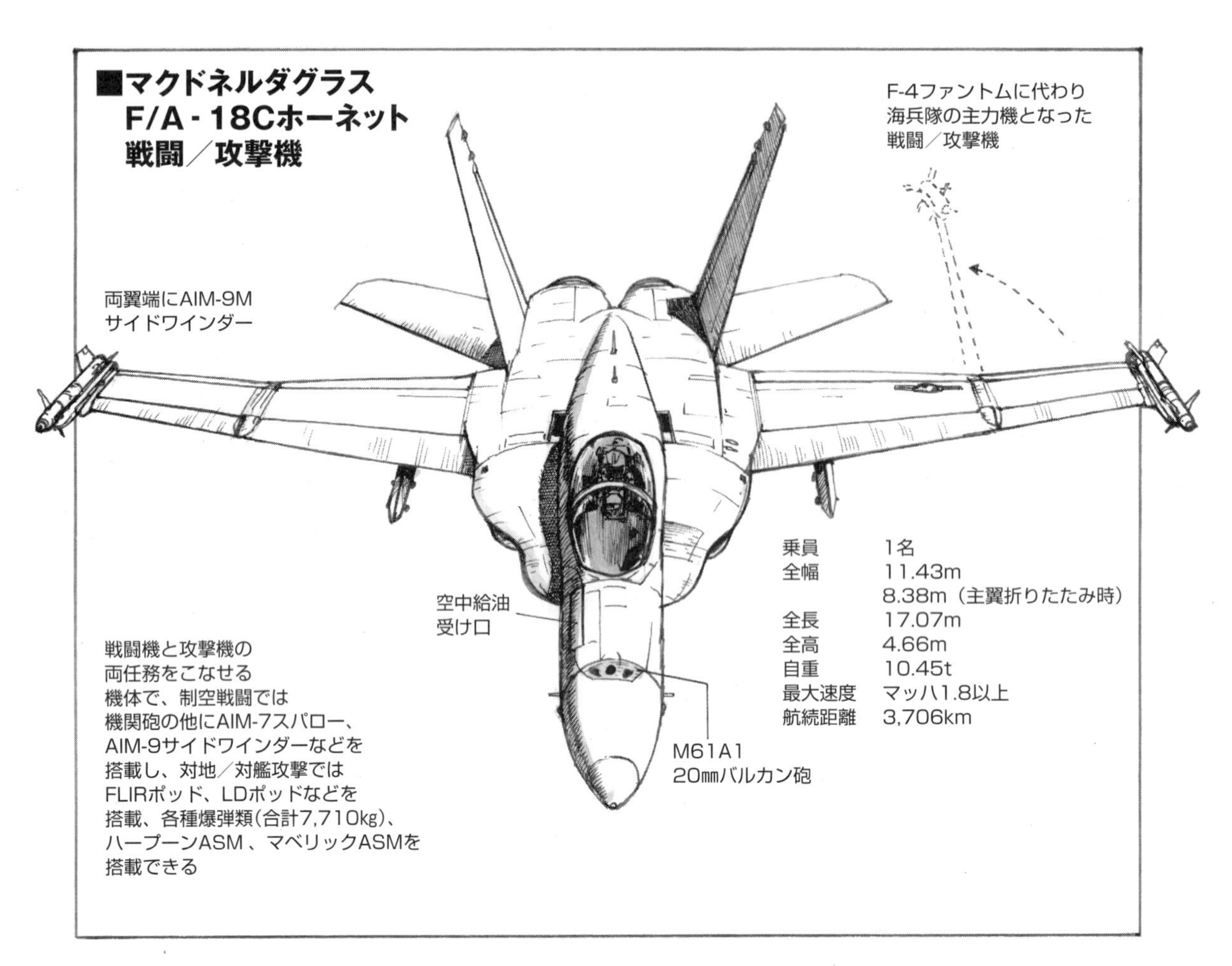

■マクドネルダグラス
F/A-18Cホーネット
戦闘／攻撃機
F-4ファントムに代わり
海兵隊の主力機となった
戦闘／攻撃機
両翼端にAIM-9M
サイドワインダー
乗員 1名
全幅 11.43m
8.38m（主翼折りたたみ時）
全長 17.07m
全高 4.66m
自重 10.45t
最大速度 マッハ1.8以上
航続距離 3,706km
空中給油
受け口
戦闘機と攻撃機の
両任務をこなせる
機体で、制空戦闘では
機関砲の他にAIM-7スパロー、
AIM-9サイドワインダーなどを
搭載し、対地／対艦攻撃では
FLIRポッド、LDポッドなどを
搭載、各種爆弾類(合計7,710kg)、
ハープーンASM、マベリックASMを
搭載できる
M61A1
20㎜バルカン砲

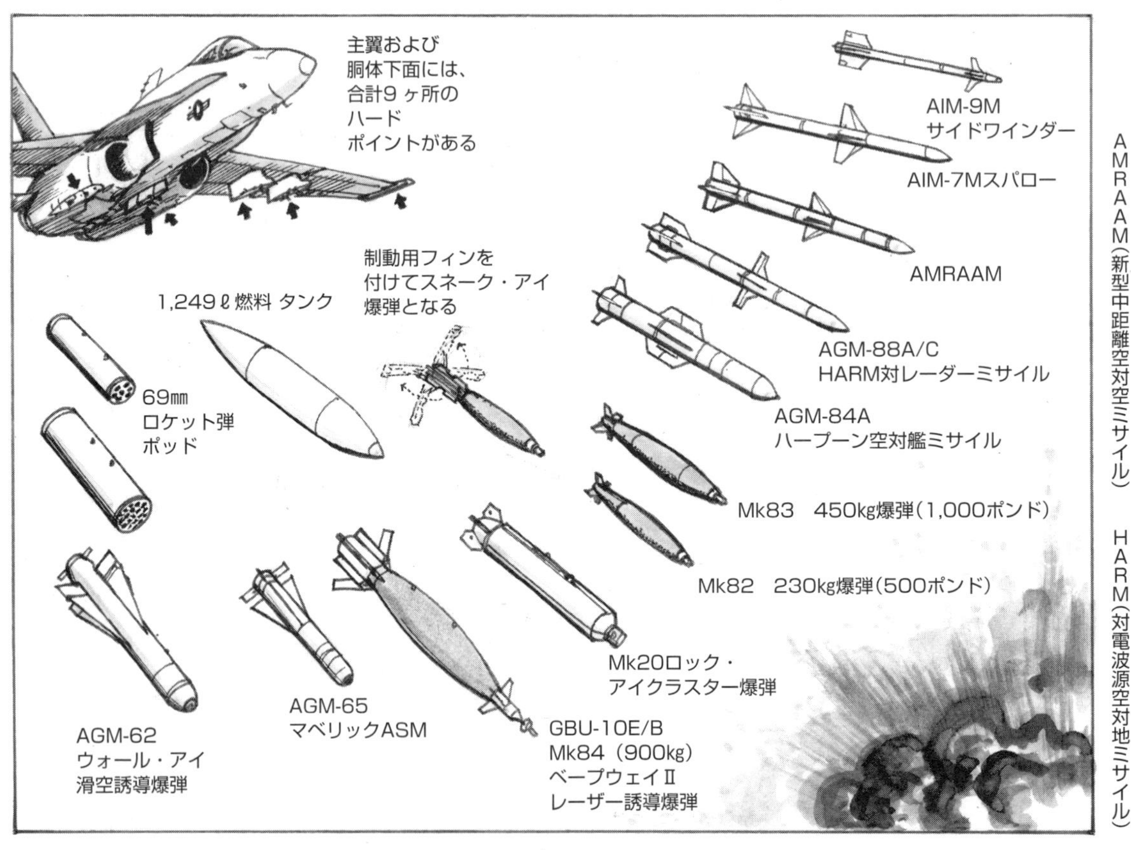

主翼および
胴体下面には、
合計9ヶ所の
ハード
ポイントがある
AIM-9M
サイドワインダー
AIM-7Mスパロー
AMRAAM
AGM-88A/C
HARM対レーダーミサイル
AGM-84A
ハープーン空対艦ミサイル
制動用フィンを
付けてスネーク・アイ
爆弾となる
1,249ℓ燃料 タンク
69㎜
ロケット弾
ポッド
Mk83 450kg爆弾(1,000ポンド)
Mk82 230kg爆弾(500ポンド)
Mk20ロック・
アイクラスター爆弾
AGM-62
ウォール・アイ
滑空誘導爆弾
AGM-65
マベリックASM
GBU-10E/B
Mk84（900kg）
ペーブウェイⅡ
レーザー誘導爆弾
AMRAAM(新型中距離空対空ミサイル)
HARM(対電波源空対地ミサイル)

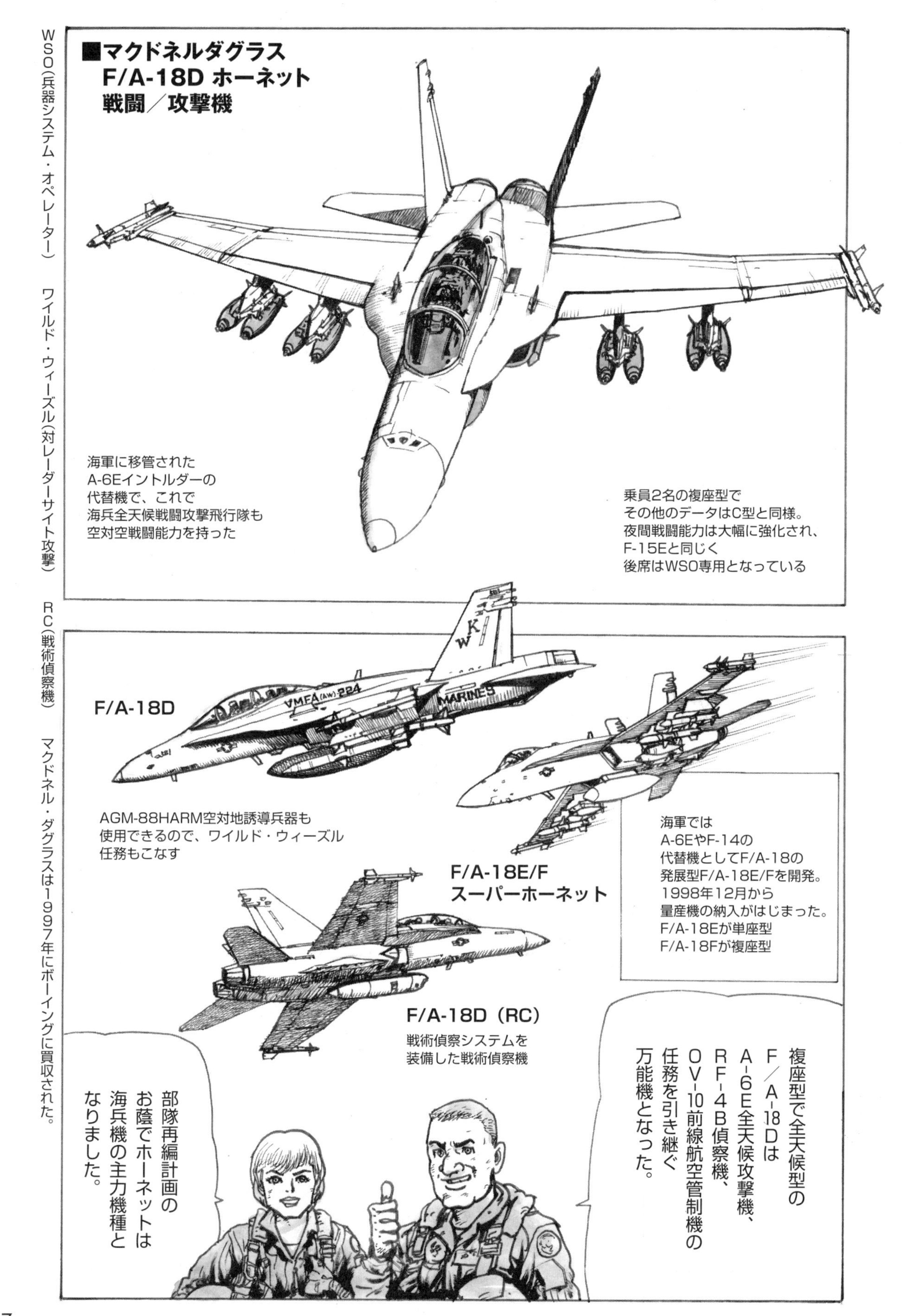

WSO（兵器システム・オペレーター）

ワイルド・ウィーズル（対レーダーサイト攻撃）

RC（戦術偵察機）

マクドネル・ダグラスは1997年にボーイングに買収された。

■グラマンEA-6B プラウラー電子戦機

アメリカ海軍の全空母に
配備され共同使用されている
艦上電子妨害機。
敵の地対空ミサイル誘導電波、
防空レーダー電波、
通信電波等の広範囲な
電波域を妨害する

乗員	4名
全幅	16.15m 7.72m（主翼折りたたみ時）
全長	18.24m
全高	4.95m
自重	15.5t
最大速度	1,014km/h
最大航続距離	3,252km

EA-6Bの主要装備

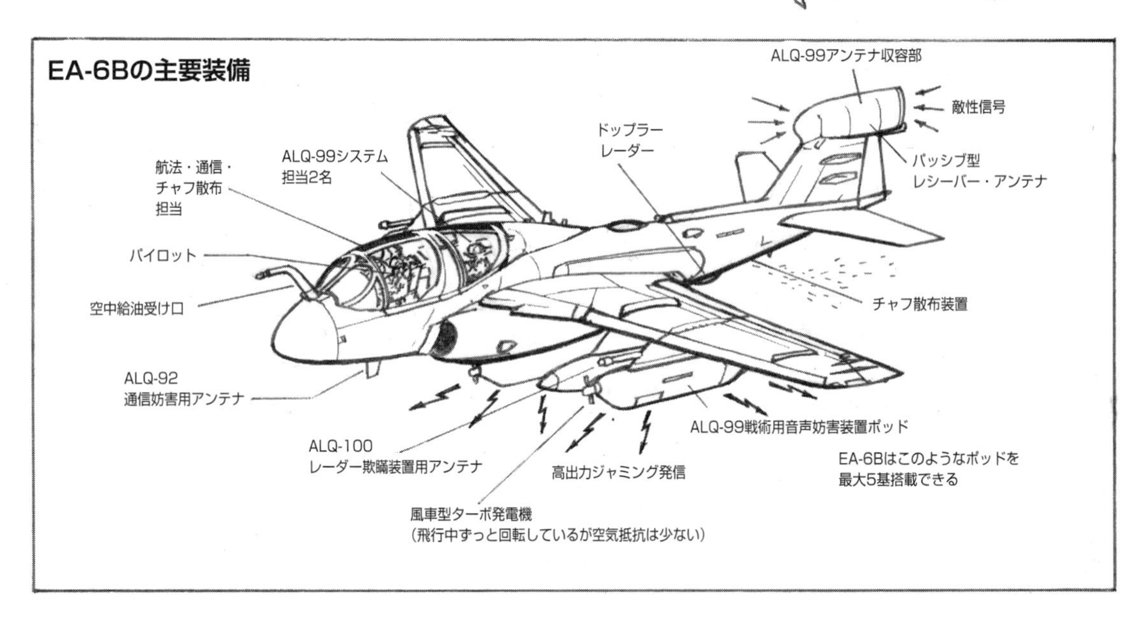

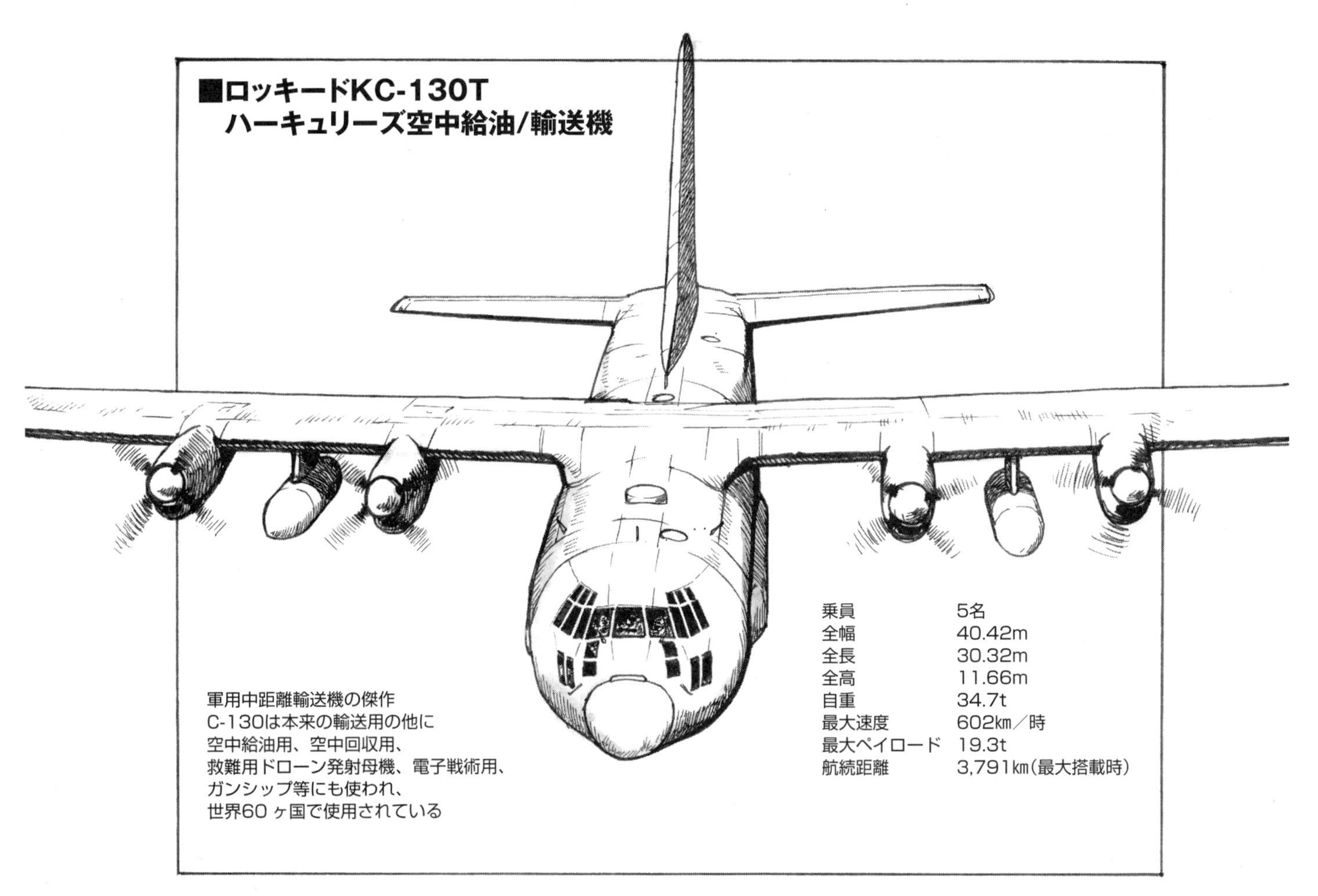
■ロッキードKC-130T
ハーキュリーズ空中給油/輸送機
軍用中距離輸送機の傑作
C-130は本来の輸送用の他に
空中給油用、空中回収用、
救難用ドローン発射母機、電子戦術用、
ガンシップ等にも使われ、
世界60ヶ国で使用されている
乗員 5名
全幅 40.42m
全長 30.32m
全高 11.66m
自重 34.7t
最大速度 602km／時
最大ペイロード 19.3t
航続距離 3,791km(最大搭載時)

KC-130は
貨物室に
給油用燃料タンク
(3600ガロン)を搭載して
給油機になり、このタンクを
取り外せば輸送機として
使用できる。
海兵隊が採用したプローブ・アンド・ドローグ方式は
左右の間隔が27mあり、プローブ式受油装置(空中給油
受け口)を持つ海兵隊/海軍機を2機同時に給油できる
通常、空中給油は高度
7,000～9,000mで
行なわれる
全長26mある
ホースリールは
貨物室内の
リールオペレーターが操作する
ドローグ
プローブ

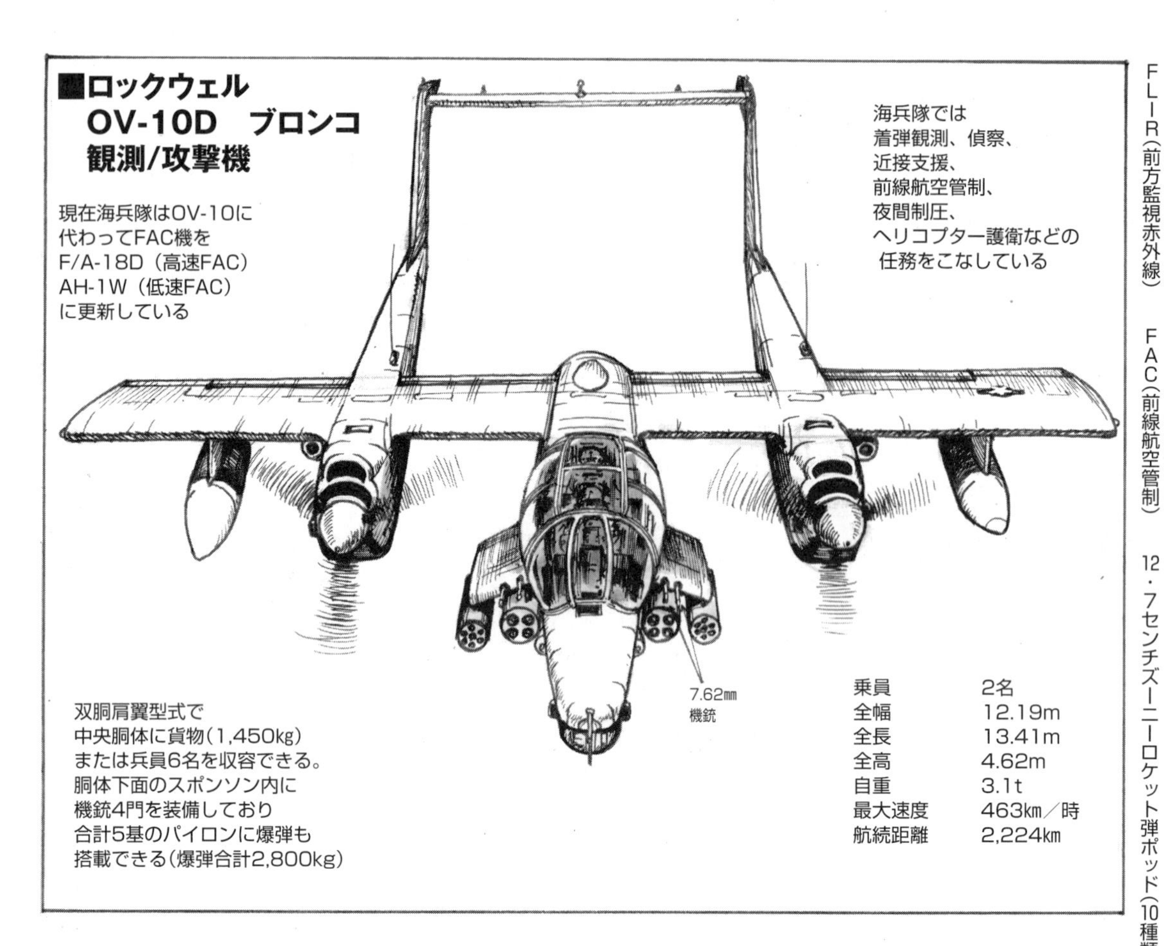

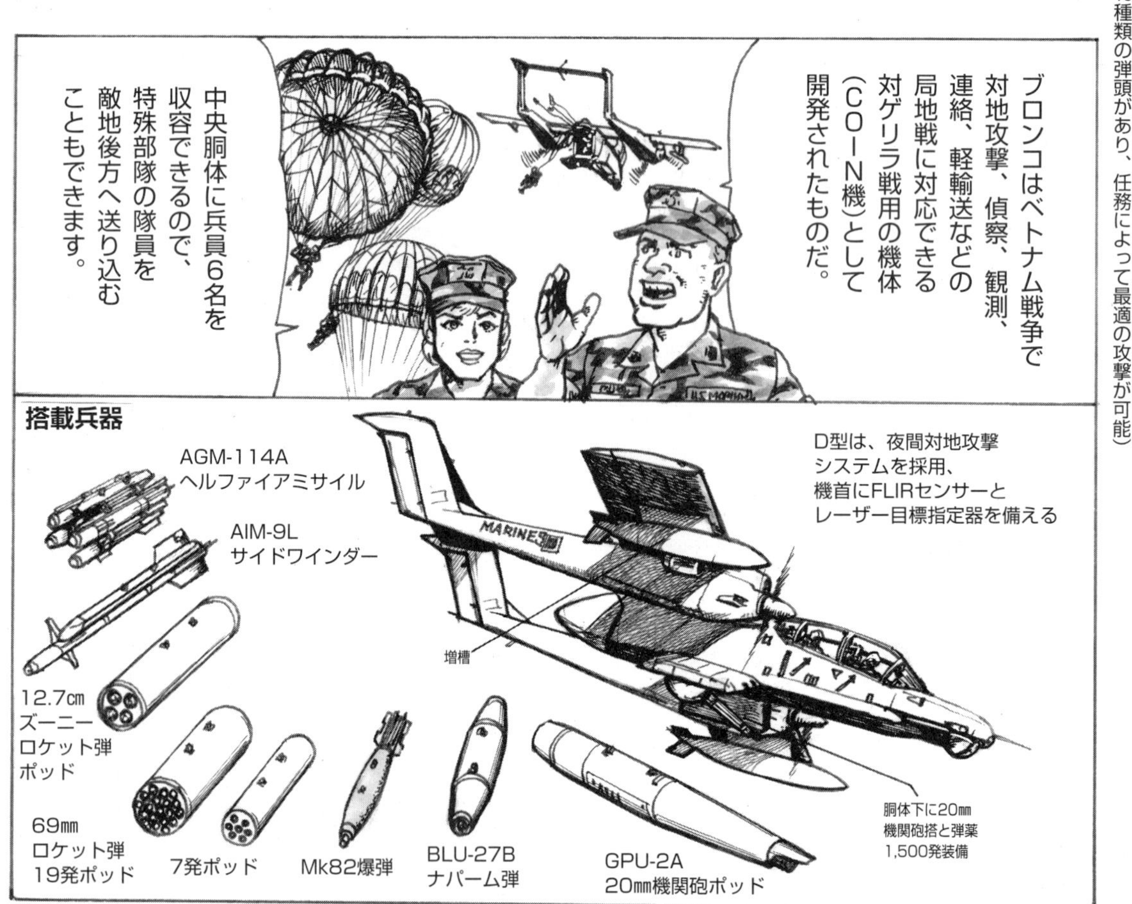

FLIR（前方監視赤外線）　FAC（前線航空管制）　12・7センチズーニーロケット弾ポッド（10種類の弾頭があり、任務によって最適の攻撃が可能）

8 海兵航空団とその戦術

MAW(Marine Aircraft Wing)　MAG(Marine Aircraft Group)

海兵航空団(MAW)は2個かそれ以上の戦術飛行隊と司令部飛行隊1個、航空基地飛行隊1個とが海兵航空群(MAG)を編成し、支援・役務をともなう2個かそれ以上のMAGから構成されます。

海兵隊の航空団(ウイング)はアメリカ空軍の航空隊よりも規模が大きく、8個飛行隊が基本となり、これに各種ヘリコプター飛行隊が加わる混成部隊となっている。

MAWはそれ1個でも普通の国の空軍をしのぐ戦術空軍力を持っています。

MAW

名称	機種	飛行中隊数	機数
F/A-18C	戦闘/攻撃機	4	48
AV-8A・B・C	軽攻撃機	2～3	38～57
F/A-18D	中攻撃機	1～2	10～20
KC-130	給油/輸送機	1	12
EA-6B	電子戦機	1	4
F/A-18D	偵察機	1	7
OA-4	戦術空中管制機	1	10
OV-10→F/A-18D	観測機	1	12
AH-1	攻撃ヘリコプター	1	24
CH-53、CH-46	輸送/汎用ヘリコプター	9	120
UH-1	軽輸送ヘリコプター	6～7	131
総計		28～31	416～445

海兵航空群(MAG)戦闘機、ヘリコプター、給油、輸送

海兵航空群	所属
第10海兵航空群・戦闘機(MCCRTG-10)	第3海兵航空団
第11海兵航空群・戦闘機	第3海兵航空団
第12海兵航空群・戦闘機	第1海兵航空団
第13海兵航空群・戦闘機	第3海兵航空団
第14海兵航空群・戦闘機	第2海兵航空団
第15海兵航空群・戦闘機	第1海兵航空団
第16海兵航空群・ヘリコプター	第7海兵遠征旅団
第24海兵航空群・戦闘機、ヘリ	第1海兵遠征旅団
第26海兵航空群・戦闘機	第2海兵航空団
第29海兵航空群・戦闘機、ヘリ	第2海兵航空団
第31海兵航空群・戦闘機	第2海兵航空団
第32海兵航空群・戦闘機	第2海兵航空団
第36海兵航空群・ヘリコプター	第1海兵航空団
第37海兵航空群・給油(MWSG-37)	第3海兵航空団
第37海兵航空群・ヘリコプター	第3海兵航空団
第41海兵航空群・戦闘機	第4海兵航空連隊
第49海兵航空群・戦闘機	第4海兵航空連隊

■上記の航空群の他に、群に所属しない飛行隊がいくつか配備されているがその多くが第4海兵航空団を基盤とする部隊で、訓練飛行隊以外は他の航空群の飛行隊と同じようにローテーション配備となっている

現在の勢力はMAW1個と予備役1個で、各MAGに飛行隊が配備されている。

海兵1個師団が移動する場合は、MAW1個もともに移動することになっており、航空戦力なしでは海兵隊は活躍できません。

海兵隊の防空部隊はホークの地対空ミサイル大隊3個とスティンガーの低高度防空大隊3個があり、各MAWにそれぞれ1個大隊ずつ配備されている。

MAWの総兵員数は2万7000人、航空機の定数は戦術作戦機529機、攻撃ヘリコプター92機、ヘリコプター444機とされている。

揚陸部隊のエアーカバー
海兵隊の強襲上陸は多目的強襲艦の登場で、ヘリボーンによる強襲能力が高められシーボーンもLCACの登場で機動力がアップ。まさに強襲の強襲となってきた。
それを支えているのが海兵航空団で、戦闘機・攻撃機・戦闘ヘリによる近接支援、輸送ヘリによる戦闘員や物資の空輸が地上部隊を支援するわけですね。

目標上空戦闘空中哨戒
F/A-18
艦隊上空戦闘空中哨戒
これは主に海軍の
F-14が行なう
航空近接支援
F/A-18 AV-8B AH-1S
LHA
強襲揚陸艦
艦艇から上陸海岸までのルートは最も攻撃されやすい。それをカバーするのが航空部隊の役目
揚陸作戦の指揮管制は全て海軍が行なう
空母機動部隊
CV
航空母艦
ホーネットの作戦能力は多用途で、性能面において完全に戦闘機と攻撃機の任務を遂行できる。海兵隊でも本機を高く評価し、12個の飛行隊を編成している。

SATS（戦術短距離滑走補助手段）

上陸前日には、海岸
近くの敵防堡施設
（重火器陣地）を爆撃。

第1線陣地を壊滅
させたら、内陸部の
第2線に攻撃を移行。

上陸当日は
揚陸作戦地域の
上空直衛や
海岸堡の近接
支援を担当。

現代は
大口径砲をもつ
艦艇が少なくなり、
航空支援に
依存している。

ハリアーは
SATSで設営された
前進サイトへ進出。
ここより
“タクシー待ち”
作戦を始める。

こっちへ来て
敵をたたいてくれ。

了解、
すぐ
いくぞ。

では、
海兵隊のために
作られたような
ハリアー攻撃機を
紹介しよう。

近接支援攻撃機ハリアー
これがハリアー攻撃機だ。イギリスが開発した世界初の実用VTOL機だよ。
アメリカが外国機を買ったのは、第1次大戦以来のことですよね。

上陸作戦時の航空支援が海兵隊にとってどれだけ必要か重々のべてきたが、
正規の飛行場を必要としないVTOL機はその任務にぴったりの機種とみこまれ、
AV-8Aの名称で採用されたハリアーは、1970年より運用がはじめられた。

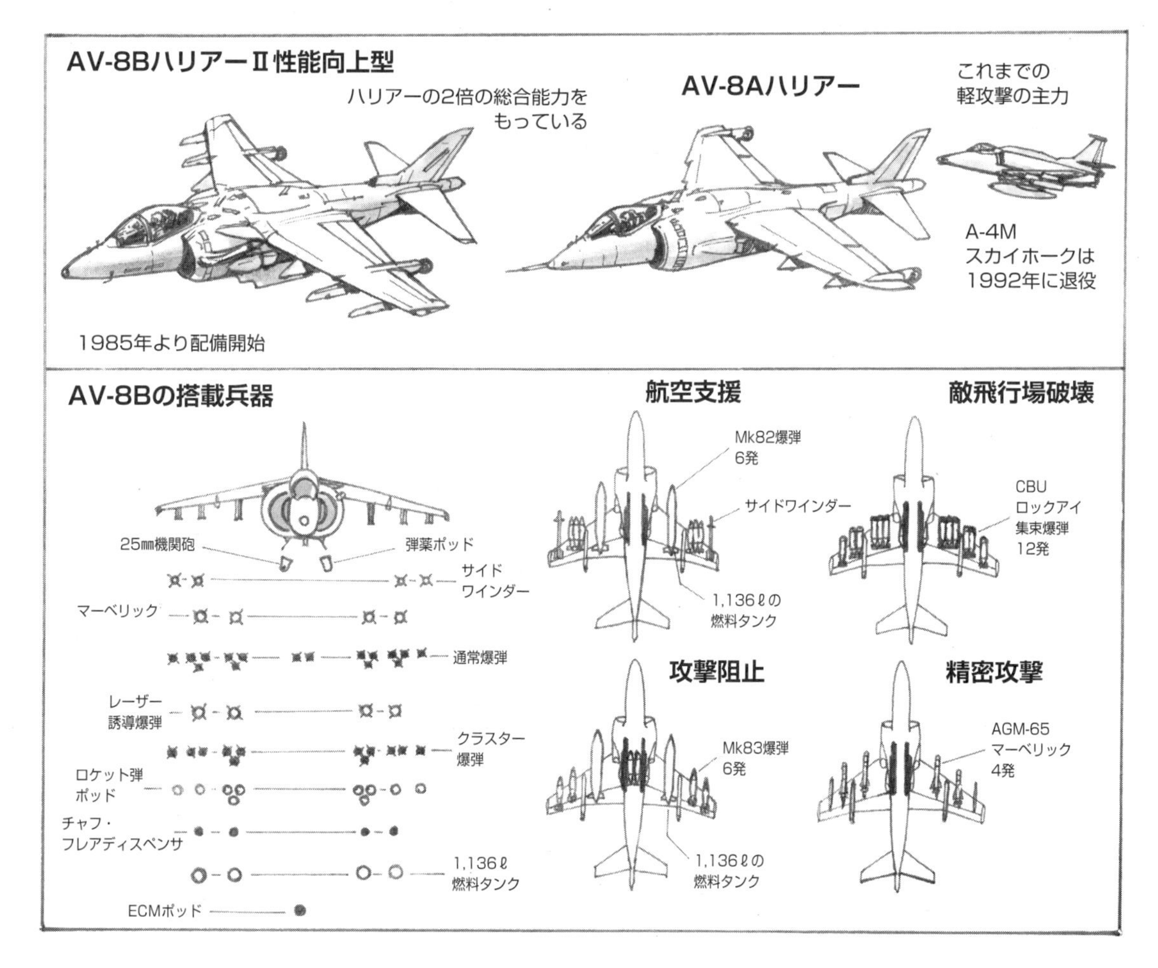
AV-8BハリアーII性能向上型
ハリアーの2倍の総合能力をもっている
1985年より配備開始
AV-8Aハリアー
これまでの軽攻撃の主力
A-4M
スカイホークは
1992年に退役
AV-8Bの搭載兵器
25㎜機関砲
弾薬ポッド
サイドワインダー
マーベリック
通常爆弾
レーザー誘導爆弾
クラスター爆弾
ロケット弾ポッド
チャフ・フレアディスペンサ
1,136ℓ燃料タンク
ECMポッド
航空支援
Mk82爆弾6発
サイドワインダー
1,136ℓの燃料タンク
敵飛行場破壊
CBU
ロックアイ
集束爆弾
12発
攻撃阻止
Mk83爆弾6発
1,136ℓの燃料タンク
精密攻撃
AGM-65
マーベリック
4発

ハリアーを使った揚陸作戦
■第一段階
海上基地を使っての作戦
○タクシー待ち
ハリアーが登場するまでの近接支援機は
上空で常時周回待機しており、
地上部隊の要請待ちだった
空母より出撃
攻撃機は空母へ戻り
再び弾薬と燃料を搭載して
上空にやってくる
上陸拠点が広がると
前進サイトから
作戦を始める
前進サイト
上陸部隊は
内陸部へ前進
海上基地からは、
海岸堡を確保する
部隊の近接支援
中継海上基地
整備
燃料・弾薬補給
ヘリコプター着艦用
甲板を持つ
揚陸艦で
燃料・弾薬の
補給が
行なえる
通常、海岸より
90kmほどの
位置
海上基地
180～240mの
飛行甲板をもつ
LPH、LHA、LHD等の
強襲揚陸艦
〝タクシー待ち〟は効率性が悪く、常時空中に攻撃機を待機させておくことは大変なことだった。ハリアーの〝タクシー待ち〟は中継海上基地や前進サイトを利用して行なう。いずれにせよ戦闘場所近くに位置し、陸上部隊の要請に応じる時間は早いぞ。

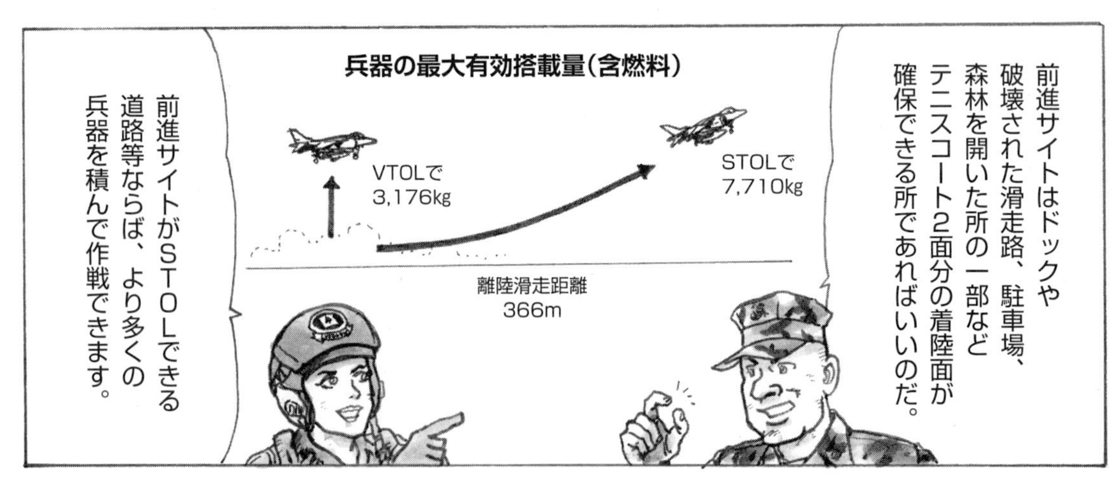

前進サイトはドックや破壊された滑走路、駐車場、森林を開いた所の一部などテニスコート2面分の着陸面が確保できる所であればいいのだ。
兵器の最大有効搭載量(含燃料)
VTOLで
3,176kg
STOLで
7,710kg
離陸滑走距離
366m
前進サイトがSTOLできる道路等ならば、より多くの兵器を積んで作戦できます。

■第2段階
陸上施設を使う初期段階
前線から15kmほどに
サイトを設ければ、航空支援に
応える時間は20分程度だ
V／STOL施設の建設は
ハリアー10機分の燃料・弾薬・
一定度の装備支援を提供
できるもので、
時間短縮のために
破壊された飛行場の一部や
180メートル程度の直線をもつ
舗装道路上に設置される
ことが多い。
前進サイト
陸上部隊は
内陸部へ侵攻
エンジンを切り
航空支援要請の
FM通信を
モニターして
タクシー待ち
燃料
弾薬補給
戦闘地域より
90km（ハリアーで5～6分）
ほどの所に設置される
陸上施設
燃料・弾薬補給
基地に適当な場所がない時は
300トン余りの物資をヘリボーンして
作り上げることになる。
CH-53が30回ほど往復して
金属パッドを敷きつめて
滑走路とタキシーウェイを
24～72時間で
完成させることができる。
整備の
ために帰還
海上基地

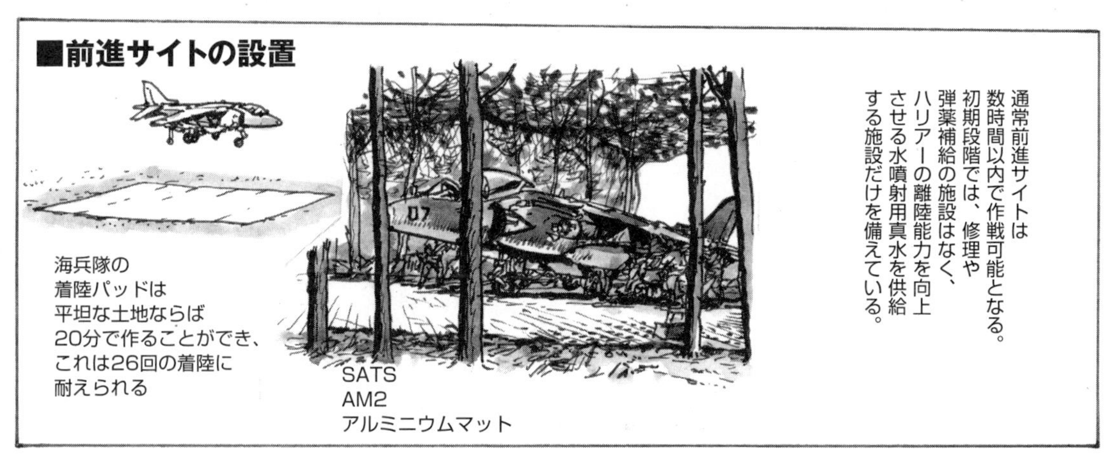
■前進サイトの設置
通常前進サイトは
数時間以内で作戦可能となる。
初期段階では、修理や
弾薬補給の施設はなく、
ハリアーの離陸能力を向上
させる水噴射用真水を供給
する施設だけを備えている。
海兵隊の
着陸パッドは
平坦な土地ならば
20分で作ることができ、
これは26回の着陸に
耐えられる
SATS
AM2
アルミニウムマット

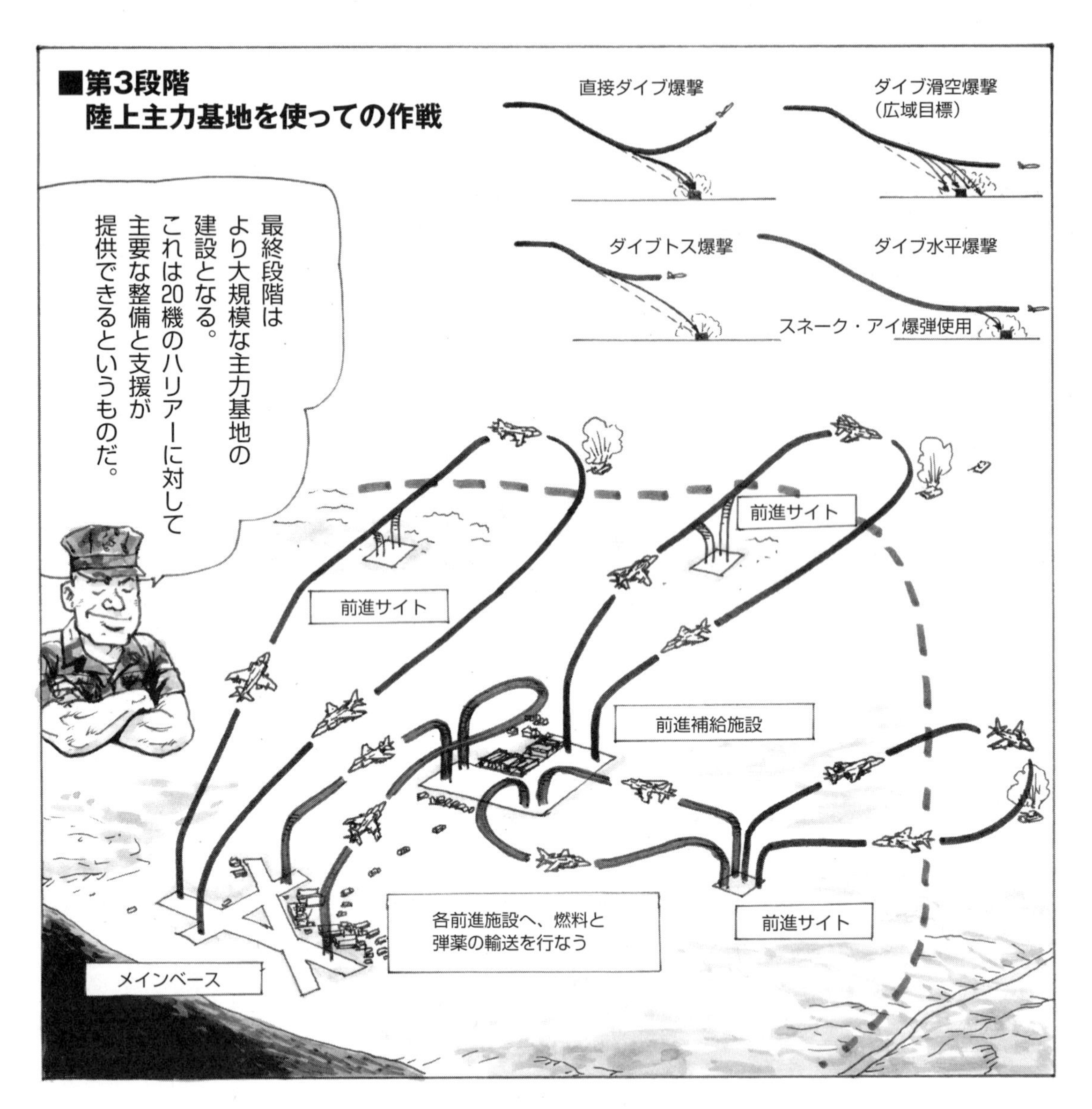
■第3段階
陸上主力基地を使っての作戦
最終段階はより大規模な主力基地の建設となる。これは20機のハリアーに対して主要な整備と支援が提供できるというものだ。
直接ダイブ爆撃
ダイブ滑空爆撃
（広域目標）
ダイブトス爆撃
ダイブ水平爆撃
スネーク・アイ爆弾使用
前進サイト
前進サイト
前進補給施設
各前進施設へ、燃料と
弾薬の輸送を行なう
前進サイト
メインベース

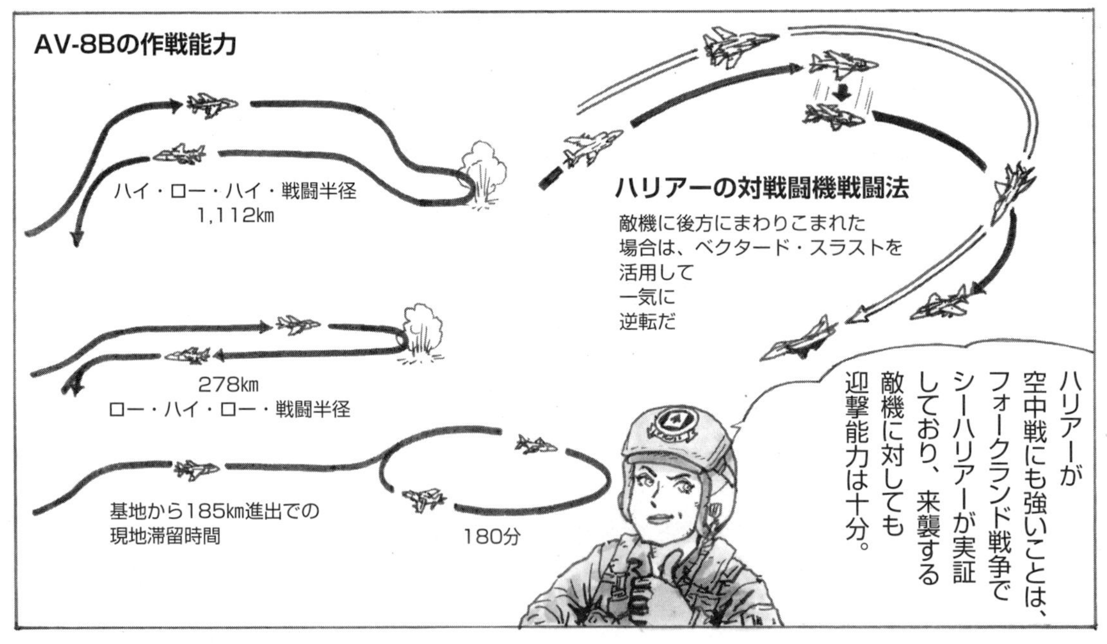
AV-8Bの作戦能力
ハイ・ロー・ハイ・戦闘半径
1,112km
278km
ロー・ハイ・ロー・戦闘半径
基地から185km進出での
現地滞留時間
180分
ハリアーの対戦闘機戦闘法
敵機に後方にまわりこまれた
場合は、ベクタード・スラストを
活用して
一気に
逆転だ
ハリアーが空中戦にも強いことは、フォークランド戦争でシーハリアーが実証しており、来襲する敵機に対しても迎撃能力は十分。

9 海兵隊の現用装備

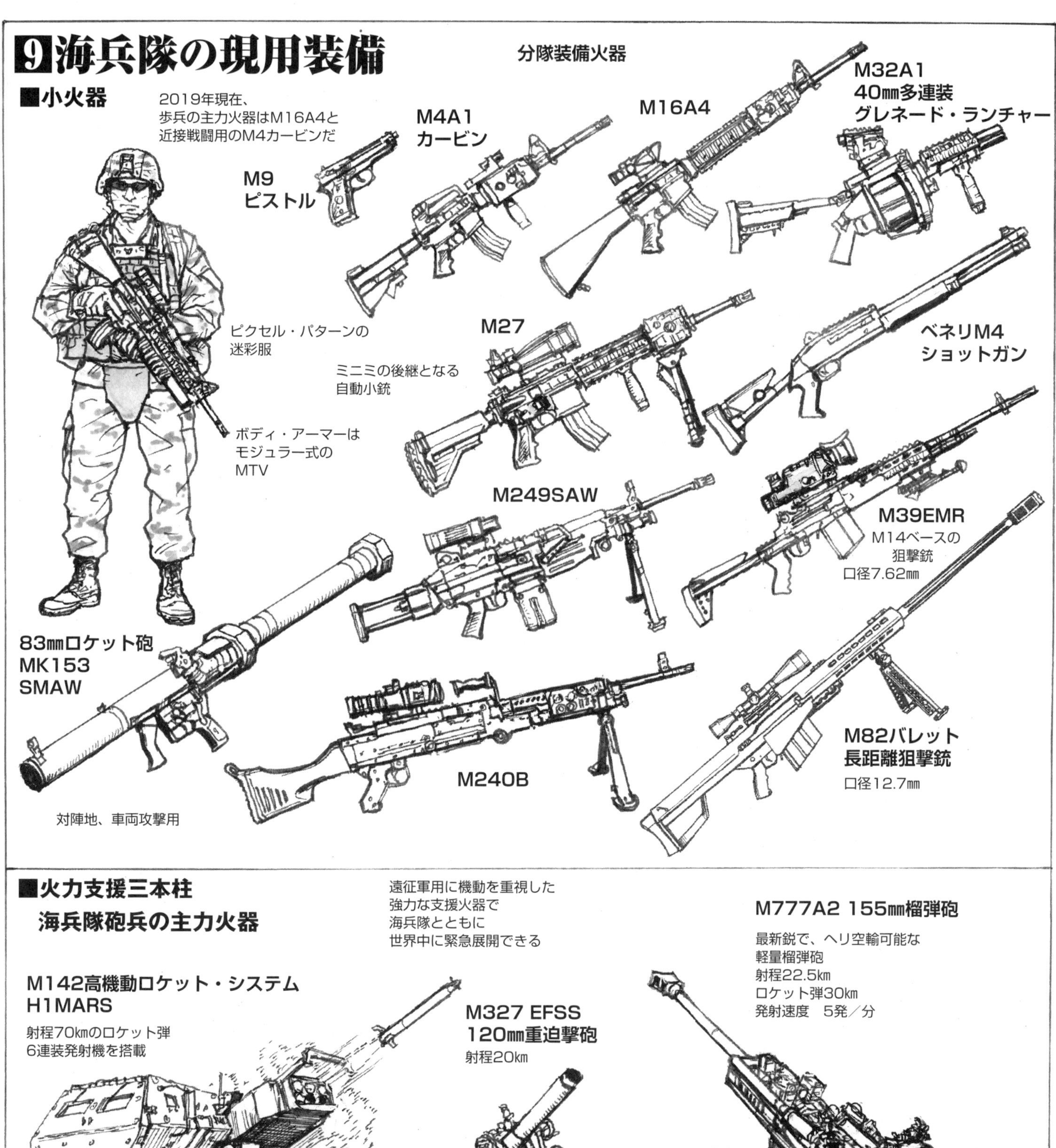

モジュラー式（装着式プロテクターや挿入式アーマープレートにより耐弾能力をもち、着脱も容易なクイック・リリース機能もある）

■戦闘車両

AAVP-7A1 水陸両用強襲車

RPGにも
防弾効果があった
EAAK装甲

M1A1戦車

イラク戦争時には全ての
海兵隊戦車隊が装備していた

LCAC（エルキャック）では
1両を輸送できる

LAV-25A2戦闘車

装甲偵察小隊で
運用している
水陸両用戦闘車

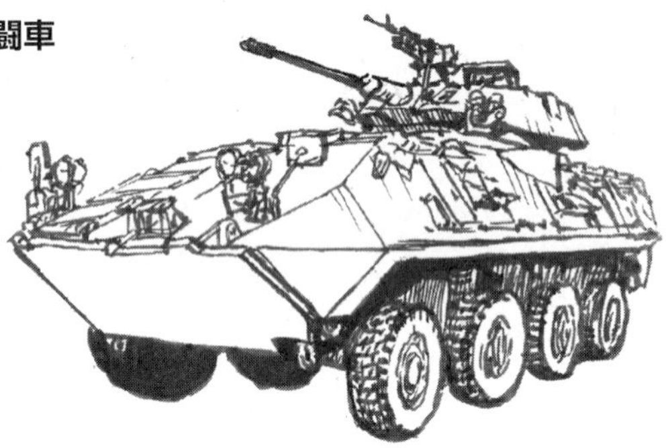

M998 ハンビー

対テロ戦では
装甲強化キットが
欠かせない

MTVR 中型野戦トラック

7t積で
海兵隊の
ワークホース
バリエーションも多い

MRAP（耐地雷装甲車）

4×4と6×6の
2種類のクーガーが
対テロ戦用の主力だ

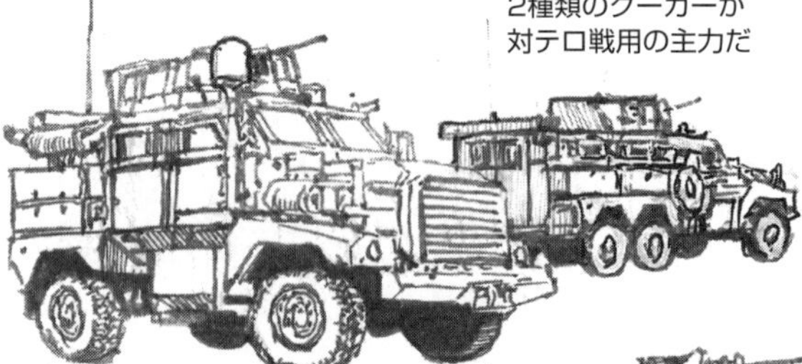

LVS重機動貨物トラック

8×8の大型トラック
積載力11t

1984年配備

M-ATV（全地形型装甲車）

アフガン特殊部隊仕様

JLTV（統合軽戦術車）

陸軍と共同開発の
対テロ軽装甲車

LVSR装甲重機動貨物トラック

10×10
積載力15t

2009年より配備された
LVSの更新トラック

M1163ITY（機内搭載車）

120㎜重迫撃砲と弾薬トレーラーを牽引機動する
オスプレイに収容できるように設計された

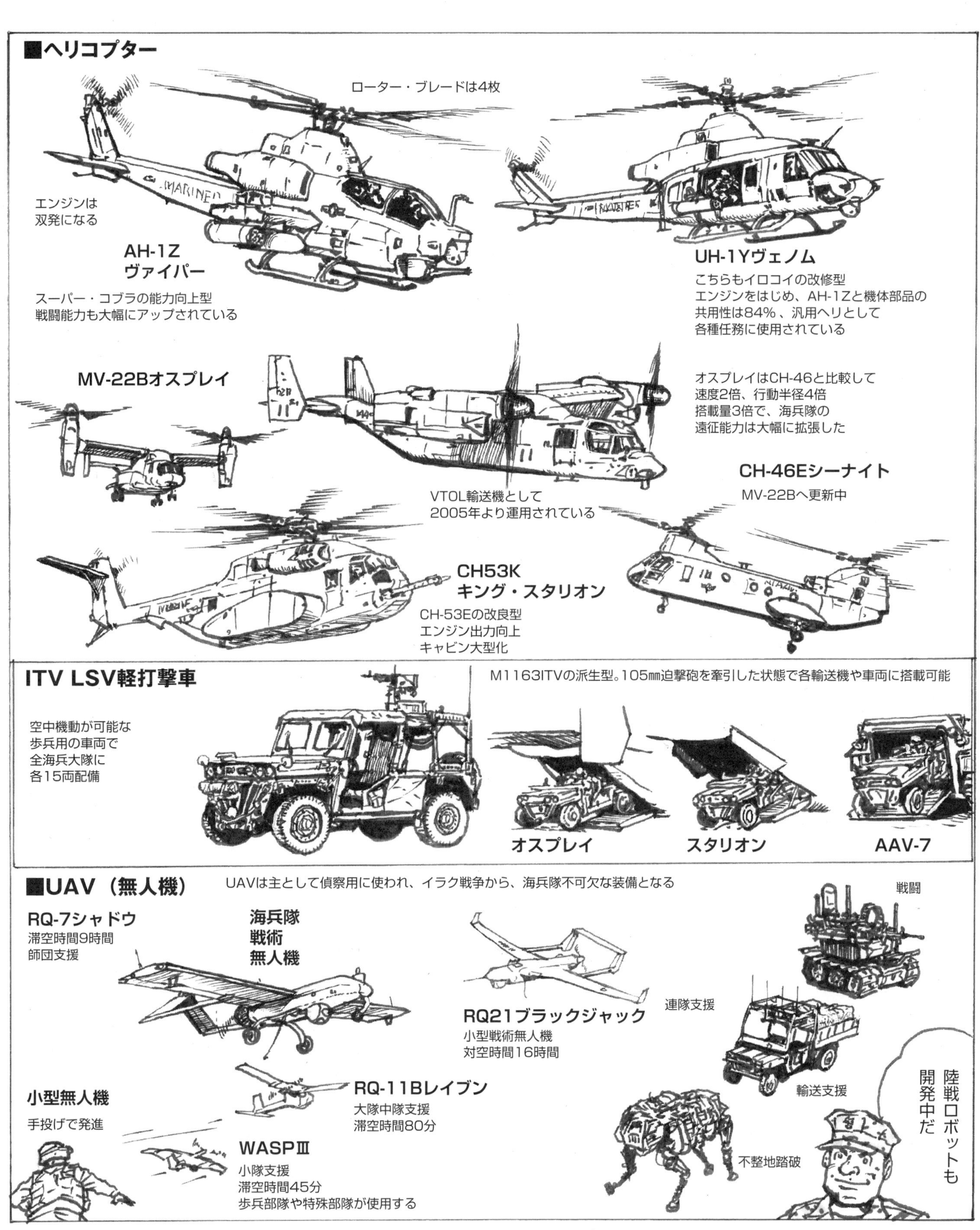
■ヘリコプター
ローター・ブレードは4枚
エンジンは
双発になる
AH-1Z
ヴァイパー
スーパー・コブラの能力向上型
戦闘能力も大幅にアップされている
UH-1Yヴェノム
こちらもイロコイの改修型
エンジンをはじめ、AH-1Zと機体部品の
共用性は84％、汎用ヘリとして
各種任務に使用されている
MV-22Bオスプレイ
オスプレイはCH-46と比較して
速度2倍、行動半径4倍
搭載量3倍で、海兵隊の
遠征能力は大幅に拡張した
VTOL輸送機として
2005年より運用されている
CH-46Eシーナイト
MV-22Bへ更新中
CH53K
キング・スタリオン
CH-53Eの改良型
エンジン出力向上
キャビン大型化
ITV LSV軽打撃車
M1163ITVの派生型。105㎜迫撃砲を牽引した状態で各輸送機や車両に搭載可能
空中機動が可能な
歩兵用の車両で
全海兵大隊に
各15両配備
オスプレイ
スタリオン
AAV-7
■UAV（無人機）
UAVは主として偵察用に使われ、イラク戦争から、海兵隊不可欠な装備となる
RQ-7シャドウ
滞空時間9時間
師団支援
海兵隊
戦術
無人機
RQ21ブラックジャック
小型戦術無人機
対空時間16時間
連隊支援
戦闘
輸送支援
小型無人機
手投げで発進
RQ-11Bレイブン
大隊中隊支援
滞空時間80分
WASPⅢ
小隊支援
滞空時間45分
歩兵部隊や特殊部隊が使用する
不整地踏破
陸戦ロボットも
開発中だ

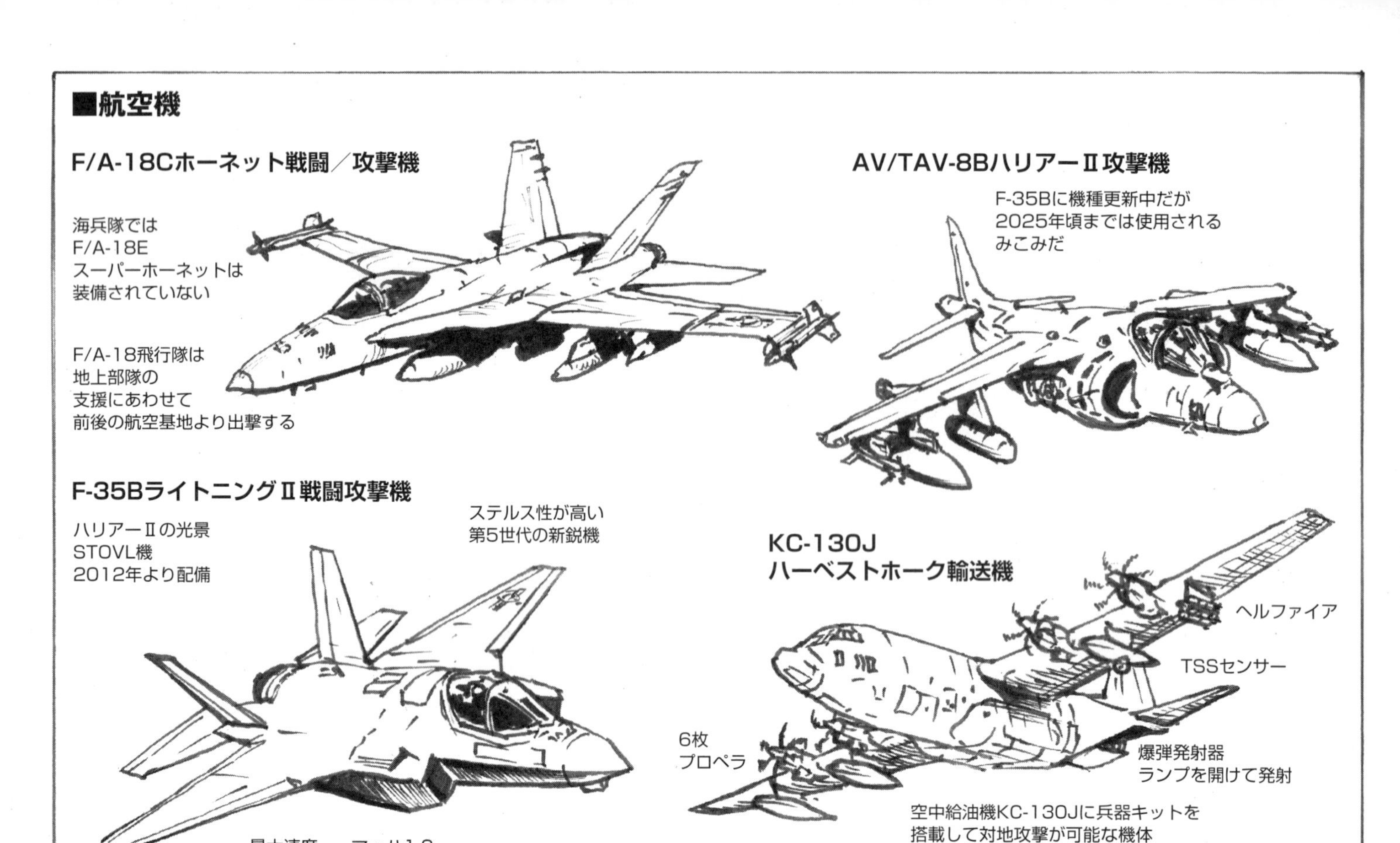
■航空機
F/A-18Cホーネット戦闘／攻撃機
海兵隊では
F/A-18E
スーパーホーネットは
装備されていない
F/A-18飛行隊は
地上部隊の
支援にあわせて
前後の航空基地より出撃する
AV/TAV-8BハリアーⅡ攻撃機
F-35Bに機種更新中だが
2025年頃までは使用される
みこみだ
F-35BライトニングⅡ戦闘攻撃機
ハリアーⅡの光景
STOVL機
2012年より配備
ステルス性が高い
第5世代の新鋭機
最大速度　マッハ1.6
航続距離　1670㎞
KC-130J
ハーベストホーク輸送機
ヘルファイア
TSSセンサー
6枚
プロペラ
爆弾発射器
ランプを開けて発射
空中給油機KC-130Jに兵器キットを
搭載して対地攻撃が可能な機体
10連装の誘導爆弾発射器や対戦車ミサイル等を
翼下のパイロンへ装備運用できる

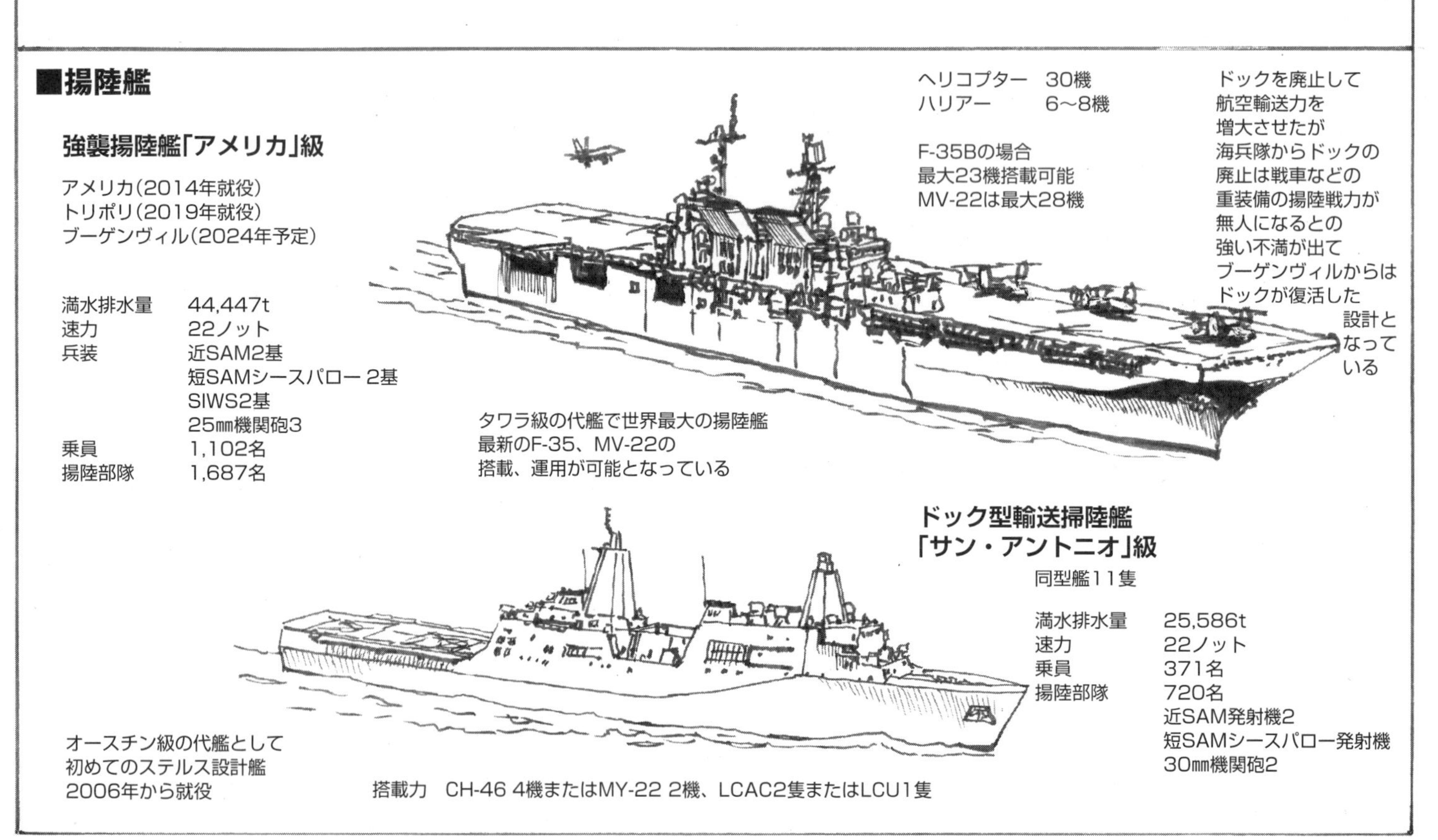
■揚陸艦
強襲揚陸艦「アメリカ」級
アメリカ（2014年就役）
トリポリ（2019年就役）
ブーゲンヴィル（2024年予定）
満水排水量　44,447t
速力　22ノット
兵装　近SAM2基
短SAMシースパロー 2基
SIWS2基
25㎜機関砲3
乗員　1,102名
揚陸部隊　1,687名
ヘリコプター　30機
ハリアー　6～8機
F-35Bの場合
最大23機搭載可能
MV-22は最大28機
ドックを廃止して
航空輸送力を
増大させたが
海兵隊からドックの
廃止は戦車などの
重装備の揚陸戦力が
無人になるとの
強い不満が出て
ブーゲンヴィルからは
ドックが復活した
設計と
なって
いる
タワラ級の代艦で世界最大の揚陸艦
最新のF-35、MV-22の
搭載、運用が可能となっている
ドック型輸送揚陸艦
「サン・アントニオ」級
同型艦11隻
満水排水量　25,586t
速力　22ノット
乗員　371名
揚陸部隊　720名
近SAM発射機2
短SAMシースパロー発射機
30㎜機関砲2
オースチン級の代艦として
初めてのステルス設計艦
2006年から就役
搭載力　CH-46 4機またはMY-22 2機、LCAC2隻またはLCU1隻

第2部
Chapter;2
アメリカ海兵隊戦史

Chapter;2

アメリカ海兵隊の歴史は古く、その創設はアメリカ独立戦争中の1775年にまで遡ることができる。これはイギリス海軍に範をとった、わが国でいう海軍陸戦隊に近い存在であったが、第一次世界大戦後、委任統治領などで中部太平洋における日本の覇権が強固なものとなると、これに対抗する兵力として整備拡大されていった。

ここでは第二次世界大戦の太平洋戦線から朝鮮戦争、ベトナム戦争、また湾岸戦争や21世紀に入ってからの非正規戦についてのアメリカ海兵隊の戦史を紐解いて見たい。

第二次世界大戦①：ウェーキ島、ガダルカナル島の戦い

1941年12月8日、
日本軍の
真珠湾攻撃によって
太平洋戦争が始まった。

当時海兵隊は
アジア艦隊司令長官の
管轄下、約2千名が
中国とフィリピンに駐屯
しており、この他に数千人が
ハワイ、グアム、ウェーキ、
ミッドウェイ、グアム、ウェーキ、
サモア等の南太平洋の島々へ派遣
されていた。

撃沈された日本駆逐艦は「疾風」「如月」で太平洋戦争における日本軍の水上艦艇の初めての損害だ

勇敢な海兵隊員は
「いま何が必要か」と
尋ねられて
「もっと多くの
日本兵をよこせ」
と頼もしい答えを
くれました。
……とさ、ほんとかい。

誰もそんなこと
言っちゃいないぜ。
「ここへ来る日本兵を
よそへまわせ」
というのが本音だよ。

海兵第221戦闘機中隊

211-F-11

退却した日本軍は
部隊を編成強化し、
南雲部隊の空母2隻も
分派してもらい
12月22日夜に
第二次攻略作戦を開始。
23日にウェーキ島は
日本軍によって
占領された

日本軍攻略部隊の主力は
海軍陸戦隊であり
このグアム、ウェーキ島で
早くも日米両海兵隊は
戦闘を交えていたのだ。

ウェーキ島守備隊（ジェームス・デバリュークス少佐指揮下海兵452人、戦闘機12機）

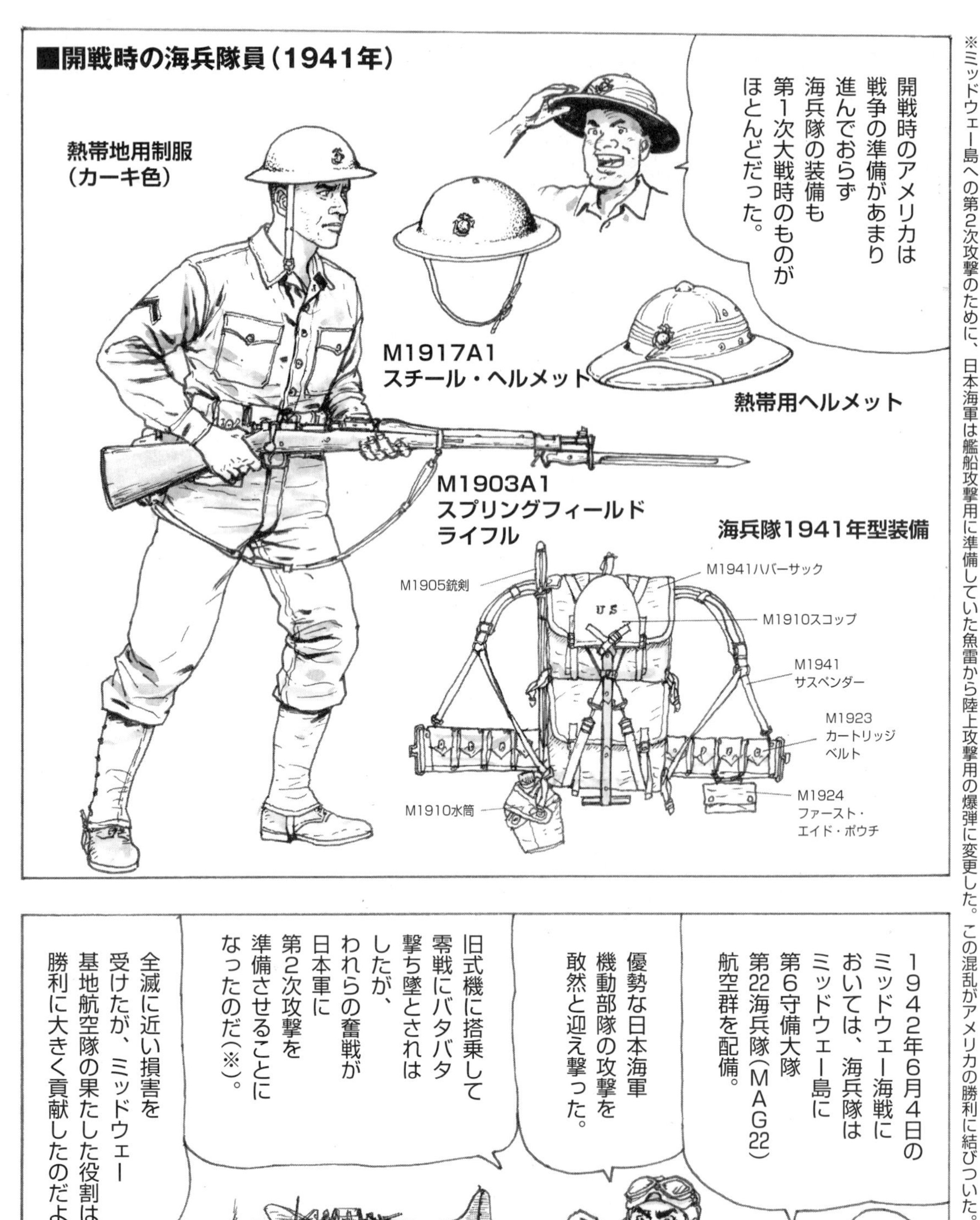

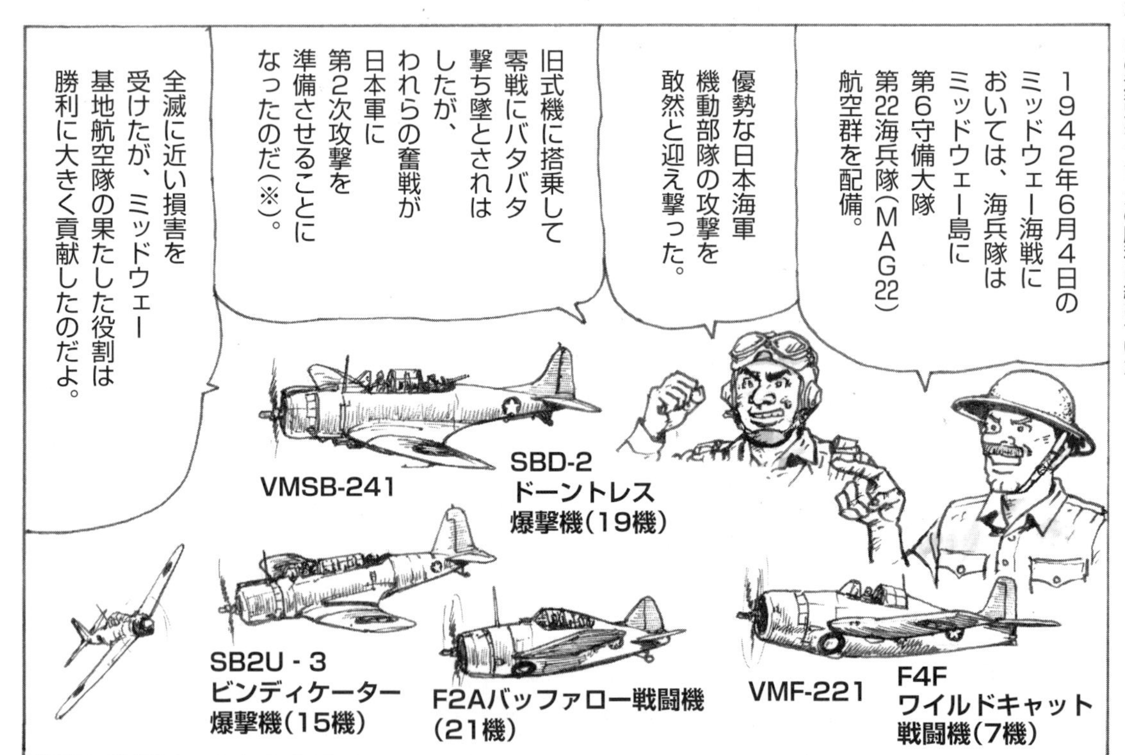

※ミッドウェー島への第2次攻撃のために、日本海軍は艦船攻撃用に準備していた魚雷から陸上攻撃用の爆弾に変更した。この混乱がアメリカの勝利に結びついた。

■ガダルカナル島上陸作戦
いよいよワシの出番がやってきたな。太平洋戦線ではわが海兵隊は、反攻の尖兵として多くの死傷者を出しながら輝かしい戦歴を残しているぞ。
ガダルカナル戦は米軍にとっても１８６９年いらいの海陸兵同作戦でした。上陸以後の戦闘も海兵隊には前例のない陸上戦闘として記憶されています。
なぜガダルカナル島が決戦場となったか地図を見ればわかる。日本機がここから出撃すると連合軍の補給線が切断され、オーストラリアが占領されるかも知れないのだ。
ラバウル
ソロモン諸島
ブーゲンビル島
マライタ島
ニューギニア
ガダルカナル島
ツラギ
エスペランス岬
ルンガ岬
ウォッチタワー（監視塔）作戦
1942年8月7日
１９４２年夏、日本軍がガダルカナル島に飛行場を建設していることが分かり、アメリカ軍はその完成前にこれを占領することを決意した
この太平洋最初の大規模な上陸作戦こそ、敵前上陸訓練を受けた海兵隊の出番だった。しかし当時の海兵隊は戦闘訓練を受けるためにニュージーランドに到着した第一海兵師団だけで作戦計画を立て、攻撃開始日まで一ヶ月というあわただしさで、兵力１万９千人の第一海兵師団は60日分の物資と10日分の弾薬をもって出撃した
ニカラグアでジャングル戦を体験しており、また水陸両用作戦の理論家でもあった。のちに、第18代目海兵隊総司令官になる
第１海兵師団長
アレキサンダー・Ａ・ヴァンデクリフト少将

シューストリング作戦（公式にはウォッチタワー（監視塔）作戦。準備不足のこの作戦を海兵達は「ないないづくし作戦」の意でこう呼んだ）

「海の蜜蜂」シービーズ（上陸部隊と同時に上陸して、建設作業に従事する建設工兵〝パイオニア〟といえる）

日本軍との死闘

○一木支隊の全滅
飛行場奪回のため日本軍はグァム島に待機中の一木清直大佐の連隊3千名を、ガ島に急行させた。日本陸軍は米軍をナメてかかり一木大佐は先遣隊の900名で米軍陣地に正面攻撃をかけ全滅してしまう

イル川の戦闘で活躍したM3軽戦車

◎川口支隊の総攻撃
二番手の川口清健少将が率いる4千余名がガ島に送られ9月13日午後9時5分より一木支隊の残員を含む、歩兵四個大隊で第一次総攻撃を実施、一部は飛行場へ突入したが、後続部隊が続かず、米軍の猛砲撃にあって日本軍の攻撃は失敗に終わる

「血染めの丘」大激戦のあった丘で、海兵隊がここを守り抜き、川口支隊は重大な被害を受けた。米軍は、戦死40人、負傷203人、日本軍は600人以上の死者を残して後退した

◎第三次総攻撃
奪回作戦を企てる日本軍は方面(第一七軍)司令官百武中将が島へ進出、兵力2万で砲兵も増強され、今度こそはと意気ごんだが、二正面攻撃作戦は、ジャングルを迂回する本隊の進出が海岸からの側面攻撃と一日ズレてどちらの攻撃も米軍に粉砕された

この頃には海兵隊にも陸軍の増援があり(第164歩兵連隊)兵力は2万3千人以上となった

支隊(正規編成ではない臨時混成部隊の呼称。一木支隊は連隊規模、川口支隊は旅団規模)

日本軍は上陸した米軍の兵力が2千人くらいだと過小評価していた

当初日本軍の航空機はガダルカナルの
米軍航空機の2倍もあったが、
海兵隊航空部隊は
ガダルカナル上空の
航空優勢を確保し
続けたのだ
開戦以来、ウェーク島、ミッドウェー島
と最前線で戦い続けた海兵隊航空部隊に
とって、戦場のド真ん中での
離着陸などは、手慣れたものだった
VMF-223
グラマンF4F
ワイルドキャット艦上戦闘機
VMSB-232
ダグラスSBD
ドーントレス艦上爆撃機
大活躍した急降下爆撃機
ガ島に近付く日本艦船を
かたっぱしから攻撃した
第1海兵戦車大隊
自走75mmカノン砲T12
対戦車砲としても活躍
M3A1
軽戦車
ルンガ岬
第1海兵連隊
アリゲータークリーク
コリ岬
テナル川
一木支隊8月21日
一木大佐
ヘンダーソン飛行場
戦闘機用滑走路
海兵隊の反撃
第1海兵師団
司令部
イル川
血染めの丘
(エドソンの丘)
M1918
155mm榴弾砲
最大射程11,250m
M2
4.2インチ(107mm)重迫撃砲
9月13日の川口支隊の
飛行場奇襲の際に
1門につき2,000発
以上も撃ちまくり
日本軍を撃退
川口支隊
9月12
~14日
M2A1　105mm榴弾砲
最大射程11,160m
別名「パック・ハウザー」と呼ばれ、
空挺用に開発された軽量砲で
ジャングル戦でも有効に使用された
M1A1　75mm榴弾砲
最大射程7,500m
川口少将
米軍は上陸当初より
師団付砲兵6個中隊や
独立重砲隊等100門近くの
大口径を持ちこんでいた

ソロモン諸島には、オーストラリア沿岸監視隊コーストウォッチャーが配置され、現地人を使って情報を集め、日本軍の動きを逐一無線報告していた

日・米の決戦場!!　ヘンダーソン飛行場攻防戦 1942年8月～

ラバウルからガダルカナルまで片道1040㎞
往復時間だと7時間以上にもなり、単座の
戦闘機にはキツイ任務だった。

10月13日夜半
戦艦「金剛」「榛名」の
艦砲射撃で飛行場を
一時使用不能とした

零式艦上戦闘機
二一型

当時最強の戦闘機
といわれていた

一式陸上攻撃機
搭載爆弾1,000㎏

速度と防弾装備が弱点で、
米軍戦闘機の攻撃にモロく
「一式ライター」と呼ばれた

クルツ岬
住吉支隊10月23日
マタニカウ川

九七式中戦車
ガ島には12台が
揚陸されたが
マタニカウ川の
戦闘で、海兵隊の
待ち伏せに会い全滅

M3A1
37㎜対戦車砲
第5海兵連隊

装甲の薄い
日本軍戦車には
十分に対抗でき
火力支援にも使用された

九四式37㎜対戦車砲
この砲ではM3軽戦車に
歯が立たなかった

岡部隊
10月25日
～26日

第7海兵連隊

歩兵と協同で戦闘する野砲

九四式山砲
口径75㎜、最大射程8300m

九二式歩兵砲
口径70㎜

九六式15センチ榴弾砲
最大射程11900m

那須少将

オーステン山
1943年1月17日まで日本軍が
死守し、米軍部隊の行動を
監視していた

日本軍の野戦重砲隊
は15榴24門、10加8門
が揚陸されたが弾薬の補給
が続かず威力を
発揮できなかった

那須支隊
10月24日
～25日

九二式10センチ加農砲
最大射程18200m

長射程を生かし、オーステン山に観測所を設け
飛行場にゲリラ的砲撃を続け、「ピストルピート」と
呼ばれ恐れられた

■ガダルカナル戦の海兵隊員（1942年）

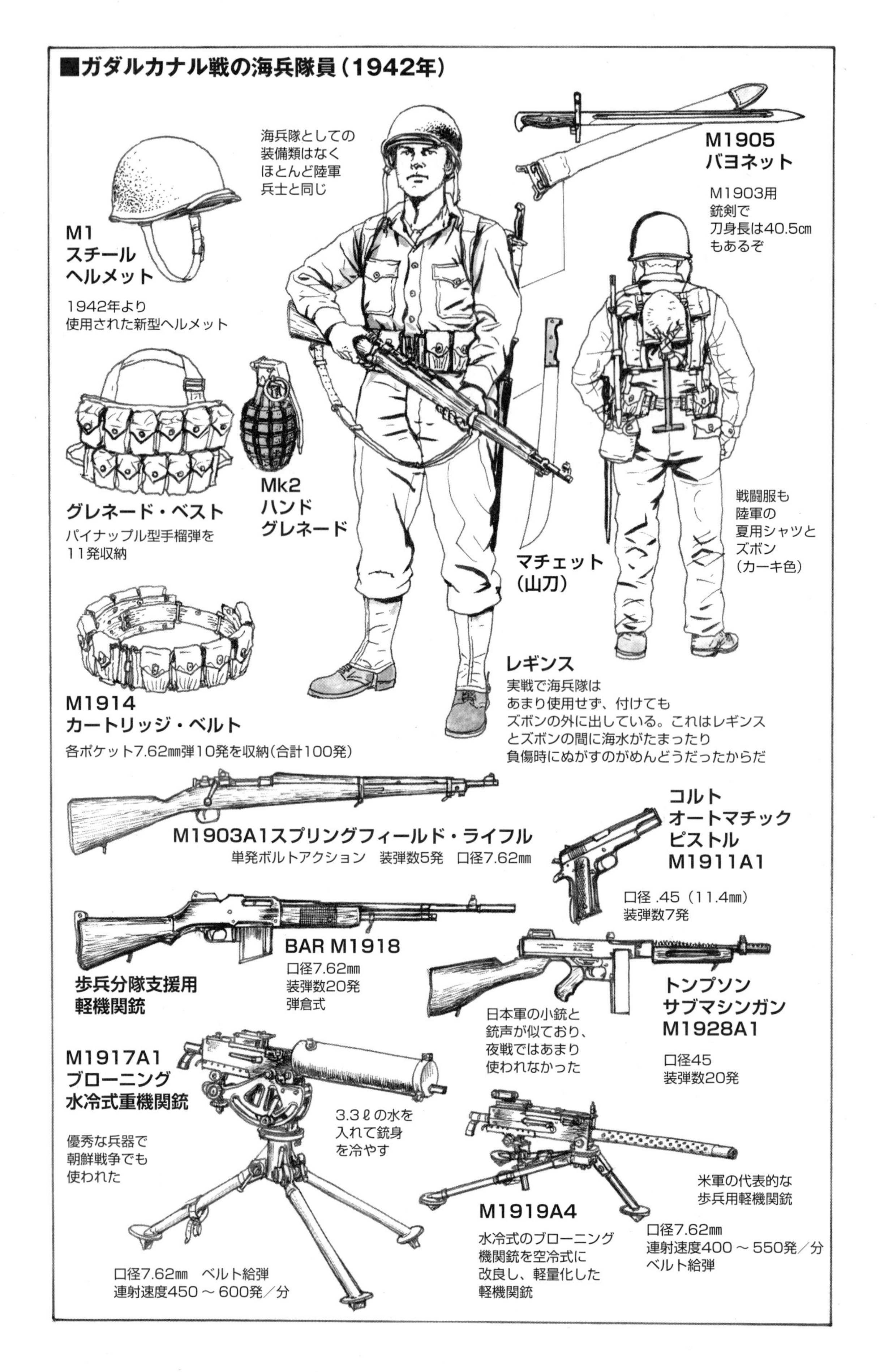

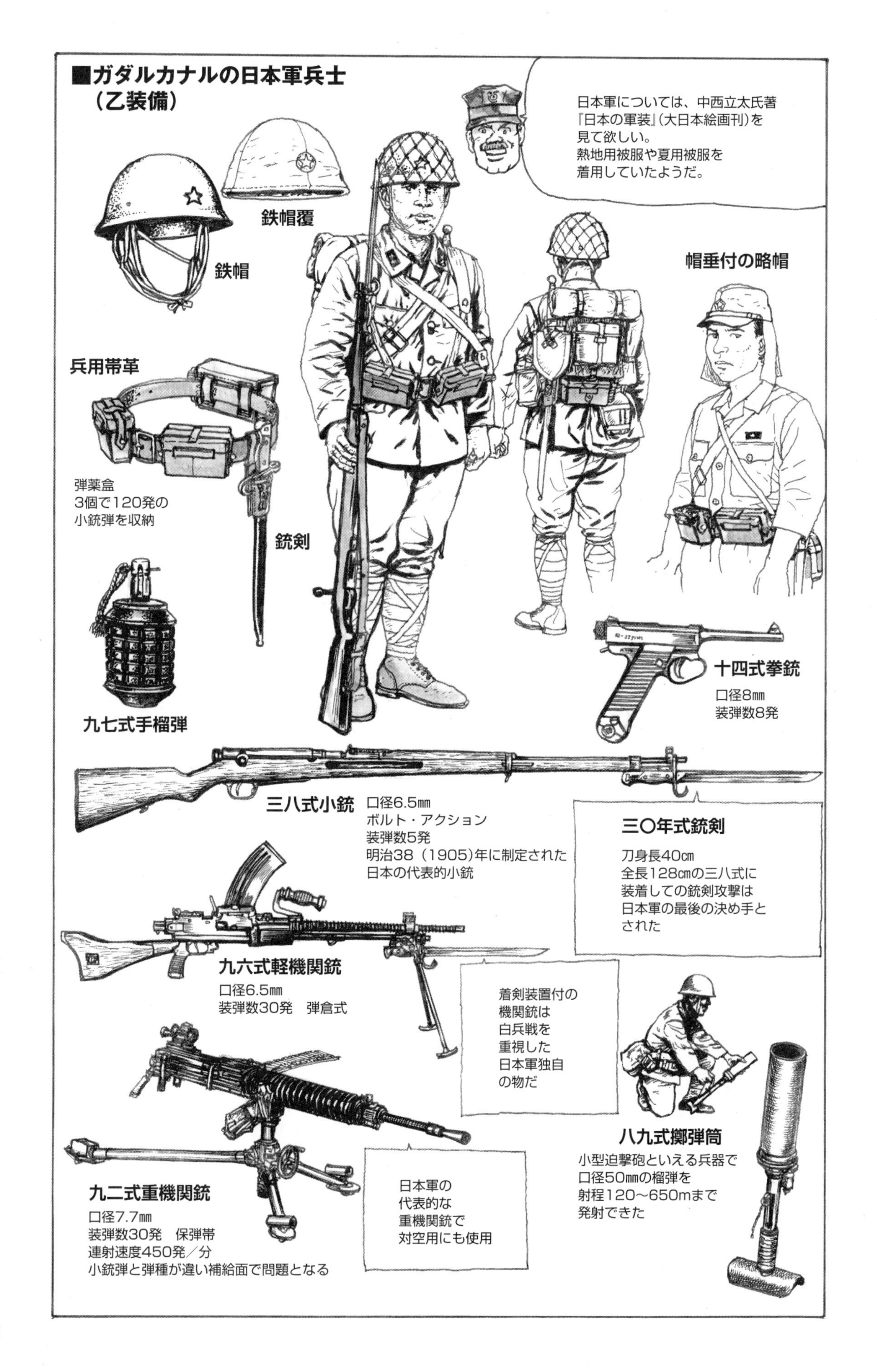
■ガダルカナルの日本軍兵士
（乙装備）
日本軍については、中西立太氏著
『日本の軍装』（大日本絵画刊）を
見て欲しい。
熱地用被服や夏用被服を
着用していたようだ。
鉄帽覆
鉄帽
帽垂付の略帽
兵用帯革
弾薬盒
3個で120発の
小銃弾を収納
銃剣
十四式拳銃
口径8㎜
装弾数8発
九七式手榴弾
三八式小銃
口径6.5㎜
ボルト・アクション
装弾数5発
明治38（1905）年に制定された
日本の代表的小銃
三〇年式銃剣
刀身長40㎝
全長128㎝の三八式に
装着しての銃剣攻撃は
日本軍の最後の決め手と
された
九六式軽機関銃
口径6.5㎜
装弾数30発　弾倉式
着剣装置付の
機関銃は
白兵戦を
重視した
日本軍独自
の物だ
八九式擲弾筒
小型迫撃砲といえる兵器で
口径50㎜の榴弾を
射程120〜650mまで
発射できた
九二式重機関銃
口径7.7㎜
装弾数30発　保弾帯
連射速度450発／分
小銃弾と弾種が違い補給面で問題となる
日本軍の
代表的な
重機関銃で
対空用にも使用

■ガダルカナル戦（1943年）

日本軍が〝死の島〟と呼んだガダルカナル島で闘った日本兵3万4千人のうち1万千6百人の兵員が脱出、アメリカ軍は最後まで日本軍が増援をしていると思い、引揚げ完了まで気づかなかった。こうして海兵隊は日本軍の連続攻撃に耐えて、無敵日本軍の神話を打ち砕き不名誉な撤退をさせた。

ガダルカナルの戦いは戦局の転回点ともなった。陸軍参謀総長マーシャル将軍は「海兵隊の決死的な防衛と海軍機動部隊の驚異的な勇敢さが太平洋における戦いの転回点をなしたのである」といっている。

第二次世界大戦②：中部太平洋攻略、ペリリュー島の戦い

ソロモン諸島を完全に手中に収めたアメリカ軍は次の目標、マーシャル諸島攻略のための基地をギルバート諸島に求めマキン島とタラワ島に上陸作戦を決行。マキン島は簡単に占領できたがタラワ島では苦戦した
丸太のバリケード
第8連隊の2個大隊
サンゴ礁
レッドビーチ3号
2時間半にわたる
艦砲射撃、400tに及ぶ爆弾で
日本軍守備隊の生存者皆無と
上陸前の海兵隊員は思っていたのだが
ペティオ島
11月22日
日本軍の夜襲
ガルバニック(電撃)作戦
サンゴ礁
タラワ環礁
輸送船団
礁湖
ペティオ
日本軍の拠点
海軍砲陣地
高射砲陣地
機関銃陣地
九五式軽戦車
14両を装備
タラワ島の日本軍守備隊
司令官
柴崎恵次海軍少将
第3特別根拠地隊
佐世保第7特別陸戦隊
第101設営隊
20cm(8インチ)砲
アームストロング社製
イギリス製の大砲で、シンガポールで
捕獲した物を4門配置していた
八九式40口径
12.7cm高射砲
三年式40口径8cm高射砲
コンクリート製掩蔽壕
ヤシの丸太で補強された掩蓋トーチカ
合計兵力4,601名はトーチカ内より激しく上陸軍に抵抗した
○アメリカ軍はこれら掩蔽壕をハワイに造り、攻撃法を研究、
艦砲の徹甲弾と航空機のロケット弾による攻撃が最も有効とされた
○海兵隊コマンドのマキン奇襲作戦
1942年8月ガダルカナル島上陸作戦の陽動作戦として潜水艦2隻に分乗、海兵隊レンジャー部隊222名がマキン島に夜間上陸し、日本守備隊を相手に暴れ回ってから引き揚げた
○デビュー戦は散々だったLVT
タラワのサンゴ礁突破の切り札だったLVTは日本軍に狙い撃ちされ、装甲の薄さから機銃弾で次々と火災を起こし、125台のうち、なんと90両もやられてしまった

「タラワの恐怖」タラワ島上陸作戦 1943年11月20日
白いサンゴ礁にとり囲まれている
タラワへの上陸作戦にはLVTは
不可欠とされ、LVT1型は75台、
新型のLVT2型も
50台がかき集められた
上陸防御用の日本軍バリケード
機雷
11月20日
コンクリート
第2連隊
LVT1型
LVT2型
ベティオ島
一番乗り
ホーキンズ中尉
名誉勲章
レッドビーチ1号
長桟橋
■タラワでの上陸波
第5波がLCM
（M4戦車搭載）
第4波がLCVP
（対戦車砲搭載）
第1～3派まではLVT
（兵員搭載）
レッドビーチ2号
アメリカ軍
上陸部隊
滑走路
11月21/22日
第6連隊の
2個大隊
グリーン
ビーチ
LCVPはサンゴ礁を突破できず
兵士は海中を徒歩で前進する
ことになり、日本軍の砲火で
大きな損害を受けた
M4A2シャーマン
M3A1スチュワート
軽戦車
自走式75㎜カノン砲T12
第5波のLCMに
乗っていた6両のうち
上陸できたのは
2両だけだった
第5波上陸作戦
軍団指揮官
"ハウリン・マッド"
（どら声）
ホーランド・スミス
海軍少将
激戦の第2海兵師団、
第27歩兵師団
（兵力約20,000人）
タラワでの戦訓はその後
海兵隊の上陸作戦に有効に
生かされることになる。
○LVTの装甲・武装強化
○上陸前の水中爆破班の訓練
○上陸支援砲艦
○防御陣地への有効な砲爆撃法
○上陸海岸の水深や潮位のデータ入手
等で、いかに犠牲を少なく
日本軍の防備した要地を攻
略するかを学んだのだった
特別陸戦隊は海軍陸戦隊の
中でも優秀な部隊であり、
アメリカ上陸前から強烈な
ライバル意識にかり立てら
れ、この精強なマリーン同
志の戦場は太平洋の最大の
激戦地の一つとなった。
またタラワは日本海軍最初
の玉砕地となり（※）、負傷
し捕虜となった陸戦隊員は
わずか17名だ。海兵隊員に
とってもタラワは「出血の
島」で、4日間の戦闘で海
兵隊980名、海軍29名が
戦死、負傷者は2101名
という多大の犠牲を支払っ
ていた
※陸軍は1943年5月にアッツ島で初めて玉砕。

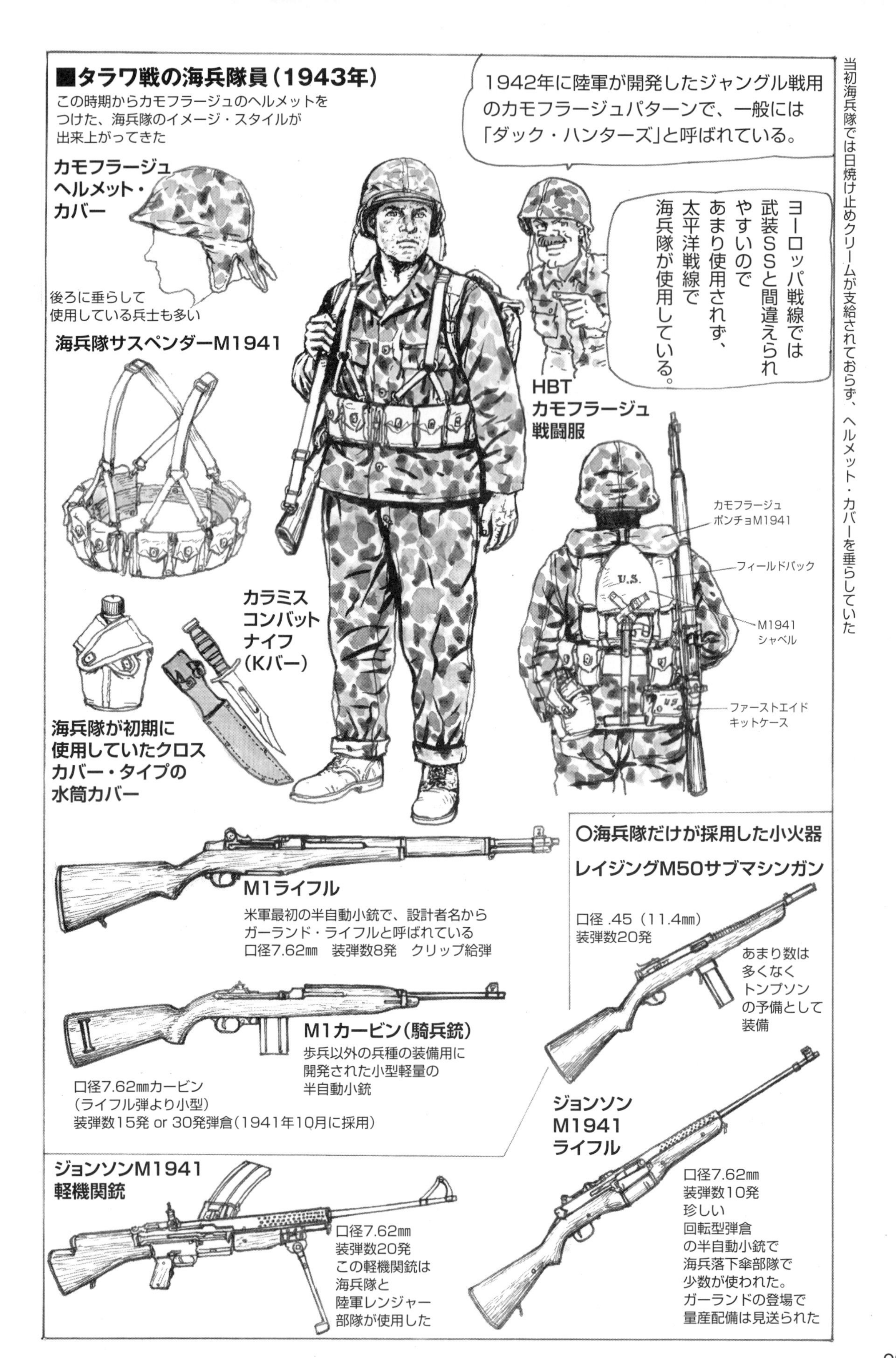
■タラワ戦の海兵隊員（1943年）
この時期からカモフラージュのヘルメットをつけた、海兵隊のイメージ・スタイルが出来上がってきた
1942年に陸軍が開発したジャングル戦用のカモフラージュパターンで、一般には「ダック・ハンターズ」と呼ばれている。
カモフラージュヘルメット・カバー
後ろに垂らして使用している兵士も多い
ヨーロッパ戦線では武装SSと間違えられやすいのであまり使用されず、太平洋戦線で海兵隊が使用している。
海兵隊サスペンダーM1941
HBTカモフラージュ戦闘服
カモフラージュポンチョM1941
フィールドパック
M1941シャベル
ファーストエイドキットケース
カラミスコンバットナイフ（Kバー）
海兵隊が初期に使用していたクロスカバー・タイプの水筒カバー
M1ライフル
米軍最初の半自動小銃で、設計者名からガーランド・ライフルと呼ばれている
口径7.62㎜　装弾数8発　クリップ給弾
○海兵隊だけが採用した小火器
レイジングM50サブマシンガン
口径 .45（11.4㎜）
装弾数20発
あまり数は多くなくトンプソンの予備として装備
M1カービン（騎兵銃）
歩兵以外の兵種の装備用に開発された小型軽量の半自動小銃
口径7.62㎜カービン（ライフル弾より小型）
装弾数15発 or 30発弾倉（1941年10月に採用）
ジョンソンM1941ライフル
口径7.62㎜
装弾数10発
珍しい回転型弾倉の半自動小銃で海兵落下傘部隊で少数が使われた。ガーランドの登場で量産配備は見送られた
ジョンソンM1941軽機関銃
口径7.62㎜
装弾数20発
この軽機関銃は海兵隊と陸軍レンジャー部隊が使用した
当初海兵隊では日焼け止めクリームが支給されておらず、ヘルメット・カバーを垂らしていた

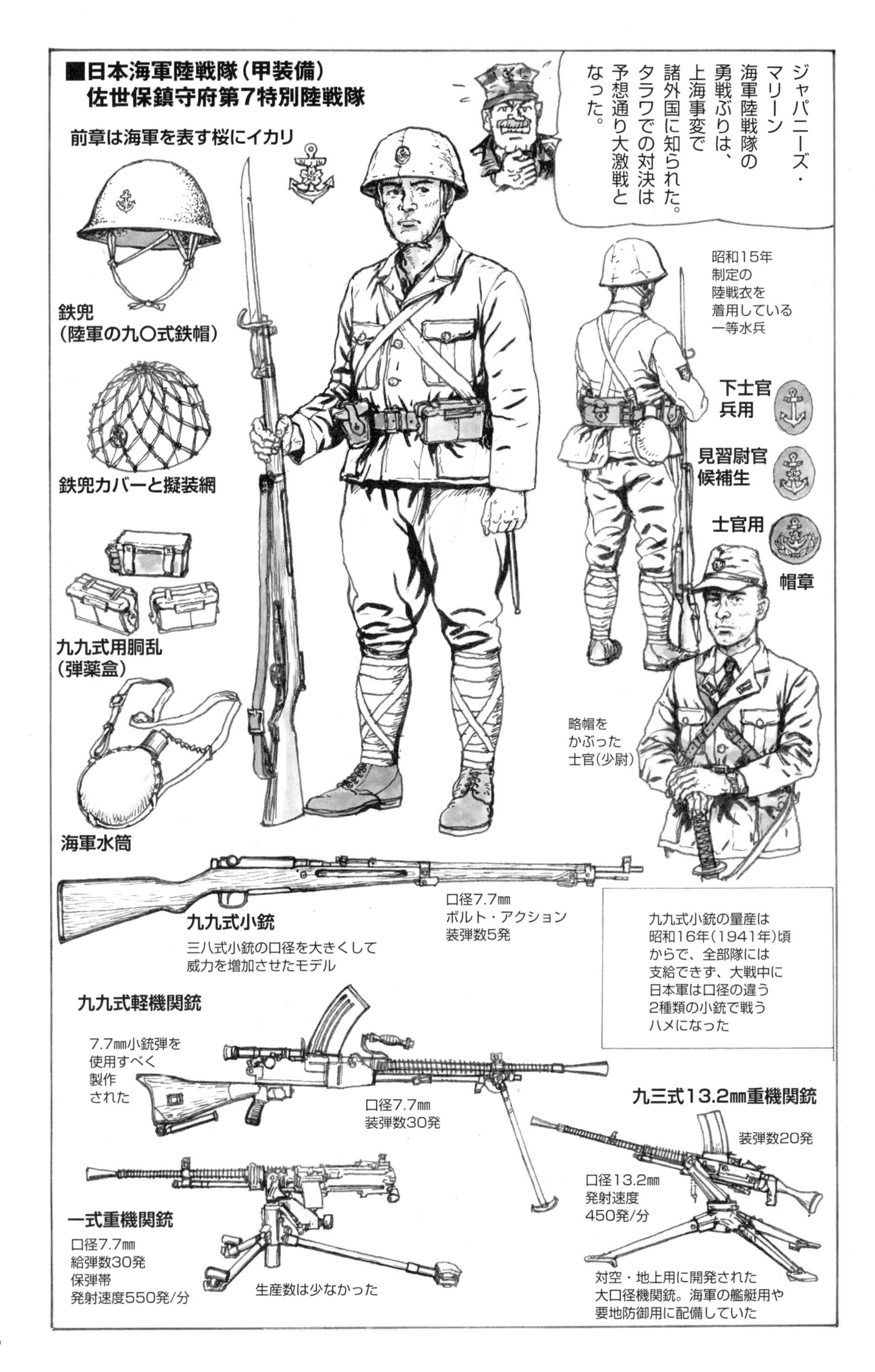
■日本海軍陸戦隊(甲装備)
佐世保鎮守府第7特別陸戦隊
ジャパニーズ・マリーン海軍陸戦隊の勇戦ぶりは、上海事変で諸外国に知られた。タラワでの対決は予想通り大激戦となった。
前章は海軍を表す桜にイカリ
鉄兜
(陸軍の九〇式鉄帽)
鉄兜カバーと擬装網
九九式用胴乱
(弾薬盒)
海軍水筒
昭和15年
制定の
陸戦衣を
着用している
一等水兵
下士官
兵用
見習尉官
候補生
士官用
帽章
略帽を
かぶった
士官(少尉)
九九式小銃
三八式小銃の口径を大きくして
威力を増加させたモデル
口径7.7㎜
ボルト・アクション
装弾数5発
九九式小銃の量産は
昭和16年(1941年)頃
からで、全部隊には
支給できず、大戦中に
日本軍は口径の違う
2種類の小銃で戦う
ハメになった
九九式軽機関銃
7.7㎜小銃弾を
使用すべく
製作
された
口径7.7㎜
装弾数30発
九三式13.2㎜重機関銃
装弾数20発
口径13.2㎜
発射速度
450発/分
対空・地上用に開発された
大口径機関銃。海軍の艦艇用や
要地防御用に配備していた
一式重機関銃
口径7.7㎜
給弾数30発
保弾帯
発射速度550発/分
生産数は少なかった

■サイパン島、グアム島を占領　日本の絶対国防圏を突破

マリアナ諸島の進攻は大規模な作戦だった。第2、第3、第4海兵師団と、第1海兵旅団それに陸軍2個師団を含む総兵力13万6千人の大部隊が参加した。

サイパン、テニアン、グアム各島とも頑強な日本軍の抵抗にあったが、占領できた。

これら諸島の上陸作戦は空・陸一体の機動作戦で海軍艦艇による艦砲射撃と航空機による対地支援攻撃の総合戦力が発揮され、海兵隊は多くの戦訓を得た。

マリアナ諸島攻略
フォレジャー（掠奪者）作戦

マリアナ諸島の占領で米軍は
B29爆撃機の基地設営が可能となり
11月1日にはF13（B29の偵察型）が
東京へ初出撃を行なう（※）

※F13で日本各地の偵察を行ない、11月24日にB29による東京初空襲が行なわれた。

ペリリュー地区司令官
中川州男陸軍大佐

第二次大戦のLVTシリーズ

干潮時でもサンゴ礁をのりこえて海岸まで
いけるLVTは太平洋の島々における
上陸作戦には不可欠の兵器だった

LVTはキャタピラについている
水カキによって水上航行をする

■ローブリング・アリゲーター

LVTの原形となった
車両の発明者ローブリングは
フロリダの大湿原付近に住んでおり
ここでの救難活動の目的で水陸両用車を
製造した

■LVT1「アリゲーター」

機銃を2丁
装備して
強襲揚陸車
として使用
された

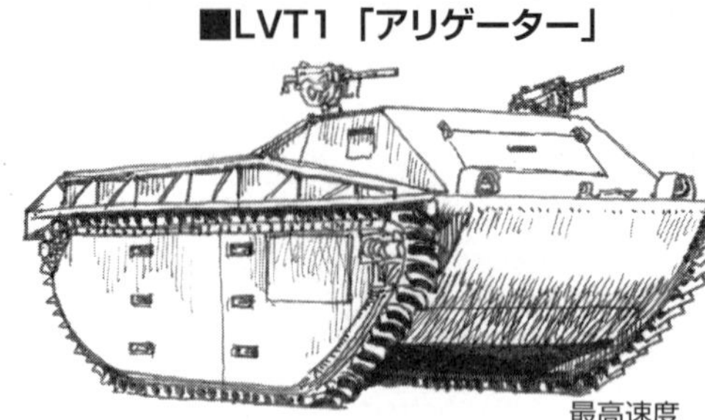

乗員3名
積載量2t
最高速度　陸上19km/h
水上10km/h

ガダルカナルで輸送船と
海岸との間の兵員物資輸送に
使用された。搭載兵員18名

■LVT2「ウォーター・バッファーロー」

乗員2名
積載量2.7t
最高時速　陸上32km/h
水上12km/h

LVT1の戦訓により
上陸作戦に使えるように
改良された。搭載兵員20名

■LVTA1

LVT2の改造
7.62mm機銃
37mm砲を装備する砲塔

初期上陸部隊には
ありがたい火力支援車両でマーシャル諸島の
作戦で活躍した
乗員6名　最高時速　陸上24km/h　水上12km/h

■LVT3「ブッシュマスター」

乗員3名
積載量4t
最高時速　陸上27km/h　水上9.6km/h

エンジンの配置を変えて
荷物室のスペースを拡大し、さらに
後面にランプが設けられ
そこから積み降ろしができた

登場はLVT4より遅れ、沖縄戦から登場。戦後も長く
使用され朝鮮戦争でも活躍している。搭載兵員30名

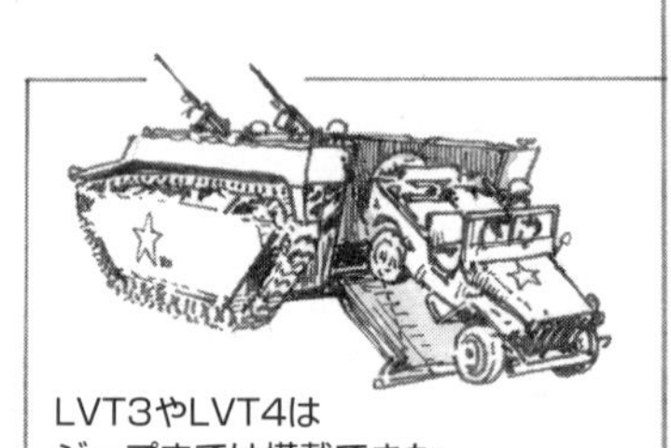

LVT3やLVT4は
ジープまでは搭載できた

■LVT4

乗員2～7名
積載量3.9t
最高時速　陸上24km/h　水上12km/h

LVTでは一番量産されたタイプでサイパン上陸作戦から
使用され、以後、LVTの主力となりヨーロッパ戦線でも
使われている。搭載兵員30名
エンジンを前方に移しLVT3と同じく荷物室を広げ
後面にランプを設けている

■LVTA4

乗員6名
75mm榴弾砲
M8自走砲の
砲塔を搭載

LVT4を
改良した火力支援型
75mm砲の威力を
発揮して活躍

第二次世界大戦③：硫黄島攻略戦

「どら声」スミス海兵中将

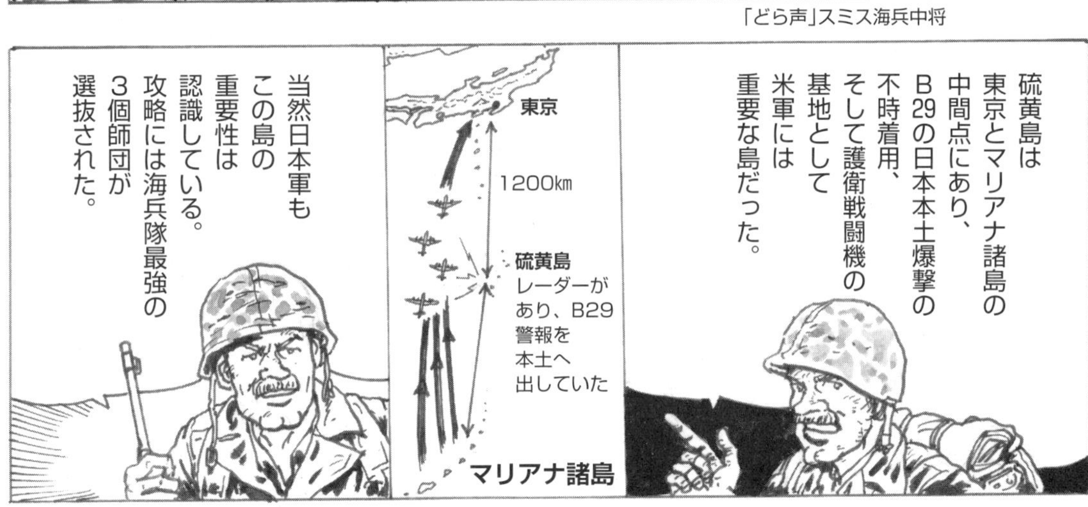

スピットキット（つばはき器）ＬＳＭＲのニックネーム

ＬＳＭＲ（ロケット発射機装備中型揚陸支援艦）

アムトラック（ＬＶＴのニックネーム）

第3派の上陸が終わったところで日本軍は一斉に攻撃を開始した

WHAM
BLAM
クソッ、やつらは不死身かよ艦砲射撃を要請しろ。
WHRAM
WHAAM
いいか貴様ら、この海岸からおさらばするんだ、前進しろ前進!!

BLAM
WHAAM
BAAM
以後36日間に及ぶ硫黄島の大激戦の始まりで、日没までに海兵隊は幅3・6キロ、深さ400〜900メートルの海岸堡(ビーチヘッド)を確保した

◎硫黄島への上陸を前提とした爆撃は1944年12月8日より
1日の休みもなく72日間続けられていた
F6Fヘルキャット戦闘機
B24リベレーター重爆撃機
B-24とB-25は
マリアナより飛来する
B25ミッチェル爆撃機
B24の
爆撃のあとは
艦上機により
銃爆撃を加える
F4Uコルセア戦闘機
第1飛行場
（千鳥飛行場）
第2飛行場
（元山飛行場）
2月19日午前9時すぎ
水陸両用車上陸
第1波が硫黄島へ
日本側
海軍南台砲台
硫黄島
デタッチメント
（分遣隊）作戦
3月26日
日本軍の抵抗終わる
3月1日
2月24日
362高地
北飛行場（建設中）
元山飛行場
日本軍地
下司令部
2月23日
山頂に
米国旗
千鳥飛行場
第3海兵師団
第4海兵師団
摺鉢山
飛石岬
12月19日
第5海兵師団
第5水陸両用軍団
第3海兵師団
（洋上予備）
現代の揚陸艦艇の
原型となったもので
アメリカは巨大な工業力を
発揮して建造、この頃には
L記号の艦艇だけでも
約7万隻も
保有して
いたんだ。
ちなみに
LSTは
981隻も
建造されて
いるぞ。

■硫黄島～海兵隊上陸　1945年2月19日
戦艦6隻　重巡4隻　軽巡1隻の他小型砲艦10隻
2月16日より、猛烈な艦砲射撃開始！
SBC-2
艦上爆撃機
日本軍
摺鉢山砲台
日本軍が上陸軍攻撃に
期待していた摺鉢山と南台
砲台は、前日に偵察任務の舟艇を
射撃して位置を暴露、艦砲射撃と
爆撃で破壊されていた
●アメリカの揚陸作戦用艦艇
○病院船(AM)
激戦が予測された硫黄島では5隻が用意された
○揚陸指揮艦(AGC)
終戦まで秘密にされていた、揚陸作戦
全体を指揮する艦種だ
○ロケット弾発射中型揚陸支援艦
(LSMR)
火力支援用でロケット弾
85～105発搭載
○ロケット弾発射大型歩兵揚陸艦
(LCILR)
ロケット発射機×12
LCMを
14隻収容
○ドック型揚陸艦(LSD)
イギリスの着想で生まれた艦艇で
LCMを上陸海域まで運ぶ
○中型揚陸艦(LSM)
LSTより1回り小さい戦車揚陸艦
○火力支援
LCILベースに改良し
○戦車揚陸艦(LST)
揚陸作戦の主役となった艦種
LCTやLCMも搭載して運べる
○大型歩兵揚陸艦(LC不明
収容兵員数350名
○貨物輸送艦(AKA)
○戦車揚陸艇(LCT)
○高速輸送艦(APD)
護衛駆逐艦を改造して
兵員輸送艦とした
○兵員輸送艦(APA)
貨物船を改造したもので
大戦中、商船を改造した輸送船は30クラス
163隻が在籍している
○機動揚陸艇(LCM)
○車両人員揚陸艇(LCVP)
○水陸両用上陸艇(LVP)
○給兵艦(AE)　弾薬や火砲部品の運搬用
○貨物輸送艦(AKA)
○水陸両用トラック(DUKW)

■迎え撃つ日本軍

硫黄島では、従来の水際撃退作戦をやめ敵をいったん上陸させ、集結しているところを攻撃した。

栗林忠道陸軍中将

硫黄島の日本軍守備隊指揮官は小笠原兵団長栗林中将であった。主力は第１０９師団で、陸軍１万３５８６名、海軍７３４７名が地形をたくみに利用した洞窟陣地に立てこもっていた。その地下要塞の一部は深さ40メートルもありいかなる砲爆撃にも耐えたのだ。

○強力だった守備隊の火砲

戦車1個連隊（戦車23両）
砲兵2個連隊（重砲20門、中型野砲40門）各種300門
速射砲5個大隊（60門）
迫撃砲5個大隊（130門）

水際作戦（敵を上陸させず、海岸で迎え撃ち撃滅しようという作戦）　バブリー・ワブリー（ひょうひょう爆弾）

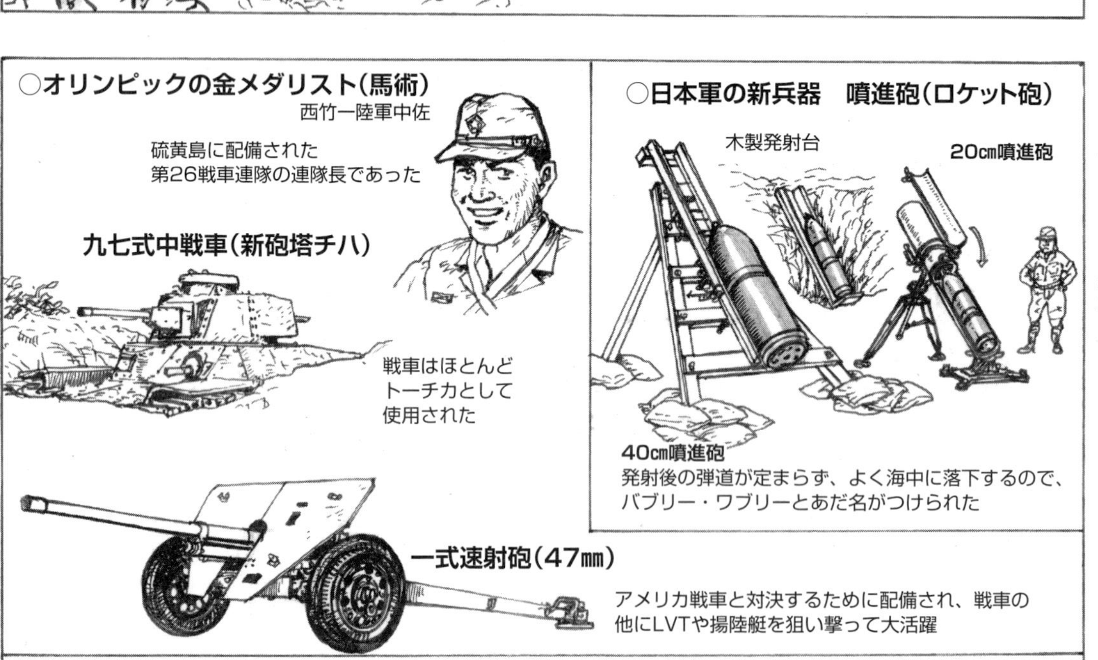

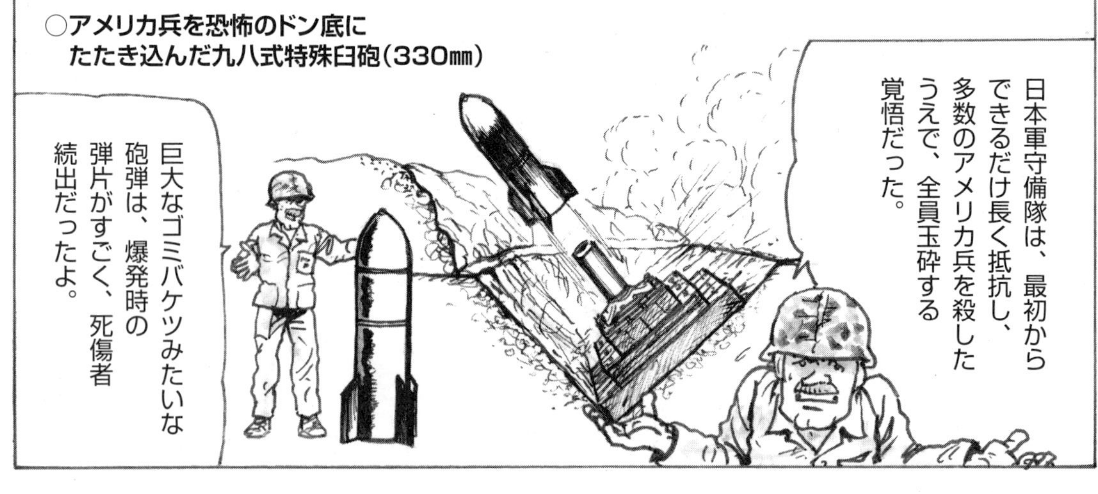

■海兵隊精鋭が攻撃

新編成の第5海兵師団は初陣だが、第3、第4海兵師団はこれまで日本軍を破ってきた歴戦部隊で、総兵力は7万467名であった。
第3水陸両用軍団
ハリー・シュミット少将
硫黄島の日本軍はバンザイ突撃を最後までやらず、トーチカで米軍を迎え撃つ作戦をとり、前進すると砲撃してくるので、トーチカ一つ一つを掃討する戦闘となってしまった。
M4A3シャーマン
海兵隊各師団に1個大隊(56両)ずつ配備
米軍もロケット弾(11.4㎝)を使用。日本軍のロケット弾と違い効果をあげた
CAIRO
硫黄島の砂は鉄分を含み、磁気地雷探知機が誤作動で効果なく、地雷による被害も多かった
はじめての星条旗
あまりにも有名な摺鉢山(スリバチ)の星条旗だが、これは最初の旗が小さく、3時間後に上陸用舟艇から持ってきた旗を掲げている時のショットだ。
5日間の予定だった硫黄島占領は25日間もかかり、米軍の戦死6821名、戦傷2万865名、日本軍は戦死1万9900名、戦傷1033名であった。

巧妙な陣地構築と勇猛な日本将兵奮戦は「敵ながら天晴れ」であった！
戦死は日本軍が米軍の3倍だが、戦傷では米軍が20倍となり、これは太平洋戦争唯一の敗北記録となった。硫黄島は東京への「地獄の橋頭堡」となった。

■海軍設営隊“シービーズ”
やればできる（Can do！）　マーストン鉄板（長さ約3メートル、幅約30センチの蜂の巣状の穴の開いた鉄板で、連結して敷設する）
俺たちは史上最悪、最強の土建屋さ。モットーは“やればできる”。
シービーズは海兵隊と同時に上陸、最前線で戦う建設作業をする建設大隊だ。彼らの活躍で太平洋戦線の米軍は島伝いの戦いに勝利した。
シービーズの隊章
スパナとハンマーをもって機関銃を撃ちまくる海の蜜蜂！
SEABEES
ジャングルをブルドーザーで切り開き
24時間フル活動の整地作業
マーストン鉄板を前面に敷きつめる
サンゴを砕いて鉄板の上にまき散らす
滑走路・完成
ソロモン諸島のブーゲンビル島ではわずか3週間でジャングルに2400メートル滑走路の飛行場をつくりあげた。テニアン島には、滑走路6本の世界最大級の航空基地を建設している。
中型ブルドーザーM1
小型ブルドーザーM2
俺たちの兵器はこのブルドーザーさ。
滑走路だけでなく、道路・鉄道・兵舎・燃料タンク・病院、その他生活用品まで、なんでもつくれる技術屋がそろっている。
硫黄島もただちにシービーズによって整備され、終戦までに2251機のB29が不時着し、2万4761人のクルーが命びろいした。

第二次世界大戦④：沖縄本島攻略戦

(※)ノルマンディー上陸作戦時の兵力はこれより多いが、英仏海峡を渡るだけの作戦であった

ガイガー海兵隊少将

沖縄本島の日本軍、第32軍
（陸軍5万、現地編成の義勇軍2万、
海軍陸戦部隊1万、計8万）の
司令官は牛島満陸軍中将で、
硫黄島と同じく水際作戦を
放棄した
この結果米軍は、日没までに
5万名の無血上陸を果たし
読谷と嘉手納の両飛行場も
無傷で占領した

4月8日、陸軍部隊は
那覇に向かって前進、
だが、10日に日本軍の
猛烈な反撃に遭遇
一方、北部地区の掃討に
向かった第6海兵師団は
着実に前進、4月20日
までに北部の日本軍部隊を
撃滅させた

北部地区と南部戦線との
戦況の差は天と地だった。
日本軍が頑強に死守する
首里ラインでは
大激戦が続く
第1海兵師団に続き
第6海兵師団も南部
戦線へ投入された

日本軍の防御ラインは
地形をたくみに利用した
洞窟陣地で、そのトーチカは
トンネルで連結され、
相互支援が可能だった
リトル・ジークフリート
ラインはなかなか
攻略できなかった

火炎放射器と爆薬の肉薄攻撃は、沖縄では最も一般的な戦法となった

米軍は5月11日より
首里ラインへ総攻撃を開始、
一進一退の攻防戦の末
ついに5月21日に
首里ラインを突破、
第1海兵師団は
5月31日に首里城を
占領した。
沖縄本島周辺の
島々を占領した
第2海兵師団も
6月1日には上陸して
第1海兵師団に合流。
日本軍は南端の
丘陵地帯へ後退して
抗戦を続けたが、
6月21日には
組織的抵抗も停止、
米軍は勝利宣言を
布告した
M5A1軽戦車
M8自走
75㎜榴弾砲
155㎜榴弾砲
M1
M7プリースト
105㎜自走砲
ジープ
日本兵の
肉弾攻撃に
備えたM4
防弾用にキャタ
ピラを着けている
GMCトラック
M3ハーフトラック
M4A3シャーマン戦車
最大射程70m
砲塔の旋回は
260度に制約された
海兵隊の
火炎放射戦車
(M3軽戦車改造)は
サイパン島から使われ
M4は硫黄島から
投入された
"イタチ"と呼ばれた
M26水陸両用輸送車
M4火炎放射戦車
日本軍が1発撃つと
千発を返すと
いわれた強力な
砲兵部隊。
沖縄は火攻めの
戦場だった。
日本軍の洞窟陣地
には、これしか
制圧方法が
なかったんだ。
ガダルカナル戦以来、日本軍の
夜襲に備え、米軍は前線に
ピアノ線を張り、機関銃と
迫撃砲の十字砲火で対抗した

■沖縄攻防戦（太平洋戦争最大の激戦）1945年4月～
桜花
空中から
神風特攻
海上から
震洋
日本軍は
沖縄作戦では
大々的に特攻
作戦をしてきた
沖縄のスイートハートと
呼ばれたほど
対地攻撃に奮闘した
海兵隊のコルセア
海兵航空隊は沖縄作戦を通じ
合計1万4千回におよぶ
近接攻撃に出撃している
地上でも
爆薬をだいた
特攻兵が戦車に
突っこんだ
地上部隊は敵味方の境界に
大きな黄色い布を広げて
知らせていた
伊江島
4月20日
占領
本部半島
名護
「北部地区」
九五式軽戦車
シャーマン相手には至近距離で
真横か後方を狙って戦った
九七式中戦車改
「アイスバーグ（氷山）作戦」4月1日
アメリカ第10軍
第3水陸両用軍団
第24軍団
第6海兵師団
第1海兵師団
第7海兵師団
第96歩兵師団
読谷
嘉手納
◯沖縄の日本軍は完全装備の師団は
2個だけで、戦車も1個連隊だったが
その分、野戦砲兵隊が重点配備された
4月4日
「南部戦線」
4月19日
那覇
首里
首里ライン
5月21日
日本軍後退
最大の激戦が
行われた地区
日本軍8万人戦死
6月21日、日本軍の抵抗終わる
◯重砲2個連隊
九六式15cm榴弾砲
最大射程11,900m
九二式10cm加濃砲
最大射程18,200m
◯野砲1個連隊
九五式7.5cm野砲
最大射程10,700m
九一式10cm榴弾砲
最大射程10,800m
◎臼砲1個連隊
硫黄島で米兵をふるえあがらせた
32cm九八式臼砲
最大射程1,200m
補給の無い日本軍は戦闘後半は砲弾がなくなってしまう
沖縄特有の
亀の甲型墓地はトーチカに流用された

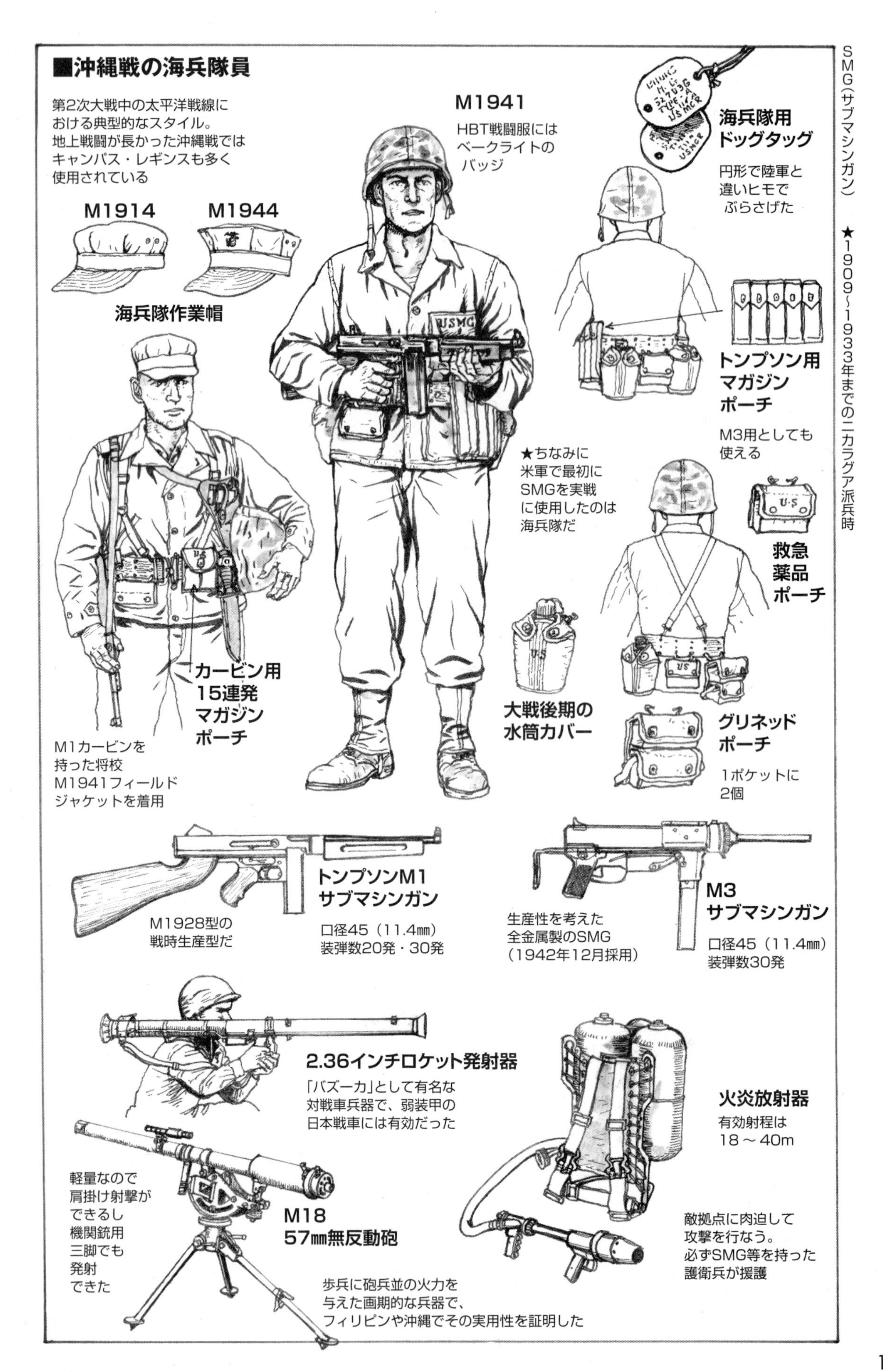

SMG（サブマシンガン）★1909～1933年までのニカラグア派兵時

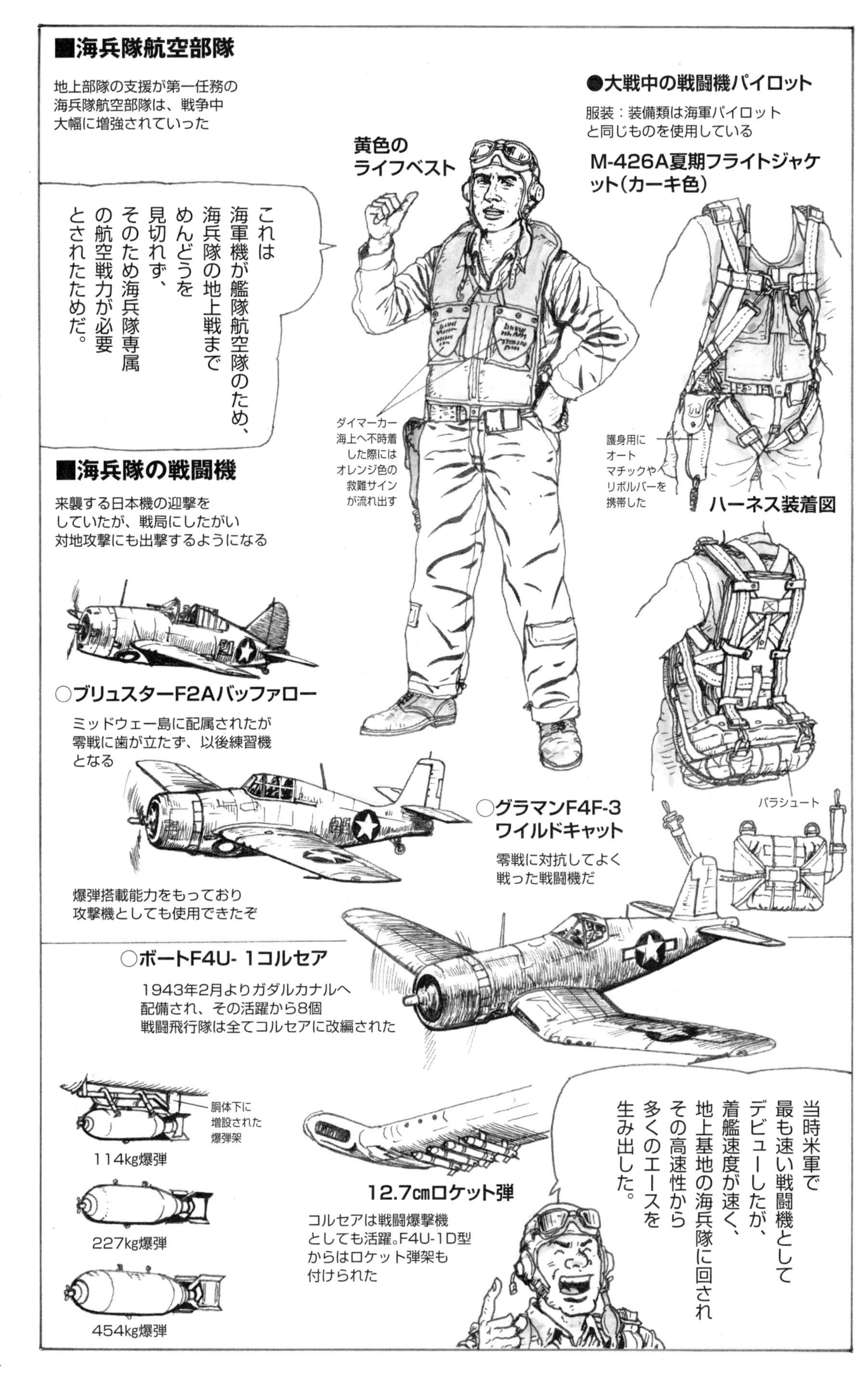
■海兵隊航空部隊
地上部隊の支援が第一任務の海兵隊航空部隊は、戦争中大幅に増強されていった
これは海軍機が艦隊航空隊のため、海兵隊の地上戦までめんどうを見切れず、そのため海兵隊専属の航空戦力が必要とされたためだ。
●大戦中の戦闘機パイロット
服装：装備類は海軍パイロットと同じものを使用している
黄色のライフベスト
M-426A夏期フライトジャケット（カーキ色）
ダイマーカー 海上へ不時着した際にはオレンジ色の救難サインが流れ出す
護身用にオートマチックやリボルバーを携帯した
ハーネス装着図
パラシュート
■海兵隊の戦闘機
来襲する日本機の迎撃をしていたが、戦局にしたがい対地攻撃にも出撃するようになる
○ブリュスターF2Aバッファロー
ミッドウェー島に配属されたが零戦に歯が立たず、以後練習機となる
○グラマンF4F-3ワイルドキャット
零戦に対抗してよく戦った戦闘機だ
爆弾搭載能力をもっており攻撃機としても使用できたぞ
○ボートF4U- 1コルセア
1943年2月よりガダルカナルへ配備され、その活躍から8個戦闘飛行隊は全てコルセアに改編された
胴体下に増設された爆弾架
114kg爆弾
227kg爆弾
454kg爆弾
12.7cmロケット弾
コルセアは戦闘爆撃機としても活躍。F4U-1D型からはロケット弾架も付けられた
当時米軍で最も速い戦闘機としてデビューしたが、着艦速度が速く、地上基地の海兵隊に回されその高速性から多くのエースを生み出した。

※1943年3月、アメリカ陸軍は補給面を考えガソリンエンジン車両に限定した。海兵隊はディーゼルエンジンを多用する海軍と行動していた

■第2次大戦で完成された上陸作戦
これが日本軍の水際防禦を撃破した作戦だ。
上陸作戦開始前には、戦艦群による艦砲射撃が実施される
上陸部隊の突撃
第1波の先駆をきる火力支援艦
海岸まえで横に退避
LVTA4
LVT4
LCM
LVTA4が75ミリ砲で正面の目標を攻撃
第1波が海岸に400メートルほどに近づくと、艦砲射撃は目標を奥に移動

上空に待機していた艦上機が上陸地域に銃爆撃を開始
航空支援下で第1波は海岸に上陸、海岸堡をきずく。

LVTも戦訓により防盾付の機銃を増設、後続の戦車が上陸するまでがんばるんだ。

第2次大戦では海兵隊の主力は太平洋方面で多くの作戦を行なったが、ヨーロッパにおいても北アフリカ、イタリア、フランス、そしてノルマンディーと上陸作戦のあるところでは必ず参戦しているゾ。

■LCI（大型歩兵揚陸艦）

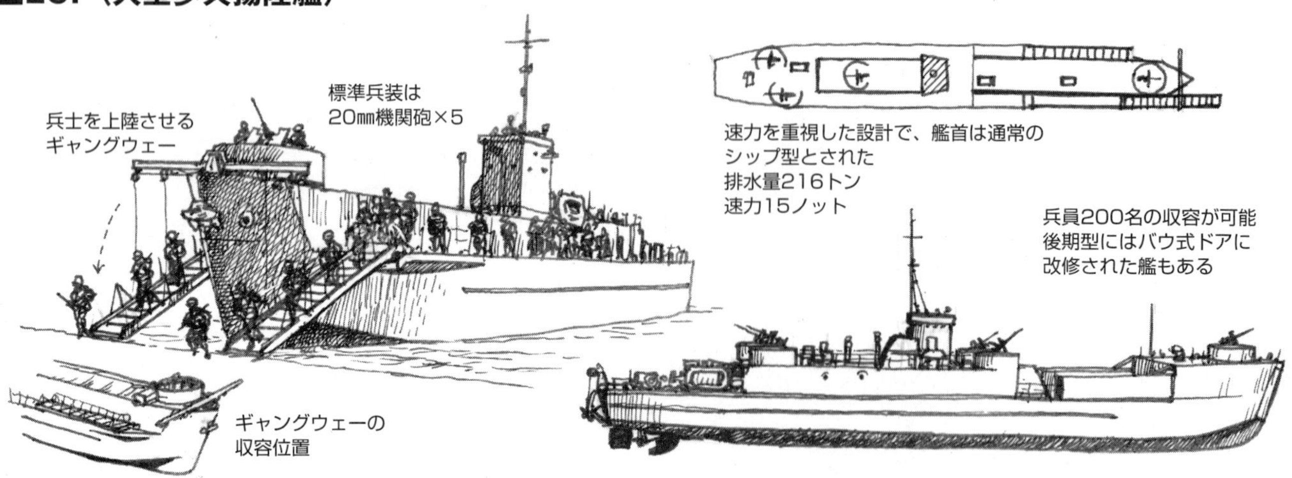

速力を重視した設計で、艦首は通常の
シップ型とされた
排水量216トン
速力15ノット

兵員200名の収容が可能
後期型にはバウ式ドアに
改修された艦もある

■LCM（機動揚陸艇）

一般に上陸用舟艇と呼ばれるのはLMCとLCVPの2種のことだ

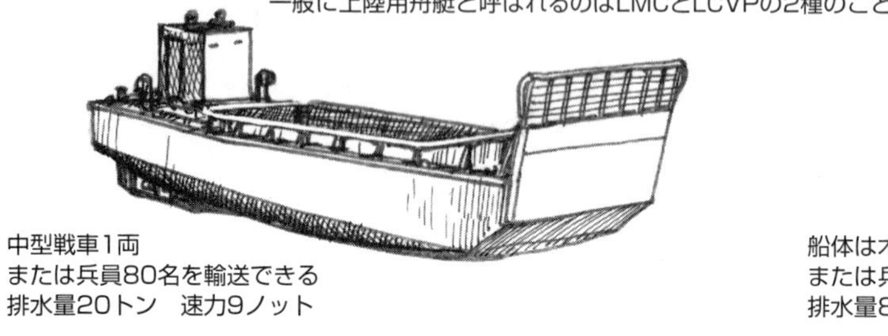

中型戦車1両
または兵員80名を輸送できる
排水量20トン　速力9ノット

■LCVP（車両人員揚陸艇）

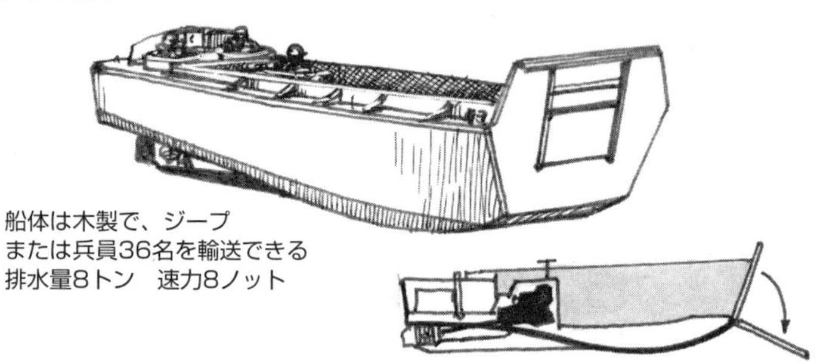

船体は木製で、ジープ
または兵員36名を輸送できる
排水量8トン　速力8ノット

■DUKW

ダックのニックネームを持つ水陸両用トラック

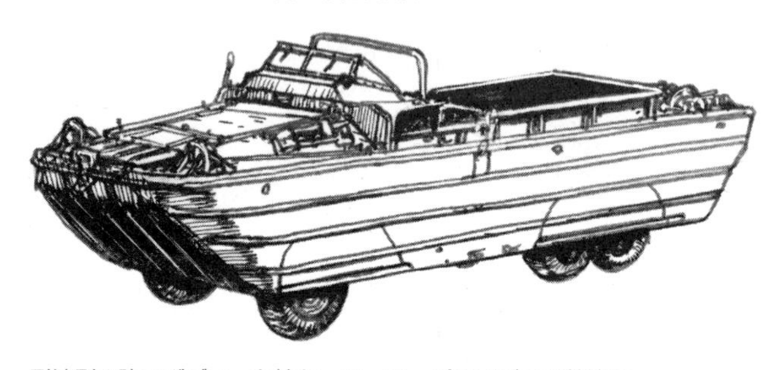

耐波型の強いボディーを持ち、ヨーロッパやアジアの戦線で
便利な艀(はしけ)として大活躍した
積載能力4.5トン

■LVT（水陸両用上陸艇）

ウォーターバッファローの
ニックネームで
DUKWには無理な地形でも、キャタピラで行動できた。
後部にランプを持ちジープまたは兵員30名を収容できた

■上陸用舟艇の発進

母船より海上に
降ろされた
LCVPへは
デパケーション
ネットにより
乗り移る

輸送船の両舷に横付けされ
歩兵を乗せる

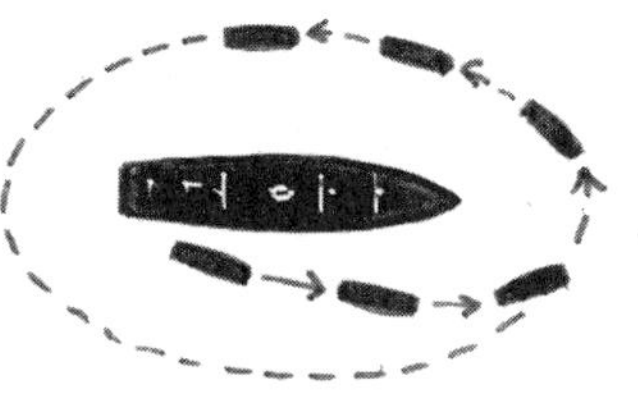

1隻ずつ離れ
輸送船の回りで円陣を組む

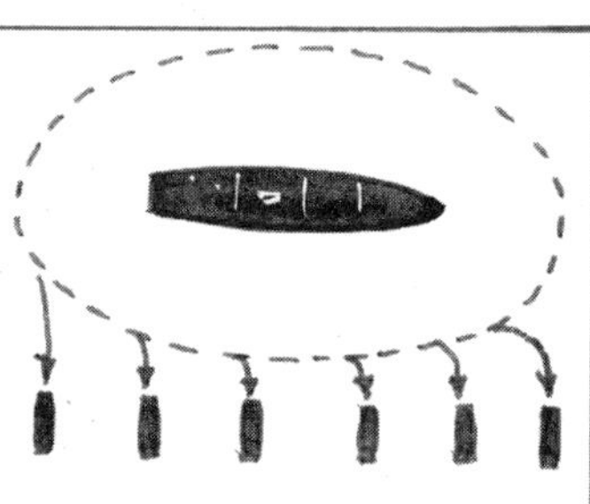

指揮官の合図で横隊になり
一斉に海岸へ向う

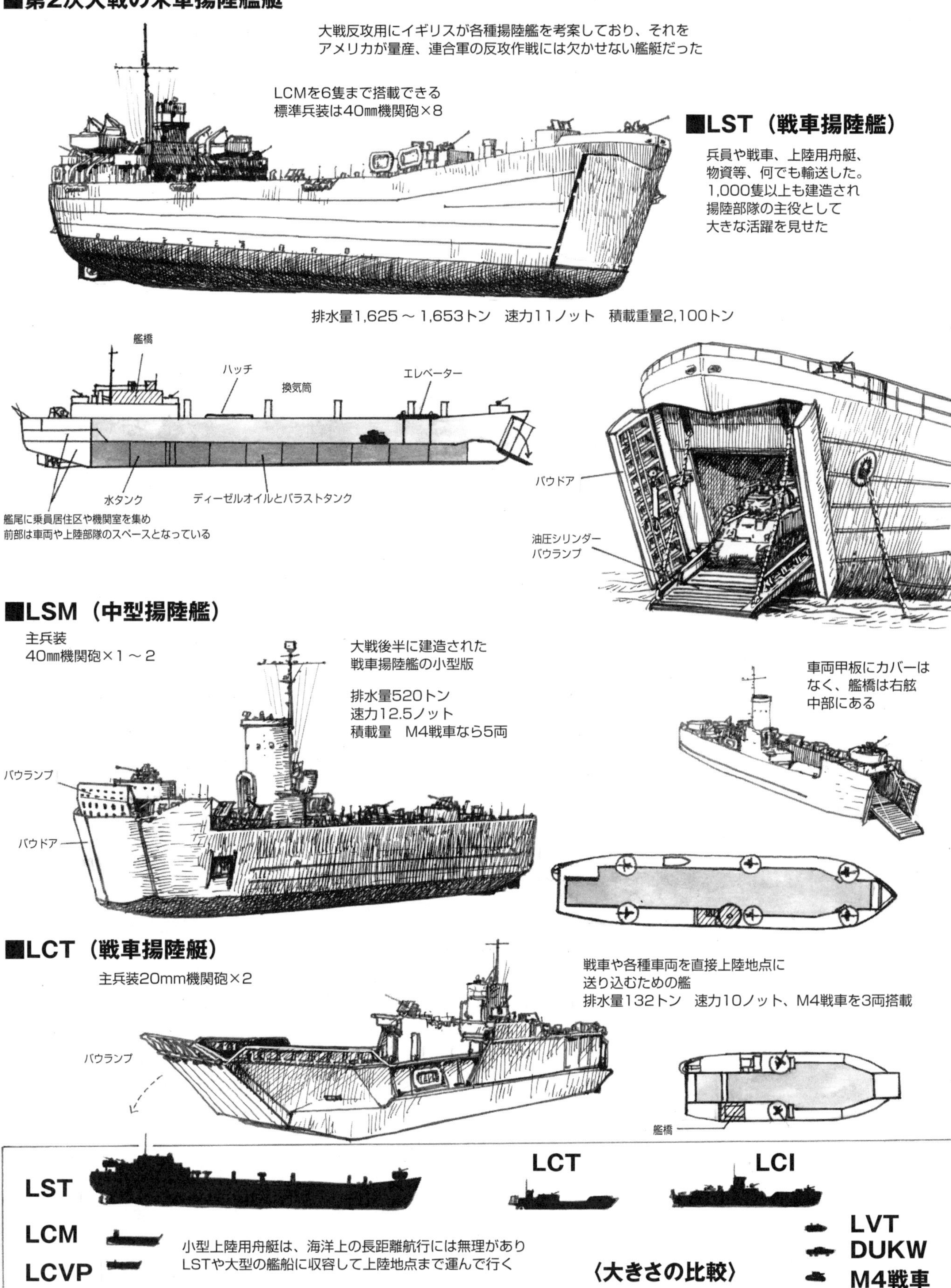
■第2次大戦の米軍揚陸艦艇
大戦反攻用にイギリスが各種揚陸艦を考案しており、それを
アメリカが量産、連合軍の反攻作戦には欠かせない艦艇だった
LCMを6隻まで搭載できる
標準兵装は40㎜機関砲×8
■LST（戦車揚陸艦）
兵員や戦車、上陸用舟艇、
物資等、何でも輸送した。
1,000隻以上も建造され
揚陸部隊の主役として
大きな活躍を見せた
排水量1,625～1,653トン　速力11ノット　積載重量2,100トン
艦橋
ハッチ
換気筒
エレベーター
水タンク
ディーゼルオイルとバラストタンク
艦尾に乗員居住区や機関室を集め
前部は車両や上陸部隊のスペースとなっている
バウドア
油圧シリンダー
バウランプ
■LSM（中型揚陸艦）
主兵装
40㎜機関砲×1～2
大戦後半に建造された
戦車揚陸艦の小型版
排水量520トン
速力12.5ノット
積載量　M4戦車なら5両
バウランプ
バウドア
車両甲板にカバーは
なく、艦橋は右舷
中部にある
■LCT（戦車揚陸艇）
主兵装20mm機関砲×2
戦車や各種車両を直接上陸地点に
送り込むための艦
排水量132トン　速力10ノット、M4戦車を3両搭載
バウランプ
艦橋
LST
LCT
LCI
LCM
LCVP
小型上陸用舟艇は、海洋上の長距離航行には無理があり
LSTや大型の艦船に収容して上陸地点まで運んで行く
〈大きさの比較〉
LVT
DUKW
M4戦車

朝鮮戦争①：釜山攻防戦

1950年6月25日、北朝鮮軍は突如北緯38度線の境界線を突破して、韓国へ雪崩込んだ。これが朝鮮戦争の始まりだ。
戦車150両を先頭にした北朝鮮軍の侵攻は完全な奇襲となり、韓国軍は国境から敗走した。

北朝鮮軍は5方面から攻撃を開始、東海岸にはゲリラ部隊が韓国軍の背後に上陸した。
北緯38度線
6月25日
開城
ソウル
春川
江陵
仁川
7月4日
水原
漢江
7月10日
8月1日
8月5日
大田
浦項
大邱
洛東江
釜山橋頭堡
晋州
光州
馬山
釜山
国境から直線距離で60キロメートルの首都ソウルは、開戦3日目に占領されてしまった。
アメリカのトルーマン大統領は6月26日に韓国援助を決定、当時日本にいたダグラス・マッカーサー元帥に米軍の投入を命令した。翌27日、国連安保理はアメリカ提案の〝北朝鮮軍撃退韓国援助〟を採択し、アメリカの軍事介入は国連によって認められた。
しかし戦況は最悪で、自信満々だった米軍の先遣部隊も北朝鮮軍の猛攻を阻止できず、韓・米連合部隊は釜山橋頭堡に撤退した。

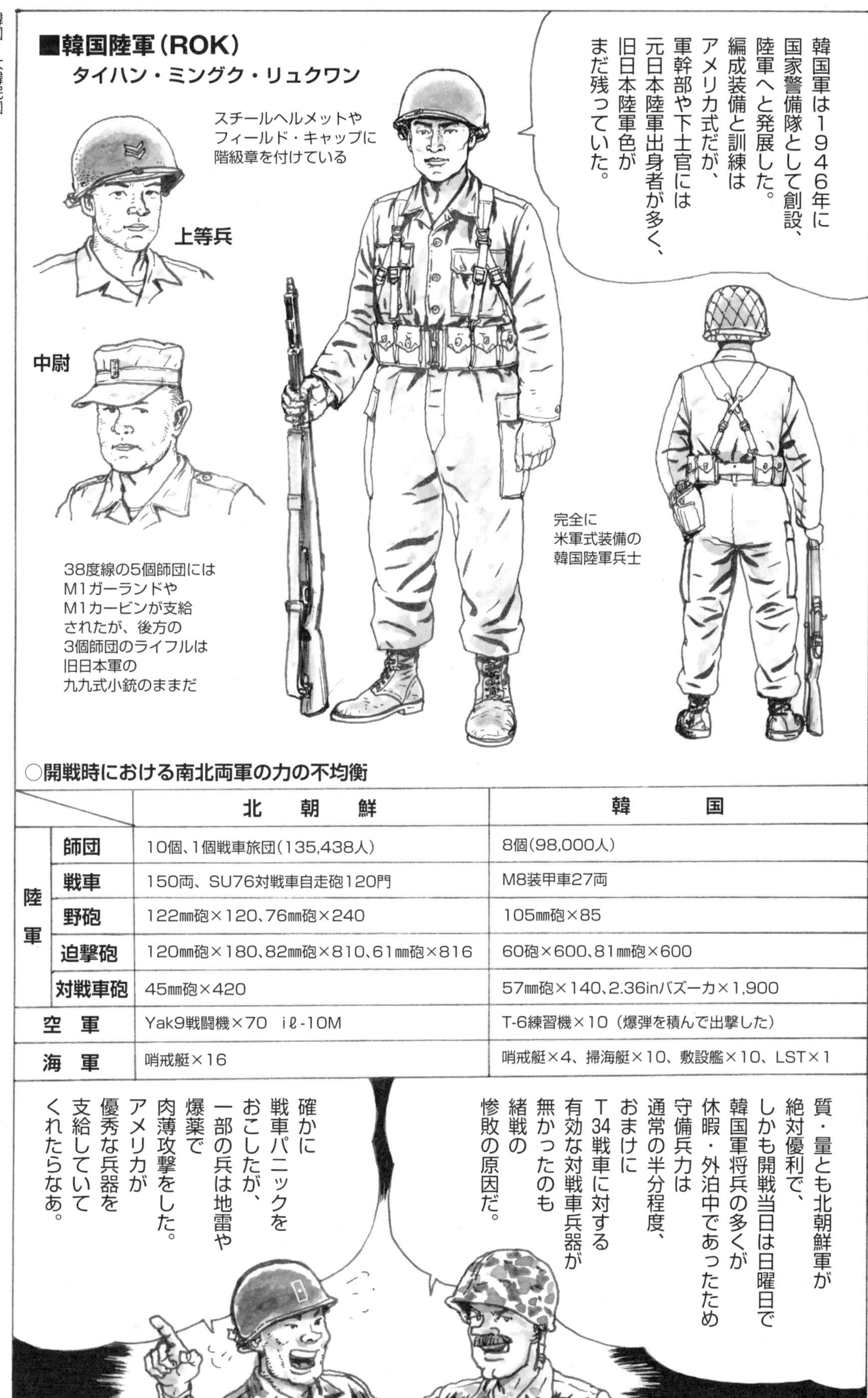

○開戦時における南北両軍の力の不均衡

		北　朝　鮮	韓　国
陸軍	師団	10個、1個戦車旅団（135,438人）	8個（98,000人）
陸軍	戦車	150両、SU76対戦車自走砲120門	M8装甲車27両
陸軍	野砲	122㎜砲×120、76㎜砲×240	105㎜砲×85
陸軍	迫撃砲	120㎜砲×180、82㎜砲×810、61㎜砲×816	60砲×600、81㎜砲×600
陸軍	対戦車砲	45㎜砲×420	57㎜砲×140、2.36inバズーカ×1,900
空　軍		Yak9戦闘機×70　iℓ-10M	T-6練習機×10（爆弾を積んで出撃した）
海　軍		哨戒艇×16	哨戒艇×4、掃海艇×10、敷設艦×10、LST×1

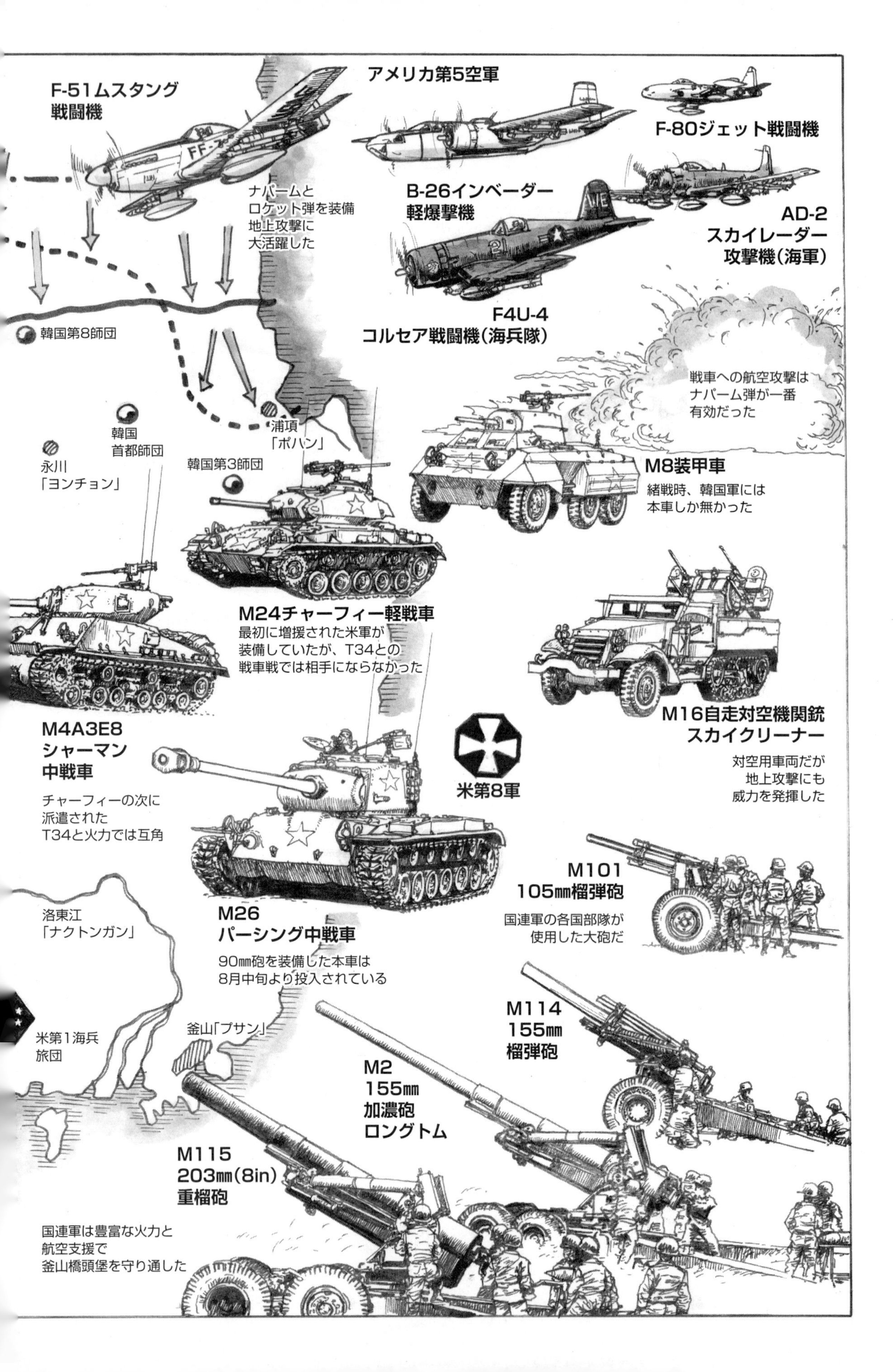
F-51ムスタング
戦闘機
アメリカ第5空軍
F-80ジェット戦闘機
ナパームと
ロケット弾を装備
地上攻撃に
大活躍した
B-26インベーダー
軽爆撃機
AD-2
スカイレーダー
攻撃機(海軍)
F4U-4
コルセア戦闘機(海兵隊)
韓国第8師団
戦車への航空攻撃は
ナパーム弾が一番
有効だった
浦項
「ポハン」
韓国
首都師団
永川
「ヨンチョン」
韓国第3師団
M8装甲車
緒戦時、韓国軍には
本車しか無かった
M24チャーフィー軽戦車
最初に増援された米軍が
装備していたが、T34との
戦車戦では相手にならなかった
M16自走対空機関銃
スカイクリーナー
対空用車両だが
地上攻撃にも
威力を発揮した
M4A3E8
シャーマン
中戦車
チャーフィーの次に
派遣された
T34と火力では互角
米第8軍
M101
105㎜榴弾砲
国連軍の各国部隊が
使用した大砲だ
洛東江
「ナクトンガン」
M26
パーシング中戦車
90㎜砲を装備した本車は
8月中旬より投入されている
M114
155㎜
榴弾砲
米第1海兵
旅団
釜山「プサン」
M2
155㎜
加濃砲
ロングトム
M115
203㎜(8in)
重榴砲
国連軍は豊富な火力と
航空支援で
釜山橋頭堡を守り通した

■釜山橋頭堡　1950年8月5日～26日
イリューシンiℓ-10M地上攻撃機
北朝鮮空軍は開戦1カ月後には、
米第5空軍の反撃で
ほぼ壊滅させられてしまった
Yak9戦闘機
BA-64
装甲車
T34/85戦車
開戦時の主攻撃力で怒濤の如く
韓国軍をけ散らした
SU-76対戦車自走砲
不足気味の戦車の
代用として使用されたが
防御面が弱かった
GAZ-67B
ソ連版ジープ
122㎜
M1938
榴弾砲(中砲)
ドニエプル・サイドカー
BMW75のソ連版コピー
76.2㎜M1942野砲(軽砲)
対戦車砲としても使用でき
大戦中はドイツ軍戦車を苦しめた砲だ
76.2㎜M1927
歩兵砲
8月5日
8月12日
韓国
第6師団
韓国第1師団
米第1騎兵
師団
大邱
「テーグ」
米第24
歩兵師団
昌寧
「チャンニョン」
8月24日に
米第2歩兵師団
と交代して、
予備に回る
霊山
「ヨンサン」
米第2歩兵
師団
米第25歩兵
師団
馬山
「マサン」
海兵砲兵大隊が
大損害
晋州
「チンジュ」
北朝鮮の
待ち伏せ
キーン作戦
「祖国解放5周年記念日8月15日を釜山で祝おう」金日成の檄をうけて北朝鮮軍は8月5日より総攻撃を開始した。しかし1カ月以上にわたる連続戦闘で損耗が激しく、北朝鮮軍の戦力は大きく低下していた。一方の国連軍は海・空支援と豊富な補給を受け、この時期兵員で2倍、火砲で1・5倍、戦車で7・5倍と、圧倒的な優勢にあった。

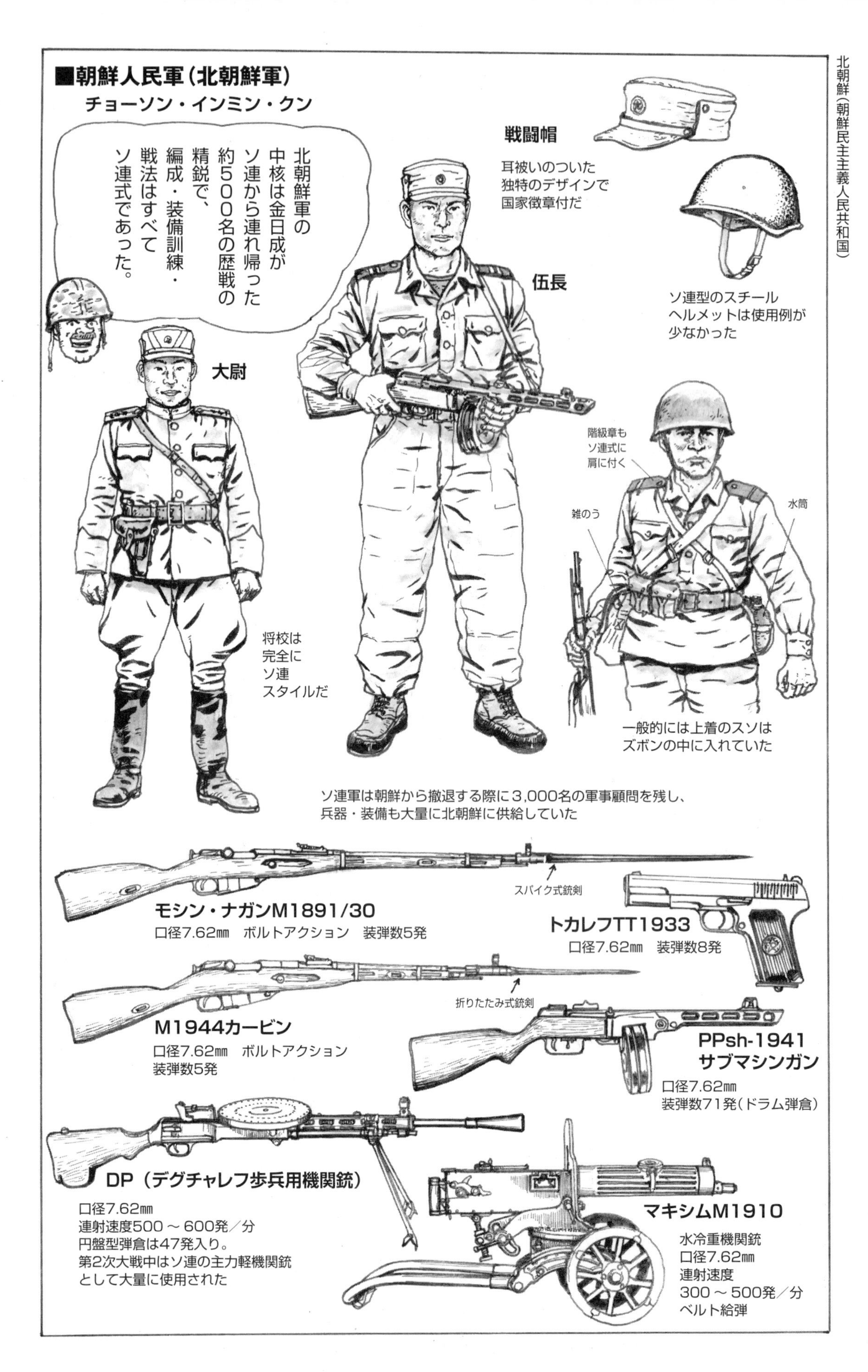
■朝鮮人民軍（北朝鮮軍）
チョーソン・インミン・クン
北朝鮮軍の中核は金日成がソ連から連れ帰った約500名の歴戦の精鋭で、編成・装備訓練・戦法はすべてソ連式であった。
戦闘帽
耳被いのついた独特のデザインで国家徽章付だ
伍長
ソ連型のスチールヘルメットは使用例が少なかった
大尉
階級章もソ連式に肩に付く
雑のう
水筒
将校は完全にソ連スタイルだ
一般的には上着のスソはズボンの中に入れていた
ソ連軍は朝鮮から撤退する際に3,000名の軍事顧問を残し、兵器・装備も大量に北朝鮮に供給していた
スパイク式銃剣
モシン・ナガンM1891/30
口径7.62㎜　ボルトアクション　装弾数5発
トカレフTT1933
口径7.62㎜　装弾数8発
折りたたみ式銃剣
M1944カービン
口径7.62㎜　ボルトアクション
装弾数5発
PPsh-1941
サブマシンガン
口径7.62㎜
装弾数71発（ドラム弾倉）
DP（デグチャレフ歩兵用機関銃）
口径7.62㎜
連射速度500～600発／分
円盤型弾倉は47発入り。
第2次大戦中はソ連の主力軽機関銃として大量に使用された
マキシムM1910
水冷重機関銃
口径7.62㎜
連射速度
300～500発／分
ベルト給弾

6月29日、前線視察した
マッカーサー元帥は
南進する北朝鮮軍を阻止後、
その背後に上陸作戦を行ない
北朝鮮軍を一気に撃滅する
作戦構想を発案した。
その
上陸作戦には
第1騎兵師団(日本駐留)と
1個海兵連隊(米国から派遣)を
7月22日ごろ
仁川に上陸させる計画だった。
これが、海兵隊が朝鮮戦争に
参加するまでの経過だ。

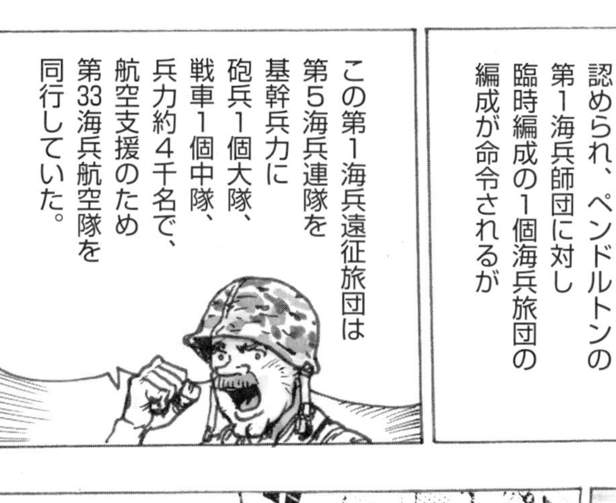
戦況の悪化により
第1騎兵師団は
北朝鮮軍阻止に
投入され、
計画は中止されたが
マッカーサー元帥の
上陸作戦の必要性は
認められ、ペンドルトンの
第1海兵師団に対し
臨時編成の1個海兵旅団の
編成が命令されるが
この第1海兵遠征旅団は
第5海兵連隊を
基幹兵力に
砲兵1個大隊、
戦車1個中隊、
兵力約4千名で、
航空支援のため
第33海兵航空隊を
同行していた。

第1海兵旅団は
7月23日に立案された
新上陸作戦に基づき
9月中旬、仁川に上陸
予定で本国を出発
したが、

危機の迫った
釜山橋頭堡を
確保するため8月2日
釜山に上陸、馬山正面
において予備兵力と
されてしまった。

海兵隊の朝鮮での初陣は
キーン作戦と名付けられた
局地的反撃作戦で、
海兵隊は順調に
晋州に向けて進撃
したが、作戦開始
5日目の8月12日、
待ち伏せを受け
海兵隊砲兵大隊は
200名の
戦死者を
出し壊滅、
さらに各戦線で
北朝鮮軍の
反撃を受け
作戦は失敗。

その後、
海兵隊は
機動反撃予備隊
として使用される。

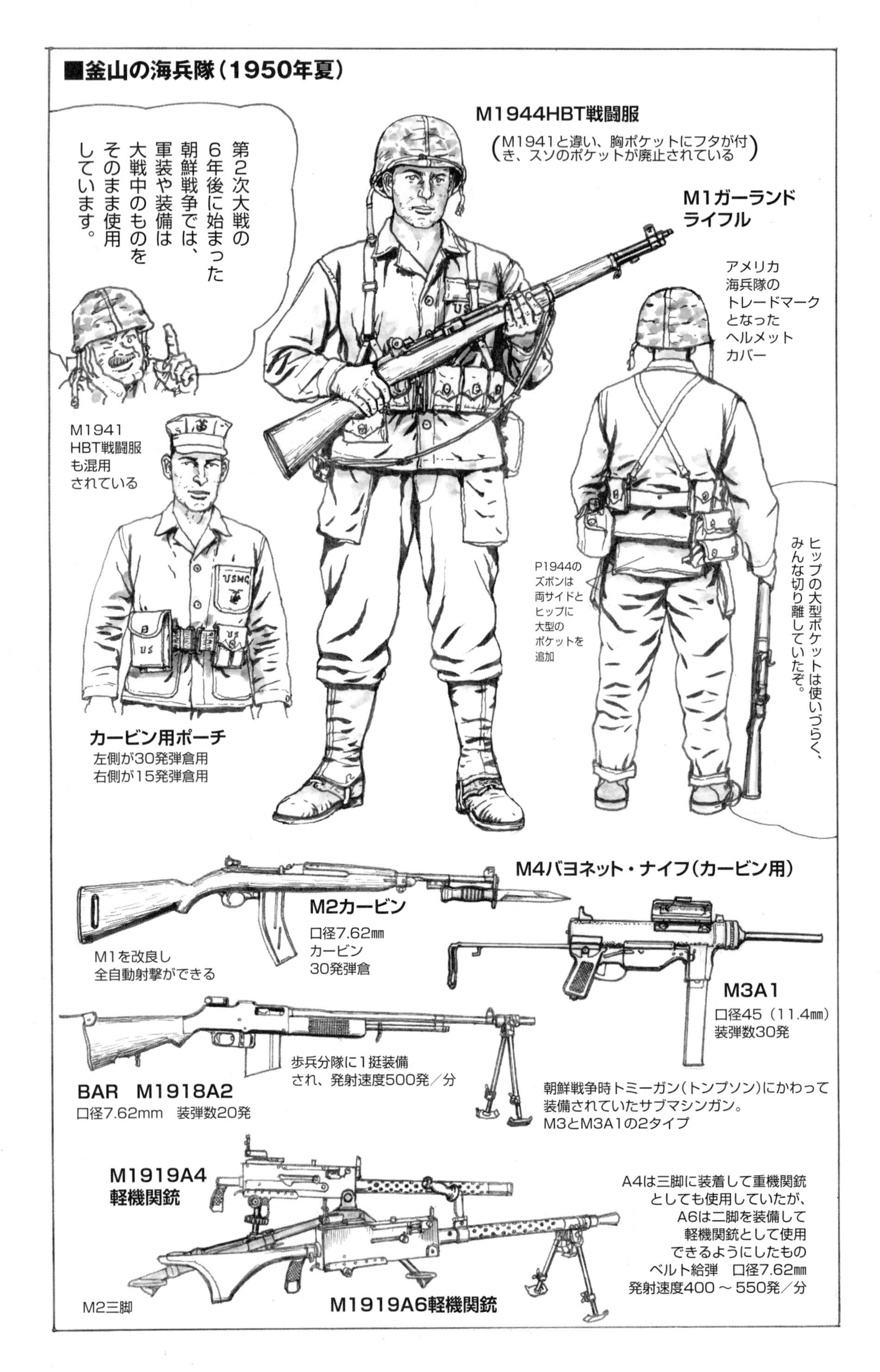
■釜山の海兵隊（1950年夏）
第2次大戦の6年後に始まった朝鮮戦争では、軍装や装備は大戦中のものをそのまま使用しています。
M1944HBT戦闘服
（M1941と違い、胸ポケットにフタが付き、スソのポケットが廃止されている）
M1ガーランドライフル
アメリカ海兵隊のトレードマークとなったヘルメットカバー
M1941 HBT戦闘服も混用されている
P1944のズボンは両サイドとヒップに大型のポケットを追加
ヒップの大型ポケットは使いづらく、みんな切り離していたぞ。
カービン用ポーチ
左側が30発弾倉用
右側が15発弾倉用
M4バヨネット・ナイフ（カービン用）
M2カービン
口径7.62㎜
カービン
30発弾倉
M1を改良し
全自動射撃ができる
M3A1
口径45（11.4㎜）
装弾数30発
朝鮮戦争時トミーガン（トンプソン）にかわって装備されていたサブマシンガン。
M3とM3A1の2タイプ
歩兵分隊に1挺装備され、発射速度500発／分
BAR M1918A2
口径7.62mm 装弾数20発
M1919A4
軽機関銃
A4は三脚に装着して重機関銃としても使用していたが、
A6は二脚を装備して軽機関銃として使用できるようにしたもの
ベルト給弾 口径7.62㎜
発射速度400～550発／分
M2三脚
M1919A6軽機関銃

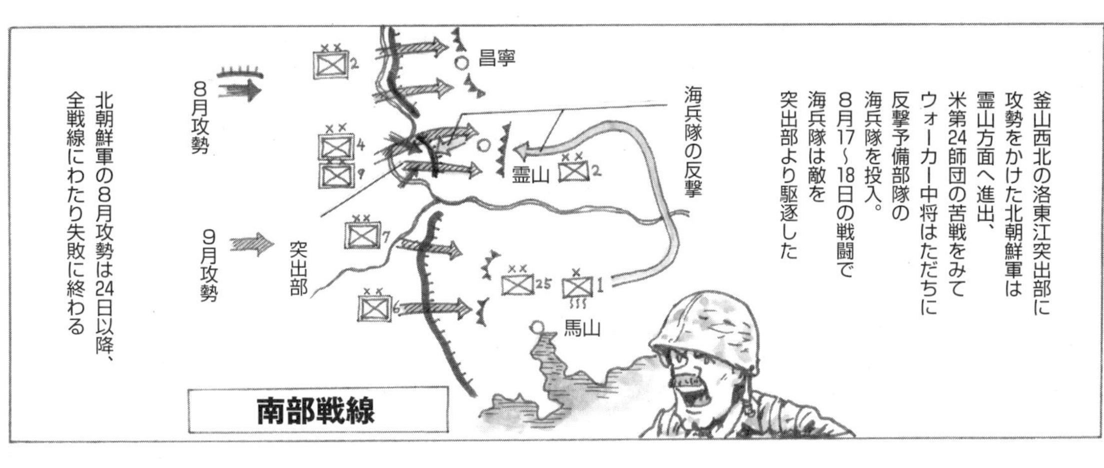
釜山西北の洛東江突出部に攻勢をかけた北朝鮮軍は霊山方面へ進出、米第24師団の苦戦をみてウォーカー中将はただちに反撃予備部隊の海兵隊を投入。8月17～18日の戦闘で海兵隊は敵を突出部より駆逐した
昌寧
海兵隊の反撃
霊山
馬山
突出部
8月攻勢
9月攻勢
南部戦線
北朝鮮軍の8月攻勢は24日以降、全戦線にわたり失敗に終わる

8月31日夜、北朝鮮軍は最後の攻勢に出た
祖国全土の解放と独立を勝ち取るために最後の血の1滴までささげて闘おう。
霊山地区正面の米第2師団の戦線は突破された

第8軍総司令官ウォーカー中将は即座に海兵隊の投入を決意！
いま必要なのは戦車を見たら逃げ出す「しろうと」ではない。実戦で役立つ「プロ」だ。
期待に応えて海兵隊は侵入してきた北朝鮮軍を撃退！他の戦線でも、国連軍は逆襲につぐ逆襲で北朝鮮軍を撃退、釜山橋頭堡を守りきった

約1カ月におよぶ釜山橋頭堡の作戦中、旅団は死傷約900名の損害で、第5連隊では6名の中隊長のうち無事だったのはわずか1名だけだ。
こうして旅団は上陸直後から予期せぬ作戦に使用され、損害もあったが実戦経験を重ねた頼もしい部隊になった。

朝鮮戦争②：仁川上陸作戦

■マッカーサーの賭け

海軍、陸軍、海兵隊の専門家たちは上陸の困難さを強調した！

仁川港の干満差の激しさは世界第2位で、平均干満差は6メートル70センチ、大潮時には10メートル以上になる

8月23日　東京日比谷のGHQ（マッカーサー総司令部）

我々は仁川に上陸し、そして敵を撃滅するであろう。

私もマ元帥ぐらいの信念を持てたらと思うよ。

ワシントンから来たシャーマン海軍作戦部長

マッカーサー元帥は、この作戦に絶対の自信があった。周囲の反対を強引に押し切り、仁川上陸作戦は承認された

そこで東海岸にいた第2海兵師団から約7千人、第1補充兵教育隊から800人、欧州その他から集めた正規兵3630人を第1師団に転属させた。

そのため、予備役1万人以上を召集してその穴うめをしたんですが、この動員の慌しさは今でも海兵隊の語り草です。

第1海兵師団は、カリフォルニアのキャンプ・ペンドルトンに駐屯していた

小銃兵（ライフルマン、海兵隊では歩兵をこう呼ぶ）

◯国連軍の母艦機は、この日300回以上も出撃し、仁川を中心とする半径40km圏内を攻撃、北朝鮮軍の仁川への増援を阻止し、巡洋艦も艦砲射撃で仁川へ通ずる道路を閉鎖していた
爆撃するAD-4スカイレーダー
爆弾搭載量の多さが自慢だ
北朝鮮軍の防御陣地
炎上中の市街
ブルービーチ
17：32
第1海兵連隊主力
9月15日夜の戦線
ドック
仁川港
ロチェスター輸送船団
上空援護と地上支援に大奮闘したF4Uコルセア
第2次大戦では上陸作戦前の朝食には必ずステーキが出ていたのに、今朝はゆで玉子とコンビーフ・ハッシュだけだったんだぜ。
小月尾島
◯艦砲射撃
主力は米・英各2隻の巡洋艦と10隻の駆逐艦、他にロケット砲艇が6隻
◯国連軍参加艦艇
アメリカ226隻、韓国15隻、イギリス12隻、カナダ12隻、オーストラリア2隻、ニュージーランド2隻、フランス1隻、計261隻（上陸用舟艇156隻）
見たまえ。成功率5千分の1と言われたこの作戦はワシの予想どおりに大成功だった。
北朝鮮のYak9戦闘機の反撃
9月17日の夜明け、2機が来襲して国連軍艦艇を攻撃した。敵機の来襲はこの1回だけだった
揚陸指揮艦
「マウント・マッキンレー」
商船を改造して、作戦室や通信施設を充実させている

■仁川上陸作戦（クロマイト作戦） 1950年9月15日
艦船約230隻、上陸部隊約5万人をもって開始された作戦は
支援艦砲射撃ののち午前6時33分に第5海兵連隊
第3大隊が月尾島に上陸、艦砲射撃の効果もあり
45分たらずでこれを占領。
仁川港に対する攻撃は次の高潮時の17時30分、
レッドとブルービーチに上陸。上陸前の艦砲・航空攻撃によって
軽微な抵抗だけで、当日の予定目標奪取に成功した
LCVP 兵員を艦から陸上に輸送する揚陸艇
対戦車チーム
（バズーカ）
ガンナー
ドライバー
ワイヤーカッターチーム
上陸指揮官
爆破チーム
火炎放射器
チーム
迫撃砲チーム
（60㎜）
支援チーム
（BAR）
突撃チーム
（ライフル）
LCT
M26戦車を3両搭載できる
LSMR
支援用のロケット弾発射艦
LST
港湾施設のない揚陸地点の海岸に
直接乗り付けて戦車、車両等を揚陸させる
LSD
航洋性のない揚陸艇を
遠距離の揚陸地点前面まで
輸送する
LCTなら3隻を収容可能
0-1ライン
上陸点を敵の
小火器から守るために
第1波が進出、確保
するライン
墓地丘
物見が丘
レッドビーチ
17：33
第5海兵連隊主力
仁川港を守る
砲台となって
いる
月尾島
06：33
グリーンビーチ
第5海兵連隊
第3大隊
17隻のLSVP
3隻のLCT（戦車9両）
月尾島は上陸数日前から猛烈な
砲爆撃を受けており、北朝鮮軍の
兵士はロクな反撃ができなかった
◯突撃補給
レッドビーチに8隻のLSTが物資を
満載したまま乗り上げ、
そのまま補給倉庫として使用した
APD
高速兵員輸送艦
約160名の兵員を収容し、
LCVPを4隻搭載

■仁川上陸作戦の海兵隊
野戦行軍パック
シェルター
ハーフ
テント
M1バヨネット
M1ガーランド用で、
刃身長25.4㎝
銃剣
カーゴパック
M2カービン
ストックに
予備マガジン
ポーチ装着
M4バヨネット
M1カービン用
刃身長17.2㎝
M1941
ハバーサック
レーションや
食器etc.を
入れる背のうだ
M1943
スコップ
日本製の
はしご
仁川港の岸壁が高く、
舟艇から直接上陸できないので、
急遽神戸でアルミと木製のハシゴが製作され、
これが海兵隊の突入用として使われた。
さらに岸壁にダイナマイトを使って穴を
開けて上陸したりと、
仁川港上陸には海兵隊も苦労した
上陸軍、第１０軍の編成
軍団長エドワード・アーモンド少将
○第１海兵師団
主力となる第５海兵連隊は釜山で戦闘中で、前線
からの引き抜きで第８軍とスッタモンダがあった
○第７歩兵師団
定員不足から、全くの寄せ集め部隊だった
1/3　元からの兵士
1/3　本国の補充兵
1/3　編入された韓国兵
○韓国軍
陸軍第１７連隊戦闘団、韓国海軍海兵連隊
私も仁川上陸には反対だった。
仁川港は市街と近接しており、攻撃側に絶対的に不利だ。
第1海兵師団長
オリバー・P・スミス少将

翌16日より北朝鮮軍は反撃を加えてきたが、当時この辺にいた部隊は訓練不足で海兵隊の敵ではなく、上陸軍の進撃速度は素早かった

タラワ、硫黄島等の上陸作戦では、初日の死傷者は200名を超えていた

17日　富平市占領（別名アスコム市）

ここは米軍が建設した補給基地の町で、米軍が残した各種弾薬2千トンがそっくり残っていたぞ。

伊丹に待機していた第33海兵航空群が直ちに進出、同日、輸送機隊も立川から補給輸送を開始した

第5海兵連隊は前夜より空港へ突入、北朝鮮軍にとっては奇襲となり、反撃も軽く、国連軍は無キズで韓国第一の飛行場を手に入れた

20日　漢江渡河作戦

ソウルを西方から攻撃すべく、第5海兵連隊がLVTにより作戦を行なった。

奇襲渡河には失敗したが、支援砲撃による強行渡河によって進出、翌日よりソウルへ向かって進撃を開始した。

釜山橋頭堡からの総攻撃（スレッジ・ハンマー作戦）

一方、釜山橋頭堡の第8軍も仁川上陸と共に総攻撃を開始したが、北朝鮮軍の強力な防御によって20日まで戦況は一向に進展しておらず、元帥を悩ませた。その後北朝鮮軍の第一線は23日以降崩れ始め、国連軍は敵防御ラインを突破していった。

仁川上陸時の国連軍の陽動作戦
ソウル
仁川
第10軍
9月6日
9月23日
9月15日
群山
第8軍
釜山

第2次大戦後、米国では海兵隊を不必要な軍種であるとして、廃止する意見も強かった

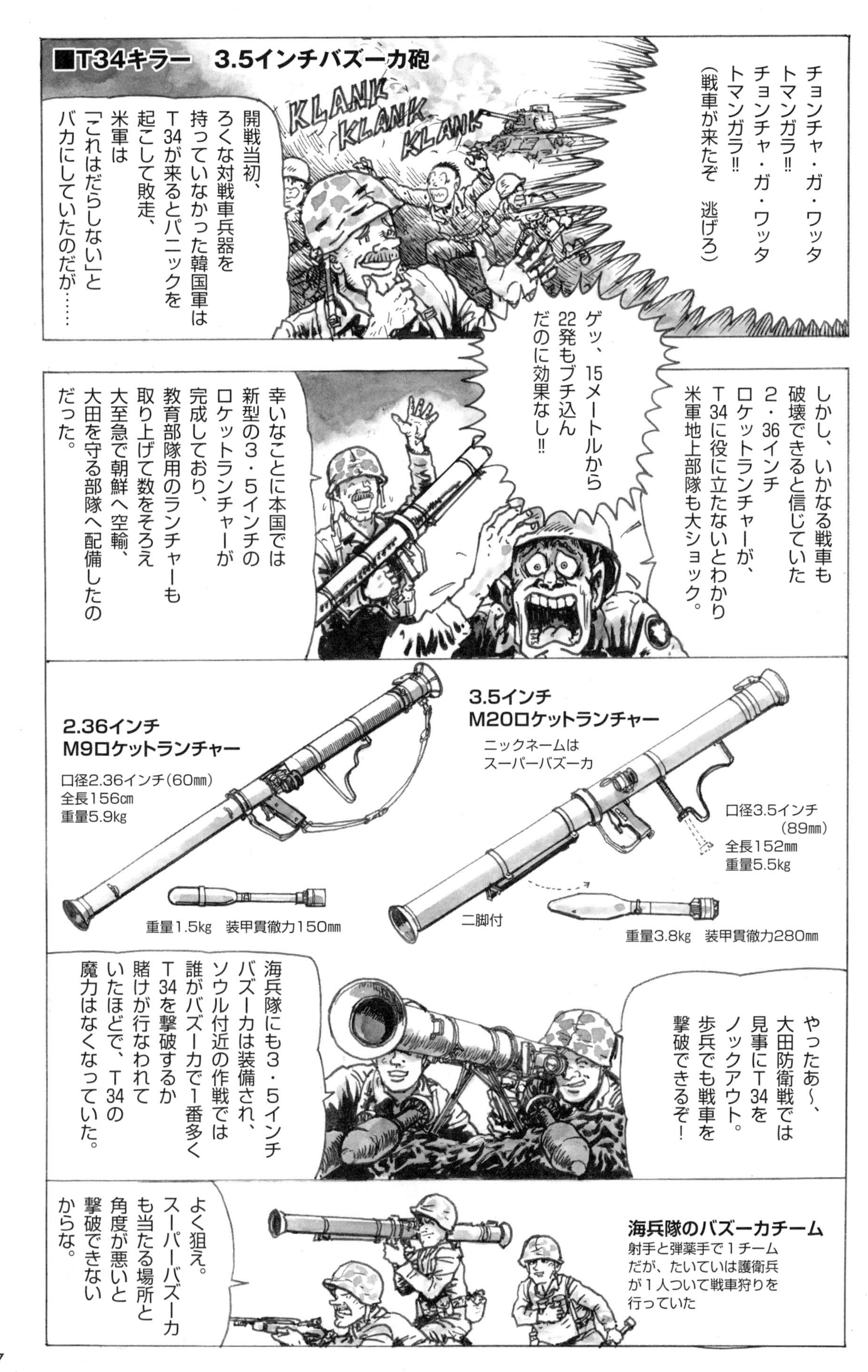
■T34キラー　3.5インチバズーカ砲
チョンチャ・ガ・ワッタ
トマンガラ!!
チョンチャ・ガ・ワッタ
トマンガラ!!
(戦車が来たぞ　逃げろ)
KLANK KLANK KLANK
開戦当初、
ろくな対戦車兵器を
持っていなかった韓国軍は
T34が来るとパニックを
起こして敗走、
米軍は
「これはだらしない」と
バカにしていたのだが……
しかし、いかなる戦車も
破壊できると信じていた
2・36インチ
ロケットランチャーが、
T34に役に立たないとわかり
米軍地上部隊も大ショック。
ゲッ、15メートルから
22発もブチ込ん
だのに効果なし!!
幸いなことに本国では
新型の3・5インチの
ロケットランチャーが
完成しており、
教育部隊用のランチャーも
取り上げて数をそろえ
大至急で朝鮮へ空輸、
大田を守る部隊へ配備したの
だった。
2.36インチ
M9ロケットランチャー
口径2.36インチ(60㎜)
全長156㎝
重量5.9㎏
重量1.5㎏　装甲貫徹力150㎜
3.5インチ
M20ロケットランチャー
ニックネームは
スーパーバズーカ
口径3.5インチ
(89㎜)
全長152㎜
重量5.5㎏
二脚付
重量3.8㎏　装甲貫徹力280㎜
やったあ〜、
大田防衛戦では
見事にT34を
ノックアウト。
歩兵でも戦車を
撃破できるぞ!
海兵隊にも3・5インチ
バズーカは装備され、
ソウル付近の作戦では
誰がバズーカで1番多く
T34を撃破するか
賭けが行なわれて
いたほどで、T34の
魔力はなくなっていた。
海兵隊のバズーカチーム
射手と弾薬手で1チーム
だが、たいていは護衛兵
が1人ついて戦車狩りを
行っていた
よく狙え。
スーパーバズーカ
も当たる場所と
角度が悪いと
撃破できない
からな。

朝鮮戦争③：中共軍の介入

中共軍（中国共産党軍）

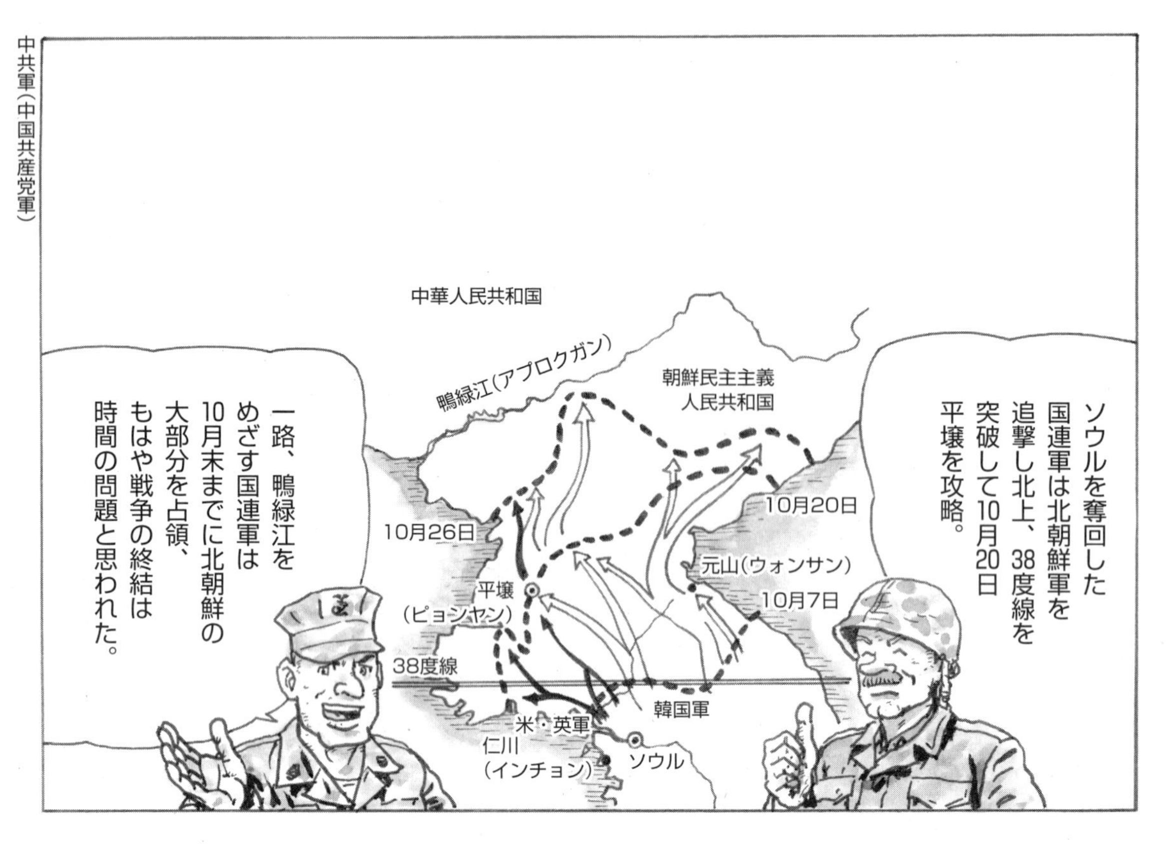

抗美（アメリカに対抗）　援朝（北朝鮮援助）

元山港の機雷処理には日本の海上保安庁の掃海艇（後の海上自衛隊掃海艇群）も出動させられた

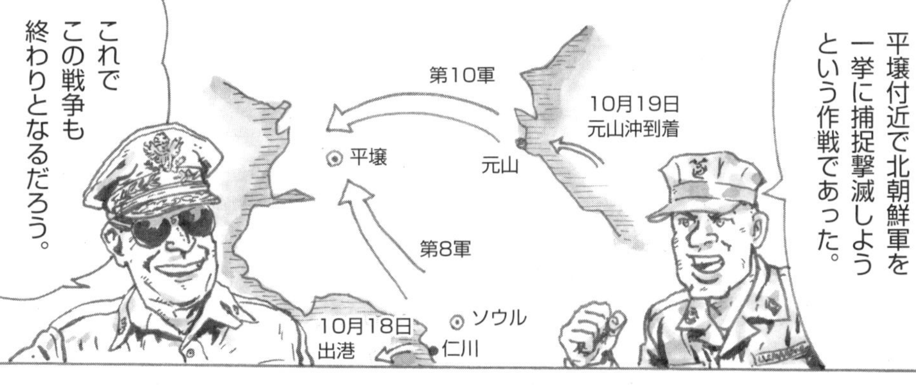

中鮮軍（中共軍と北朝鮮軍）　「12月の退却」（デッセンバー・リトリート）　隘路（山間部の狭い道）

10月24日、マッカーサー元師はすみやかな北朝鮮全域の占領を全軍に命じていた。
海兵隊も元山上陸後、北進を開始、第一目標の長津湖へ向かった

米第7師団
長津湖
柳潭里
ハガル里
古土里
真興里
米第1海兵師団
この間は1本道の隘路で待ち伏せには絶好の地形だ
咸興
興南
米第3師団
元山

この時にはもう中共軍が手ぐすね引いて国連軍を待ちかまえていたんだ。

海兵隊の担当地域はゲリラ活動が活発で、米第3師団が上陸するまで第7連隊が前進し、第1、第5連隊は後方地域の確保とされた。

第7連隊は中共軍の抵抗を排除しつつ長津湖まで進出、しかしこれは中共軍のワナだったのだ。

中共軍は10月25日の攻勢で国連軍に大損害を与えていながら11月6日には一斉に撤退しており、これが国連軍の誤判断をまねいていた

中共軍は兵力6～7万の義勇軍だ。中国の全面介入はない。クリスマスは本国で迎えよう。さあこれが最後の作戦だ。

11月24日、国連軍のクリスマス攻勢が開始されたが、逆に中鮮軍の第二次攻勢に遭遇、国連軍は総崩れとなった

Xサスペンダー（戦闘装備用サスペンダーの俗称）
ライナー（ウール・パイル地のジャケット用内張り）

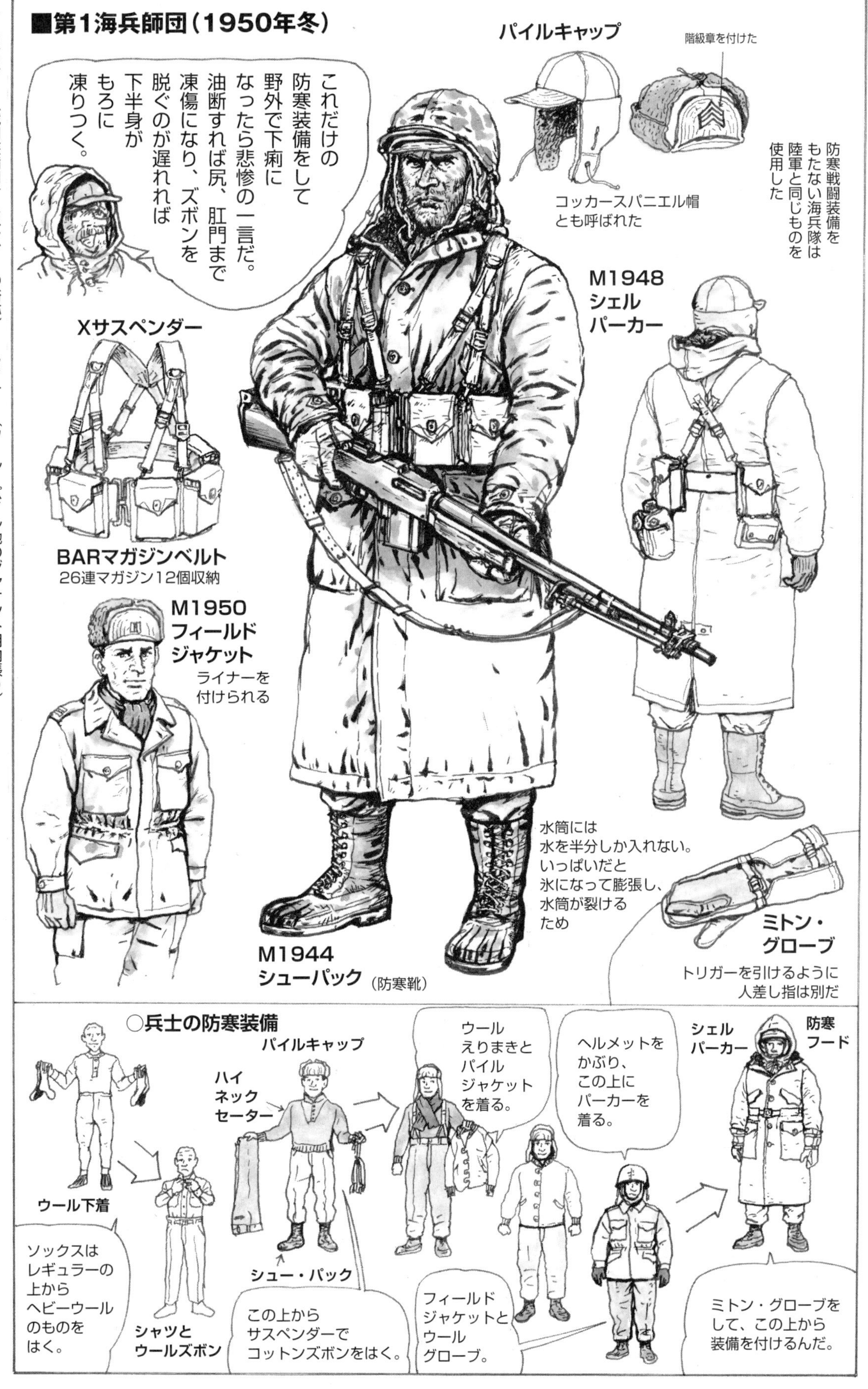

第1海兵航空団
コルセア機の近接支援
夜間戦闘時には
夜間戦闘機までもが出動して
援護した
戦闘輸送コマンドが補給品を空中投下
凍結した大地では投下された
物資の破損が多く、
弾薬類も6割以上が
使用不能となった
C-47
C-119
M114
155㎜榴弾砲
歩兵・戦車・砲兵・
飛行機間の協力は
緊密で、中共軍の突撃を
はじき返した
寒さで空気密度が増し、
射程は短縮し、
復座にも
時間がかかり
発射速度も低下した
12月1日に完成した
輸送機用滑走路。
これがあったので
負傷者約5千名を
出発前に後送できた。
以後の作戦中の後送には
ヘリコプターが活躍
本作戦は退却でも
後退でもない!!
包囲している
後方の敵へ
向かって前進、
背後の敵を撃破
するのだ!
M101　105㎜榴弾砲
M2
4.2インチ
重迫撃砲
（射程4㎞）
M20
75㎜無反動砲
第1連隊がここを
守備しており、
第5、第7連隊が
後退してきて、ここで
第1師団がそろった
12月6日　スミス師団長
M1
81㎜中迫撃砲
（射程3㎞）
隘路上にあたりここ以外は
車両が通過不能で、破壊
されていたが、架橋して
なんとか突破できた
山岳戦で
最も威力を
発揮したのが
迫撃砲で、
極寒でも比較的
よく作動したが、
凍結した大地では
底板が発射の反動で
割れやすかった
M1　60㎜軽迫撃砲
（射程1.2㎞）
M4A3シャーマン
ドーザー付
M26パーシング
水洞
（スードン）
古土里円陣には
海兵隊（11,686人）の他に
陸軍臨時連隊（2,353人）、
英海兵第41コマンド（150人）、
韓国野戦警察（40人）らがいた
米第3歩兵師団
海兵隊の脱出援助に
真興里へ前進、
9日、要地1081高地を
確保した
第1海兵師団は元山に上陸して以来、中共軍に地上戦闘で戦死1万5千人、負傷7千5百人、空爆で戦死1万人、負傷5千人の損害を与えたと推計できた。しかし海兵隊の損害も大きく戦死604人、戦傷死114人、行方不明192人、戦傷3千5百人、その他の傷病者7313人、兵力の約50パーセントという損害を受けてしまった。
咸興
（ハムラン）
12月11日
第1海兵師団の全兵力は
咸興～興南間の
集結地へ到着した
12月14日
師団は乗船を完了
15日朝出航釜山へ
同日上陸した
興南
（フンナン）

■第1海兵師団の敵中突破　1950年12月1日～11日

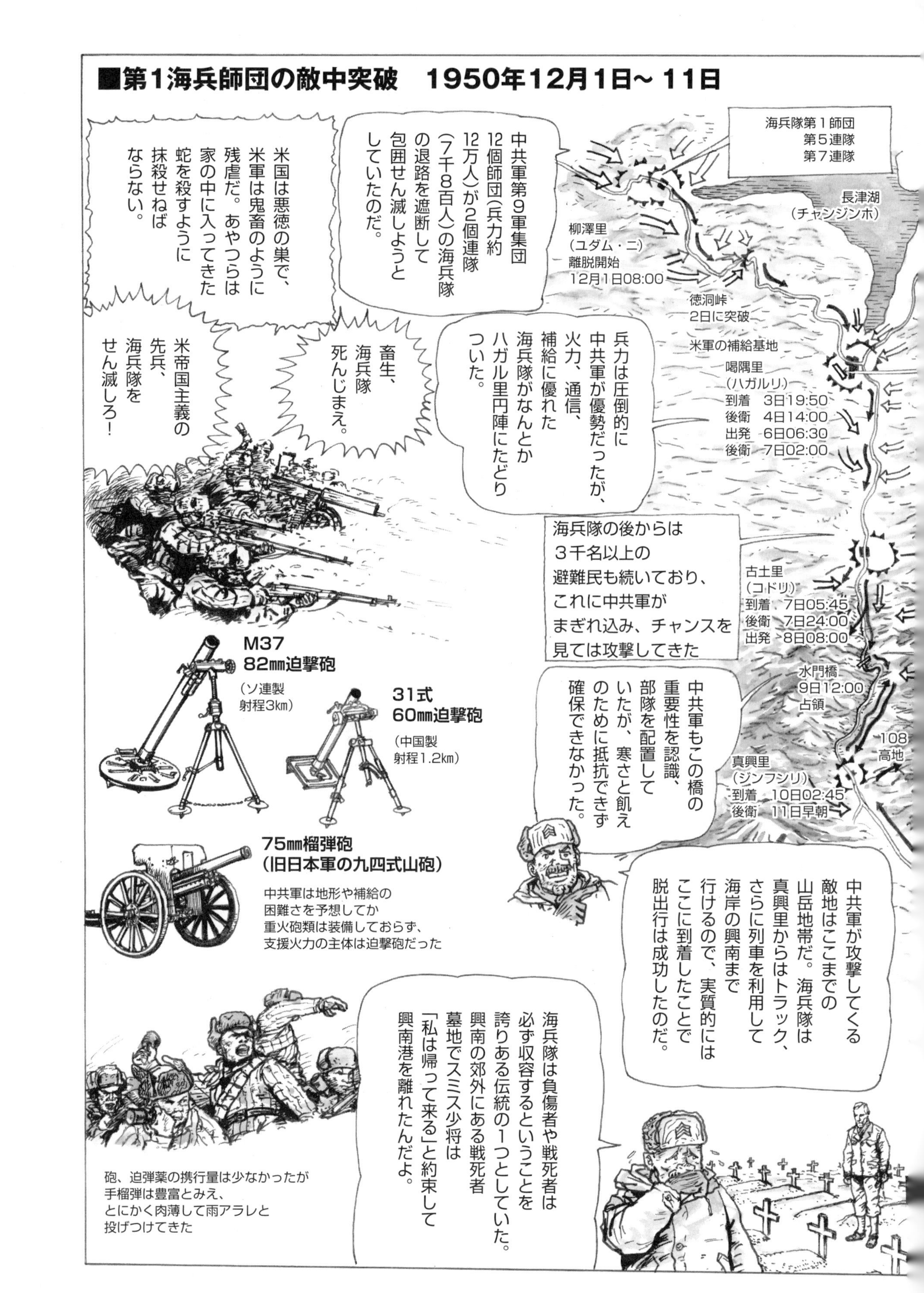

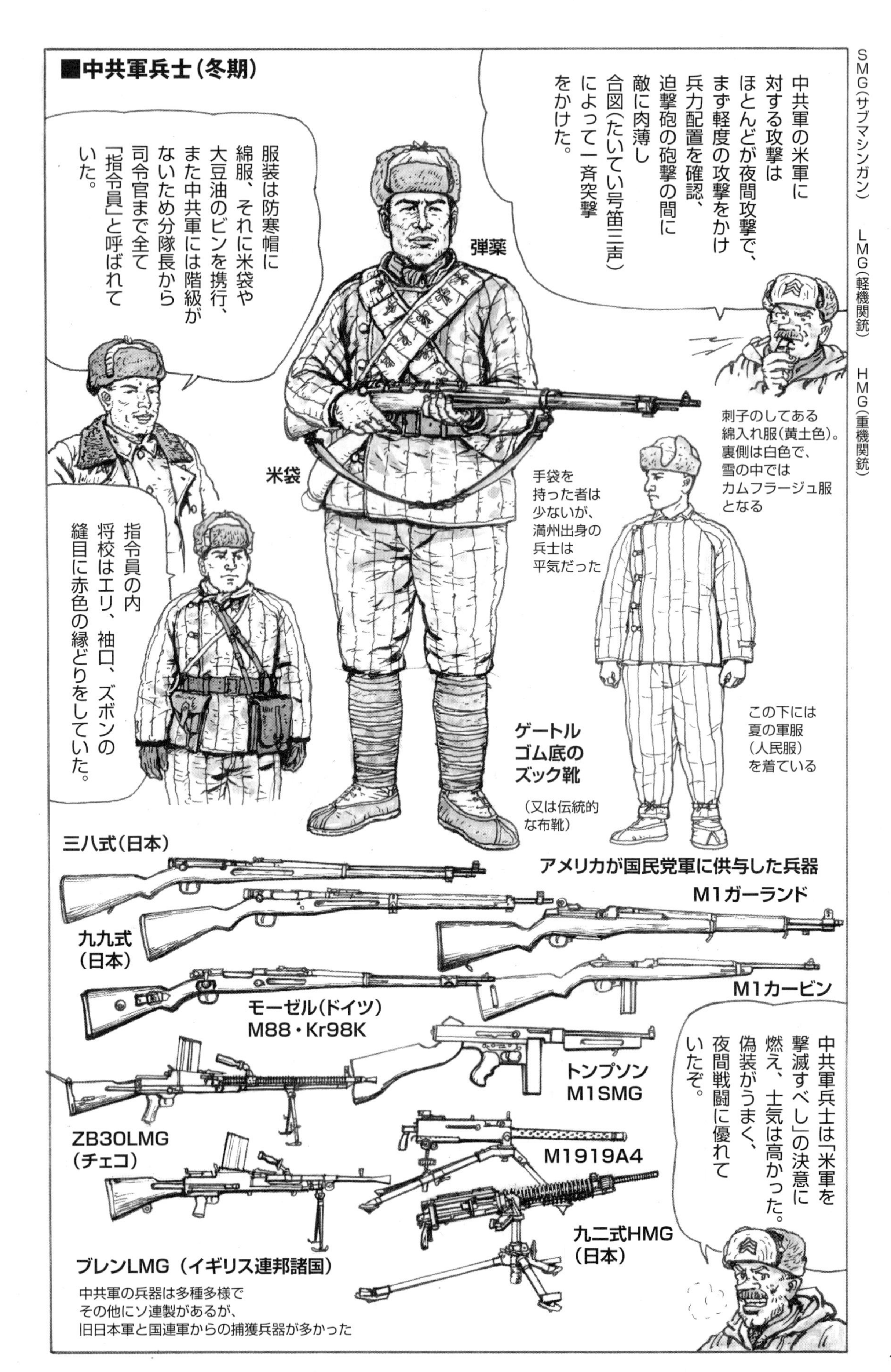
■中共軍兵士（冬期）
中共軍の米軍に対する攻撃はほとんどが夜間攻撃で、まず軽度の攻撃をかけ兵力配置を確認、迫撃砲の砲撃の間に敵に肉薄し合図（たいてい号笛三声）によって一斉突撃をかけた。
服装は防寒帽に綿服、それに米袋や大豆油のビンを携行、また中共軍には階級がないため分隊長から司令官まで全て「指令員」と呼ばれていた。
SMG（サブマシンガン）
LMG（軽機関銃）
HMG（重機関銃）
弾薬
米袋
刺子のしてある綿入れ服（黄土色）。裏側は白色で、雪の中ではカムフラージュ服となる
手袋を持った者は少ないが、満州出身の兵士は平気だった
指令員の内将校はエリ、袖口、ズボンの縫目に赤色の縁どりをしていた。
ゲートル
ゴム底のズック靴
（又は伝統的な布靴）
この下には夏の軍服（人民服）を着ている
三八式（日本）
アメリカが国民党軍に供与した兵器
M1ガーランド
九九式（日本）
M1カービン
モーゼル（ドイツ）M88・Kr98K
トンプソンM1SMG
ZB30LMG（チェコ）
M1919A4
九二式HMG（日本）
ブレンLMG（イギリス連邦諸国）
中共軍の兵器は多種多様でその他にソ連製があるが、旧日本軍と国連軍からの捕獲兵器が多かった
中共軍兵士は「米軍を撃滅すべし」の決意に燃え、士気は高かった。偽装がうまく、夜間戦闘に優れていたぞ。

M1ガーランド小銃は装弾用に8発入りクリップを使用。全弾撃ち終わるとこれが放出される
オートマチック銃の作動をスムーズにするためのオイルが凍結する。このためオイルをうすく塗って使用した

■極寒における戦闘

トラックや戦車は2時間ごとに15分ほど暖機運転しないとすぐ始動不能になっちゃうよ。

朝鮮戦争④：対ゲリラ戦とヘリコプターの活躍

12月23日、第8軍司令官ウォーカー中将が視察中に自動車事故で殉職した。後任には、参謀次長マシュウ・リッジウェイ中将が就任した。

リッジウェイ新司令官は38度線に防衛線を築いたが12月31日の中鮮軍の正月攻勢であっけなく突破された。国連軍の士気はこの時期最低で、中鮮軍の人海戦術に抵抗できなかった

平壌（ピョンヤン）
12月5日　放棄
12月31日
1月3日
38度線
江陵（カンヌン）
ソウル
原州（ウォンジュ）
1月24日
仁川（インチョン）
太白山（テッペク）
水原（スーウォン）
第1海兵師団
安東（アンドン）
ゲリラ部隊
大田（テージョン）
盈徳（ヨンドク）
大邱（テーグ）
釜山（プサン）

ところで、わが第1海兵師団は中共軍の重囲から全装備を持ったまま負傷者を運んで整然と後退して脱出に成功した。

逆に海兵隊の撃滅を図った中共軍第9軍集団は、大損害を受けて戦力回復に時間を要し、正月攻勢には参加できなかった。

国連軍の仁川上陸で逃げ遅れた北朝鮮軍が山中に逃げこみゲリラ隊として第2戦線を構成したもので、国連軍は終始後方地帯をおびやかされていた。

中鮮軍の正月攻勢に勢いを得た太白山脈中の約1個師団のゲリラが南下、大邱—安東—原州の国連軍補給線を分断しようとしていた。

マッカーサー元帥直属であった第10軍団はリッジウェイ新司令官と共に第8軍に編入された

1951年1月11日に
出動した海兵隊は
このゲリラ部隊を撃破、
四散させたのだ。

上陸作戦専門の
海兵隊が山岳戦で
ゲリラ討伐を行なうため
最初はとまどったが、
新戦法を工夫し
大きな戦果を
あげた。
海兵隊の戦法は
火力による包囲殲滅と
偵察ヘリコプターを
駆使したことだ。

土地勘もなく言葉も
通じないので、情報収集は
住民に頼らない
航空偵察に主力を
おいた。
ゲリラを上空から
発見するのは難しいが、
厳冬期はゲリラも
村落に宿営するから、
捜索は比較的楽だった。

ゲリラが潜伏中の村落は
上空から見てもどこか違う。
炊煙が異常に多い、
人の出入りが頻繁、
飛行機やヘリコプターが
来たのに、好奇心の強い
子供が外に出て来ない等、
これらを検討して
怪しい村落を選定する。

ゲリラの居場所が確定
できれば、包囲攻撃だ。

全周包囲する戦力が
ない場合、予想される
退路に待ち伏せ部隊を置き、
残る部分は火力とヘリコプターで
カバーするわけだ。

待ち伏せ部隊の配備が
完了したら
村民に立ち退きを、
ゲリラには投降を
勧告する。
しかるのちに
空・地の火力を発揮して
攻撃を開始!!

この時の攻撃は
わざと包囲の一部を
空けておいて行なうのだ。
ゲリラはそこから
逃走を企てるが、
ドッコイその先には
待ち伏せですね。
逃走する
ゲリラ
待ち伏せ部隊
待ち伏せ部隊のいない方向へ
逃走するゲリラにはヘリコプター
の誘導で部隊が先行して捕捉
周辺を無人にして
ゲリラを孤立化させるため、
山間部の村落は
警告後にナパーム弾で
焼き払った。
元来、太白山一帯は
貧しい地域で、食料も
宿営する村落もなく、
さすがのゲリラも
徐々に北に退却していった。

海兵隊の討伐作戦は
2月中旬まで実施され、
2万人はいたとされた
ゲリラに
3千人の損失を与えたと
推定された。
大きな戦果だが、
この荒っぽい戦術は
地元住民のことを
考えるとあまり
感心はできない。

朝鮮戦争で第1海兵師団に
協力した航空部隊は
ハリス海兵少将の率いる
第1海兵航空団だ。
最も多い時には
昼間戦闘機5個飛行隊、
全天候戦闘機2個飛行隊を
持っていた
F9F
(VMF-115)
(VMA-311)
F9F-5
パンサージェット戦闘機
海兵隊では2個飛行隊を
投入、1950年12月10日より作戦開始。主として
爆弾を下げ対地攻撃任務を行う
AD-3
スカイレーダー
20㎜機関砲×2
短距離なら
4t以上の爆弾/ロケット弾を
搭載できる
(HEADRON)
F7F-3N
タイガーキャット
航空団直轄部隊
所属で北朝鮮
領内の夜間攻撃を
行なった
(VMF(N)-513)
F3D-2Nスカイナイト
夜間(全天候)ジェット戦闘機
1952年11月より実戦参加
R5D-1輸送機
(VMR-152)
C-54
ホームベース岩国基地を
拠点に朝鮮半島への
兵員・物資補給を担当
R408 (C-47)
TBM-3E (MAMS-12)
人員/患者輸送に使用
HO3S-1
(MAMS-33)
HRS-1
(HMR-161)
HEADRON 海兵司令部飛行隊
VMC 海兵混成飛行隊
VMJ 海兵写真飛行隊
MAMS 海兵航空機整備飛行隊
VMO 海兵観測飛行隊
VMR 海兵輸送飛行隊
HMR 海兵輸送ヘリコプター飛行隊
VMF 海兵戦闘飛行隊
VMF(N) 海兵戦闘飛行隊(夜間)
VMA 海兵攻撃飛行隊

■朝鮮戦争に参加した海兵隊航空部隊
F4U
LD
(VMA-212)
WE
(VMA-214)
WR
(VMA-312)
WS
(VMA-323)
WF
(VMF(N)-513)
WH
(VMF(N)-542)
コルセアは海兵隊の
主力戦闘機として
休戦まで使用された
MW
(VMJ-1)
F2H-2Pバンシー
写真偵察機
1951年より就役。その前は
コルセアの写真偵察型
F4U-5Pを使用
WWⅡで多くのエースを
出した「ブラックシープ」
VMA-214の
カウリングマーク
白地に黒
AD-3
AK
(VMA-121)
AL
(VMA-251)
カウリングの白と赤の
チェッカーがシンボルの
VMF-312
「チェッカーボーズ」
F4U-5N
全天候戦闘機
夜間攻撃や防空に
スカイナイトの就役
まで活躍した
F4U-4
コルセア
20mm機関砲×4
500ポンド爆弾
なら4発まで搭載
可能
RM
AD-2Q
ECM型
WB
スチンソンOY-2（VMO-6）
偵察観測機
そもそも海兵航空部隊は、砲兵の上陸まで地上部隊を近接支援する任務を主眼としていることから、空・地協同作戦の練度は高く、パイロット出身の前線統制官が各歩兵大隊に2名ずつ配置され、地上部隊と共同で行動しながらその要求に応じて地上から無線で航空近接支援機を直接誘導していた。
自前の航空隊を持っていることが海兵隊の強みで地上部隊にとって頼もしい相棒だよ。

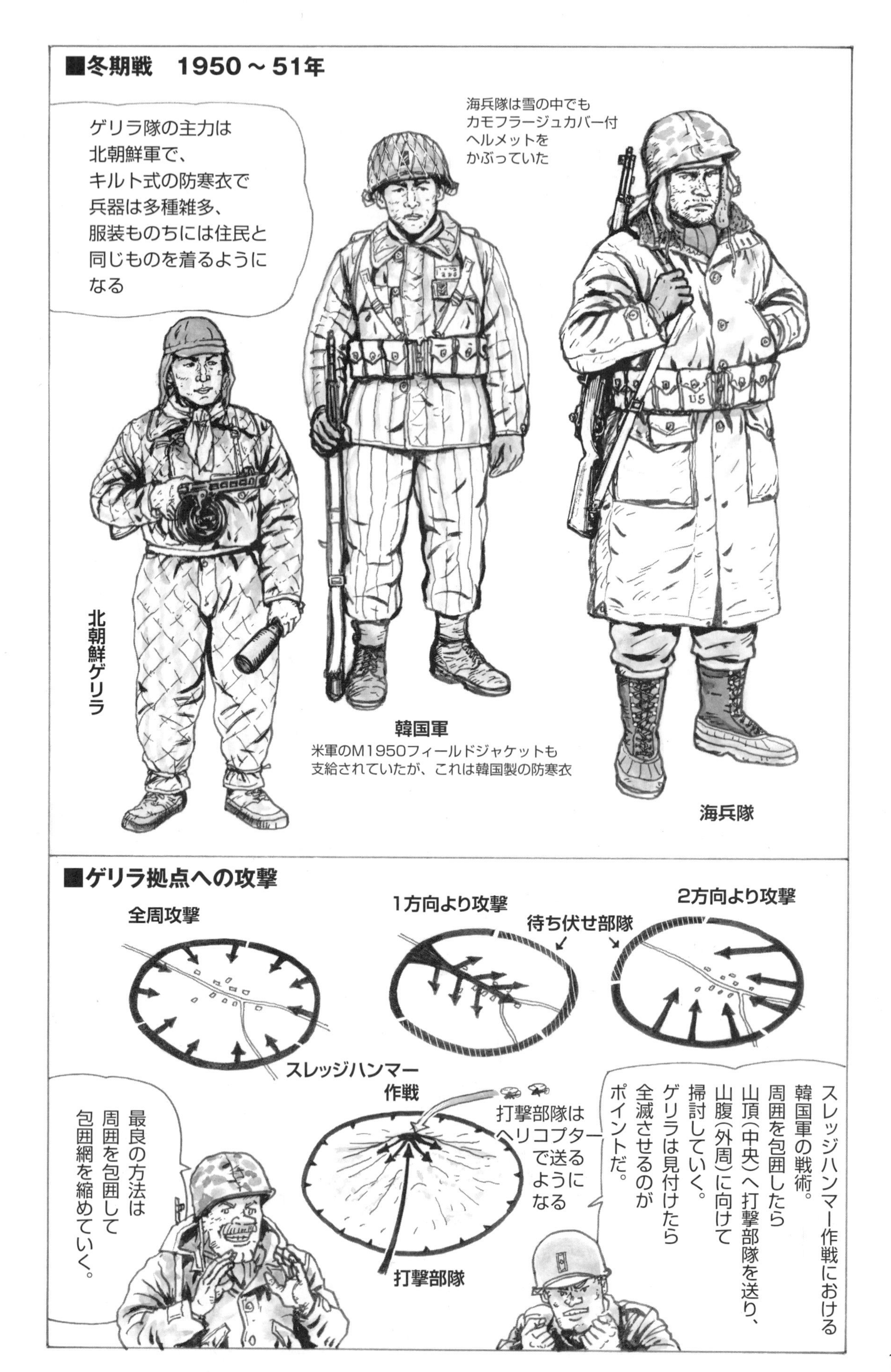
■冬期戦　1950～51年
ゲリラ隊の主力は
北朝鮮軍で、
キルト式の防寒衣で
兵器は多種雑多、
服装ものちには住民と
同じものを着るように
なる
海兵隊は雪の中でも
カモフラージュカバー付
ヘルメットを
かぶっていた
北朝鮮ゲリラ
韓国軍
米軍のM1950フィールドジャケットも
支給されていたが、これは韓国製の防寒衣
海兵隊
■ゲリラ拠点への攻撃
全周攻撃
1方向より攻撃
待ち伏せ部隊
2方向より攻撃
スレッジハンマー
作戦
打撃部隊は
ヘリコプター
で送る
ように
なる
打撃部隊
スレッジハンマー作戦における
韓国軍の戦術。
周囲を包囲したら
山頂（中央）へ打撃部隊を送り、
山腹（外周）に向けて
掃討していく。
ゲリラは見付けたら
全滅させるのが
ポイントだ。
最良の方法は
周囲を包囲して
包囲網を縮めていく。

MAG（海兵隊航空群）　VMO（観測飛行中隊）
シコルスキーH03は海軍名で、陸軍ではHS、民間ではS51と呼ばれた

朝鮮戦争⑤：キラー作戦と休戦協定の成立

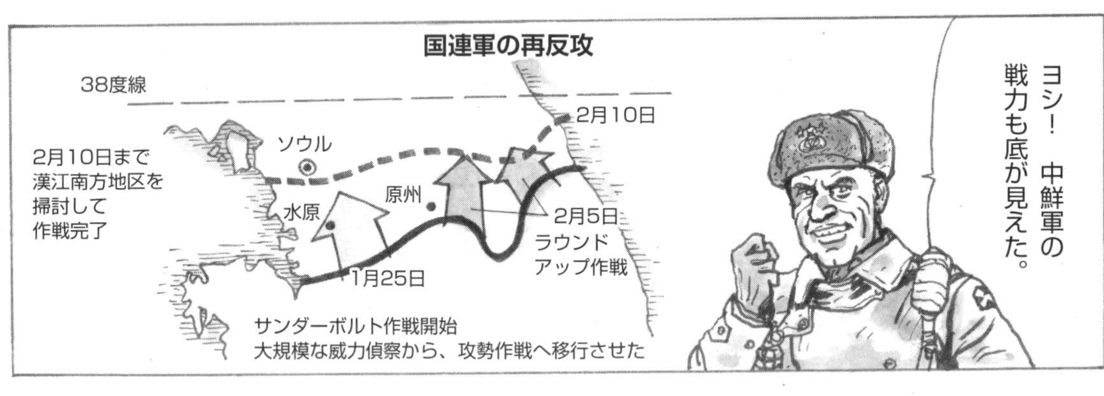

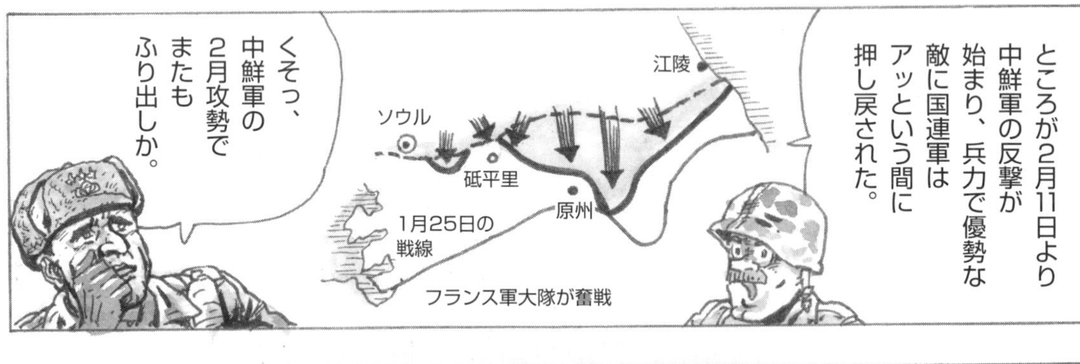

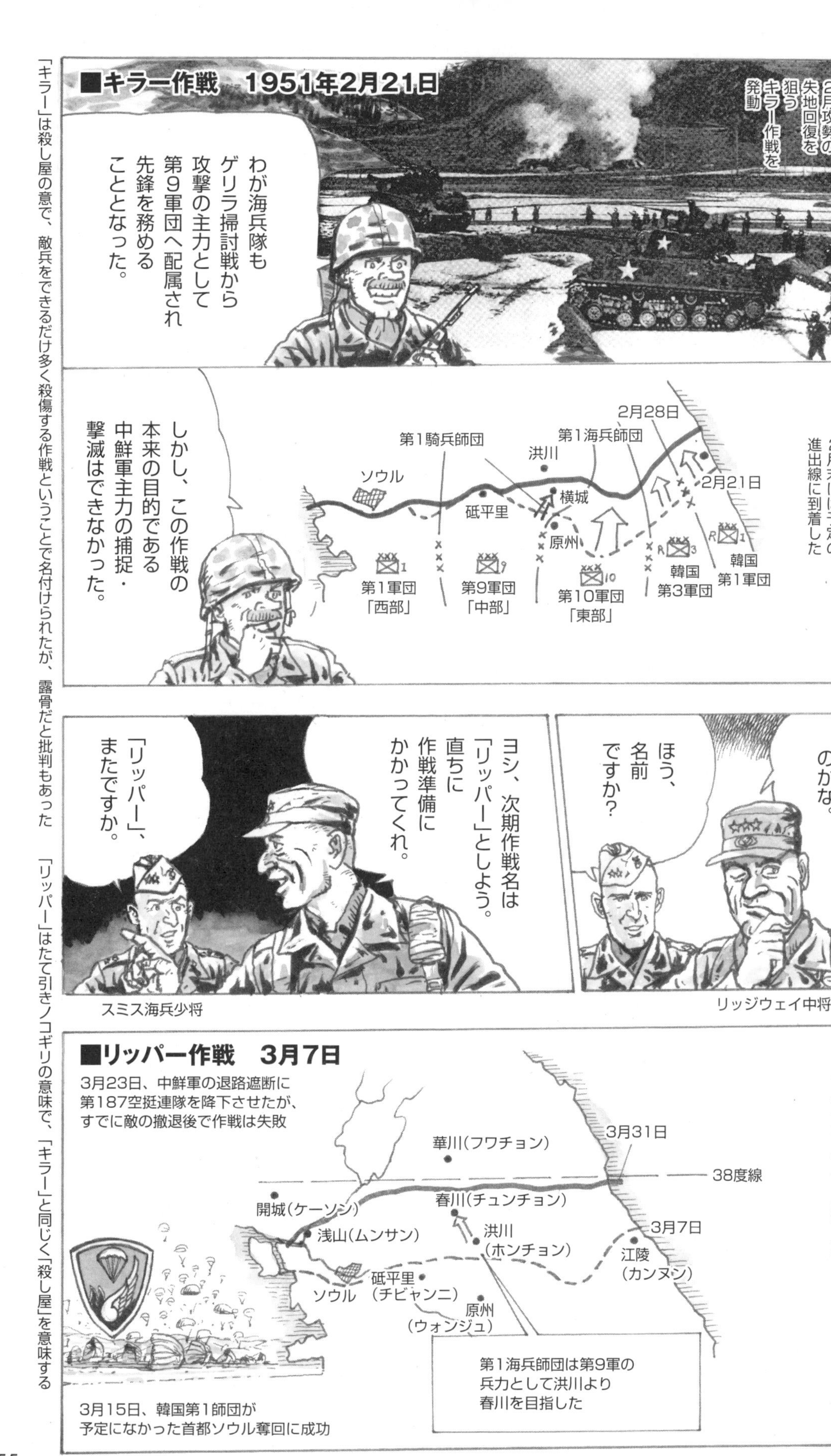

「キラー」は殺し屋の意で、敵兵をできるだけ多く殺傷する作戦ということで名付けられたが、露骨だと批判もあった　「リッパー」はたて引きノコギリの意味で、「キラー」と同じく「殺し屋」を意味する

中鮮軍は退却中だ。38度線を越えて前進する「ラグド」作戦を開始するが鉄の三角地帯の敵が攻勢を準備中らしい。

そこで急だが、海兵隊は予備ではなく第1騎兵師団に代わって先頭に立ってほしい。1日で準備できるかね。
閣下、わが海兵隊のモットーは準備に1時間以上必要としないことであります。心配ご無用。

海兵隊にとって「困難」とは容易より30分よけいに時間がかかることで、「不可能」とは困難より30分時間がかかること。つまり1時間あればできないことはなにもない。野郎ども！出撃だ!!

■ラグド作戦　4月4日
華川
ダム
38度線
北漢
春川
海兵隊は春川の北方で北漢江を渡河し華川を目指した。中共軍がダムの水門を開いて洪水をおこし前進が遅れたが国連軍は38度線を越えて北進を続けた。

国連軍が北上していたころマッカーサー元帥とアメリカ政府の確執が高まっていた
1、満州の基地爆撃
2、中国本土沿岸封鎖
3、台湾国府軍による中国大陸反攻etc.
もっと積極的な作戦で勝利を。
ムチャを言って第三次世界大戦を誘発させる気か。
ついにトルーマン大統領は4月11日に元帥解任を決定
国連軍総司令官にはリッジウェイ中将が昇格し、
第8軍司令官にはバンフリート中将が任命された

■中鮮軍の攻勢

中鮮軍の4月攻勢は4時間にわたる準備砲撃に始まり、主攻はソウルに向けられた。国連軍も今回はソウル死守を決意、圧倒的な火力と空軍力に物をいわせ、なんとか中鮮軍をソウル前面で食い止めた

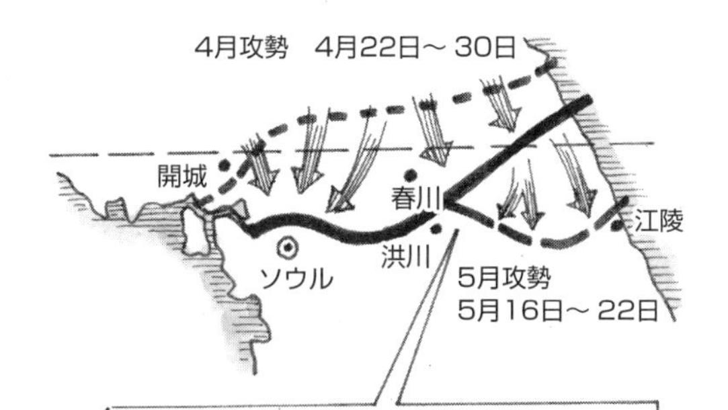

第1海兵師団は5月攻勢前の編成替えで第10軍団へ配属され中共軍の攻勢をはね返した

約2週間後に開始された5月攻勢は東部の韓国軍に向けられたが、国連軍の反撃で、中鮮軍の攻勢はわずか5日間で終息、この両攻勢での中鮮軍の人的損害は推定20万人と見られる

本当にヤツらは日本軍によく似ているヨ。日本軍も持てるだけの食料と弾薬に頼って攻撃し、無くなると敗退した。

中共軍も持っていた食料・弾薬量が、4月は10日分5月は5日分が限度だったという訳か

第1海兵師団は4月24日、予定通り師団長交代が行なわれた。新師団長はG・トマス少将

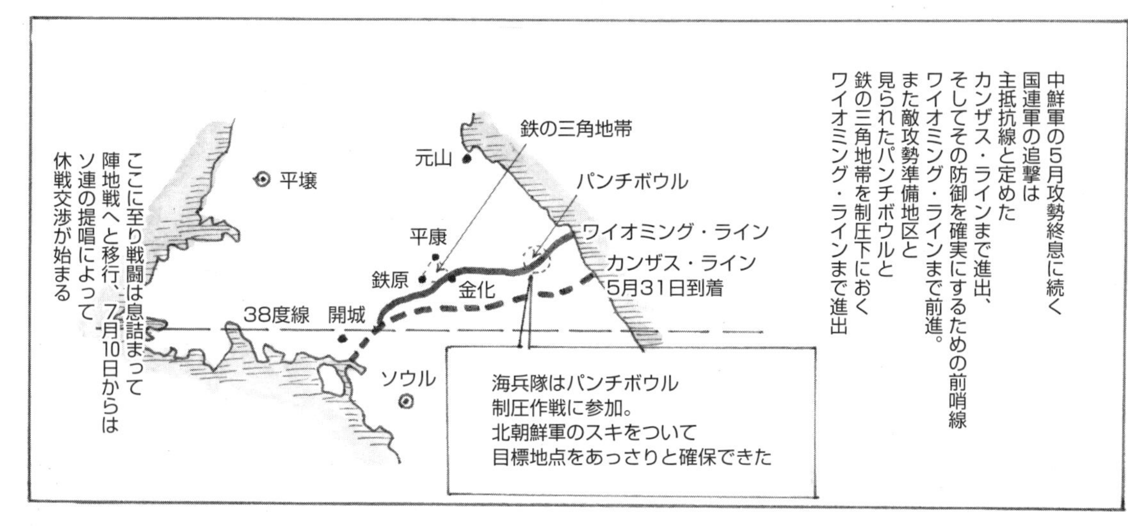

■38度線　1953年

1951年2月より戦線は膠着し、塹壕戦となった

米軍がボディアーマーを本格的に使用したのは朝鮮戦争からで負傷が減った上に士気も上がった。防弾チョッキの心理的影響は大きいぞ。

M1951アーマーベスト

海兵隊は早くからボディアーマーを採用し、この頃にはほぼ全員に配布された

手榴弾を下げるベルト

グラスファイバー製の小片を交互にいれてある

M3A1 SMG

M1951 改良型

肩にすべり止め

手榴弾留め

フック式で装備を下げられるようになる

M3用ポーチ3本入り

小銃用予備弾帯

中共軍兵士

夏期スタイル（いわゆる人民服だ）

この頃にはソ連製兵器が多くなる

手榴弾の投げ合いとなった末期の朝鮮戦争

36Mミルズ（イギリス）

MK2（アメリカ）

柄付き（中国製）

中鮮軍も使用（捕獲品）

九七式（旧日本製）

対戦車手榴弾

対人手榴弾

RPG-43　**RGD-33**　**RG-42**　**F-1（ソ連）**

ボディアーマー（一般的に防弾チョッキと言われているが、実際にはライフル弾は貫通するから砲弾の破片や爆風から身を守る目的のものだ。沖縄戦でも少数が使用されていた）

■戦車兵　1950年
戦闘服は一般の
海兵隊員と同じ
ボディアーマーも
着用する
M1944
ダスト・ゴーグル
パイロットユニフォームは
プロペラ機からジェット機へ
移行する途中で
プラスチック製ヘルメットや
Gスーツが登場するが、
まだ第2次大戦の
なごりがある。
M1944
HBT
戦闘服
M1951
ボディアーマー
H4ヘルメット
カーキ色
■戦闘機パイロット
1950年
M7ショルダー
ホルスター
M3の発展型
野戦将校用に
製作された
茶革製
A-10A
布製ヘルメットの
上からかぶっていた
MK2
ライフ
プリザーバー
(イエロー)
■ヘリコプター・クルー
HBT戦闘服に
MK2
ライフ
プリザーバー
を着用
B8ゴーグル
マイクユニット付
H-4
ヘルメット
A-14
酸素
マスク
M3
ショルダー
ホルスター
使用拳銃
38口径
リボルバー
Z-1
フライング
カバーオール
(オリーブグリーン)
ハーネス装着図
ヘッドセット

これが中共軍の人海戦術だ。
ヤツらはやっつけても
夜には必ず大軍で
やって来る。
闇の中から
歌声、鼻声、
おしゃべりが
ひびき、
「起きろ
海兵」なんて
英語が聞こえ
たりする。
続いて突然
シンバルがなり、
最後に神も
恐れるような
呼び声がして
数百発の
手榴弾が
飛んでくるんだ。

我々は
手榴弾を
投げ返し、
撃ちまくりながら
とにかく50ヤード
60ヤードと
適当な地点に
退却して
砲兵隊の援護を
待ったもんだ。
カンザス・ラインは
事実上休戦ラインと
見られ、
主抵抗線と
不退却戦に
深い塹壕線と
掩蓋陣地で
構成し、臨津江から
東海岸まで
長さ200キロ。
万里の長城に似た
塹壕陣地帯として
完成した。

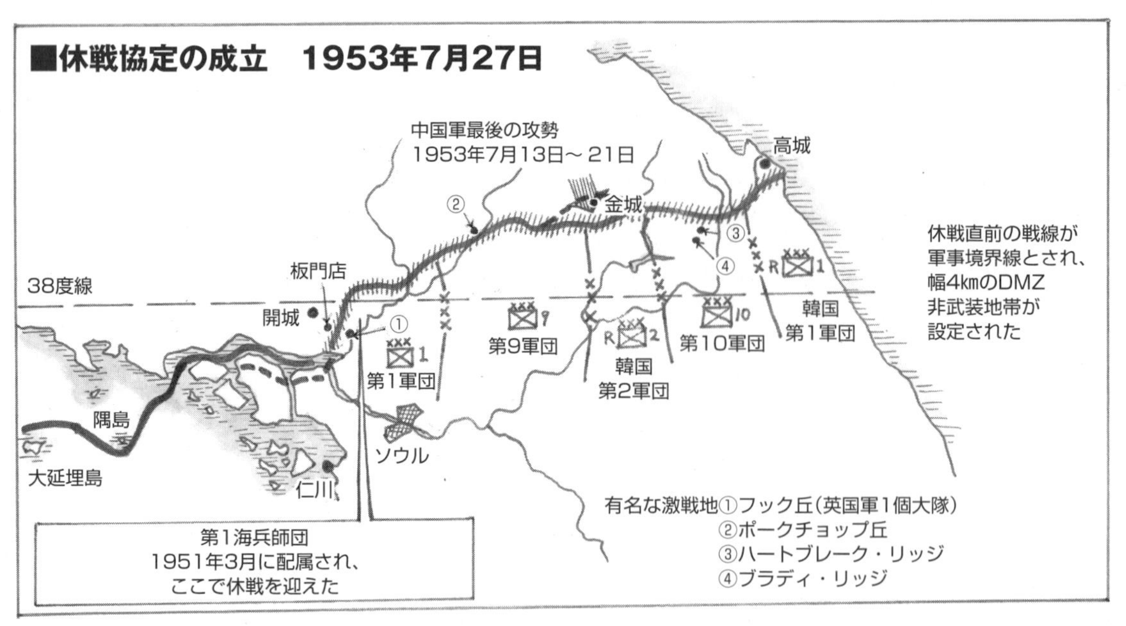
■休戦協定の成立　1953年7月27日
中国軍最後の攻勢
1953年7月13日～21日
高城
金城
②
③
④
板門店
38度線
開城
①
第1軍団
第9軍団
韓国
第2軍団
第10軍団
韓国
第1軍団
休戦直前の戦線が
軍事境界線とされ、
幅4㎞のDMZ
非武装地帯が
設定された
隅島
ソウル
大延埋島
仁川
第1海兵師団
1951年3月に配属され、
ここで休戦を迎えた
有名な激戦地①フック丘(英国軍1個大隊)
②ポークチョップ丘
③ハートブレーク・リッジ
④ブラディ・リッジ

板門店における休戦交渉の話し合い中も両軍は激戦を続けていた
これからは休戦ラインをめぐる陣取り合戦だ。海兵隊には西部の第1軍団へ移動してもらいたい。
我々はもともと水陸両用作戦が専門です。島々の争奪戦はまかせて下さい。
それと、これでソウルの防御は確実になるわけだよ。
話し合いは何度も中断し、その間に国連軍司令官はリッジウェイ大将からクラーク大将へ('52年5月12日)、大統領もアイゼンハワーへ('52年11月5日)と交代した
戦闘と交渉が交互に続けられた結果、1953年7月27日、ついに休戦協定が調印された

7月27日午後10時　休戦協定発令
27日の夜は一晩中警戒してたが一発の銃声も聞こえなかったぜ。
本当に休戦になったんだ。
1950年6月25日午前4時の開戦以来、3年1カ月2日18時間余ついに朝鮮戦争は終わった。休戦当時の国連軍兵士は77万、中鮮軍100万、3年間の両軍の損害は国連軍約99万7千人、中鮮軍約142万人といわれる。海兵隊は戦死4262人、負傷2万38人の犠牲を記録した

■スカウト・スナイパー（偵察狙撃兵）

太平洋戦争で日本の狙撃兵に対抗するために編成された偵察狙撃小隊員の資格は2百ヤードで敵兵の頭を4百ヤードで敵の胴体を撃ち抜けるというものだった。

M1903A-1

陸軍に対しライバル意識の強い海兵隊が採用した狙撃銃、ユナーテル社の長い競技用のスコープを取りつけている

ユナーテル社7.8倍スコープケース

スコープは左側にオフセットされ実包装備に支障はない

M81
2.5倍スコープ

フラッシュハイダー

M1C

ガーランドの狙撃銃でこれはM1903と違い陸軍や海兵隊でも使用された

M1D
M82

スコープを装着、マウントも改良され着脱がスムーズ

チークピース

朝鮮においてもスカウトスナイパーが活躍することとなった。

■M3カービン

ノクトビジョン

バッテリー

フラッシュハイダー

総重量が12.7kgもあり重くてかさばった

第2次大戦後半に陸軍によって開発された夜間射撃用のモデル。赤外線暗視装置をもち、ベトナム戦初期にも使用された。海兵隊でも試験的に使用されたようだ。

■トレンチ・ガン

第1次大戦の塹壕戦で有効とされたショットガンは白兵戦にはもってこいで海兵隊では戦場でもよく使われたよ。

ウィンチェスターモデル12

着剣装置と放熱カバーをつけたトレンチ・ガン他に数社のショットガンも使用

ノクト・ビジョン（暗視鏡）朝鮮戦争時にはM1狙撃銃用にM84（2・2倍）スコープが開発されている　陸軍の狙撃銃はM19003A-4モデル　フラッシュハイダー（消炎器）

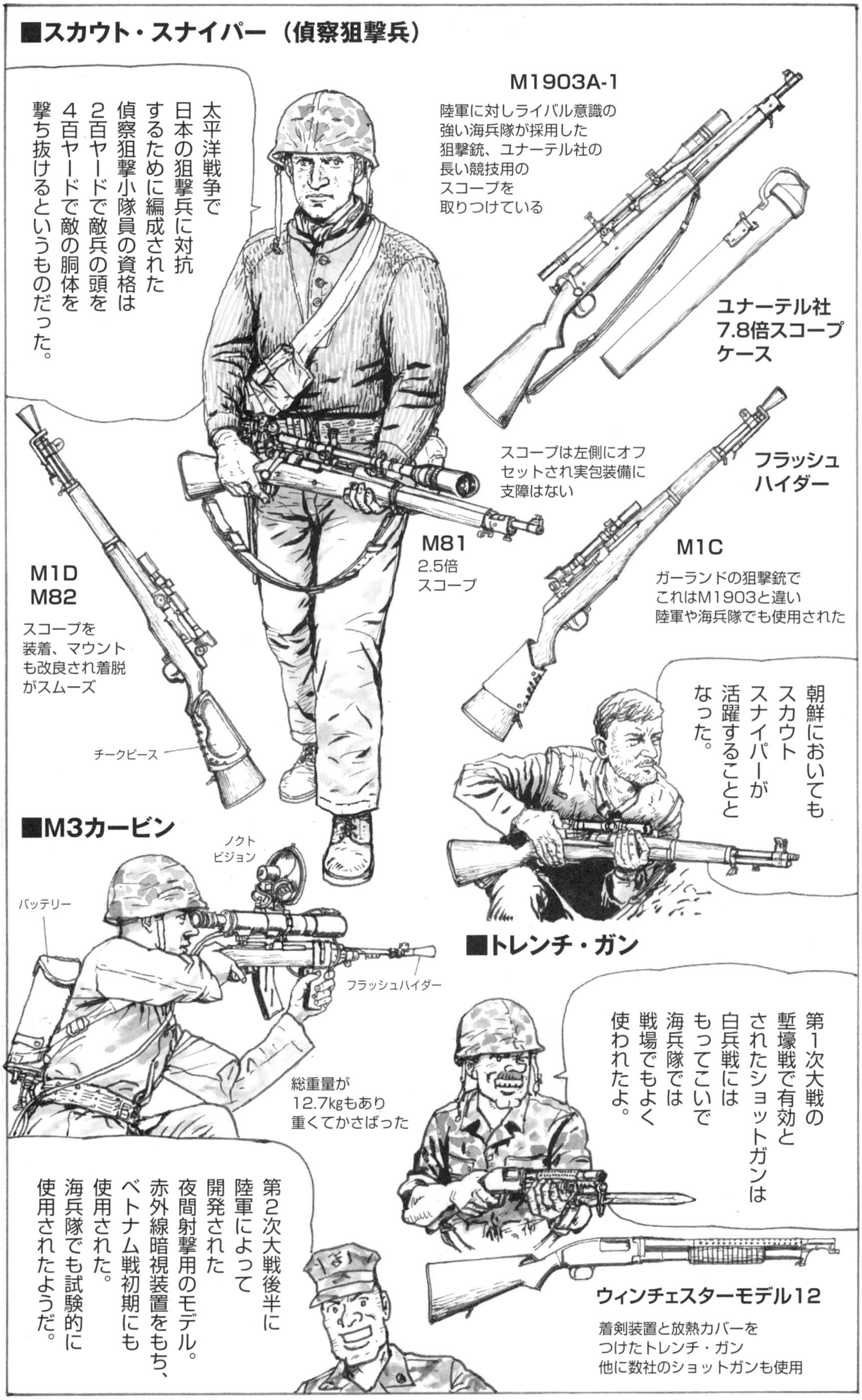

ベトナム戦争①：スターライト作戦

アメリカがベトナム戦争に踏み込んだのはフランスがベトナムから手を引いてからで、

最初は少人数の軍事顧問団を送っていただけだった。

ところが共産ゲリラが勢力を増すにつれ、南ベトナム政府を援助しなければ最後には東南アジア全体が共産化してしまう、と

武器援助の質と量が拡大していき、

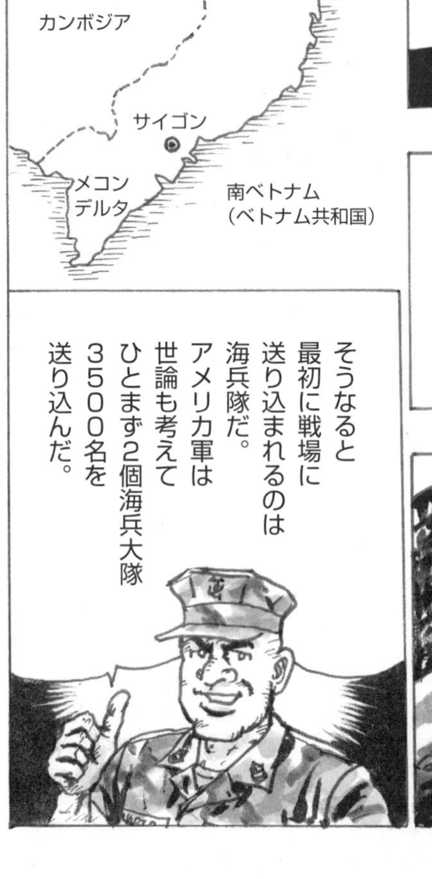

1965年3月8日
午前9時3分
ベトナム共和国
ダナン・レッドビーチ
さあ！ベトナムだ野郎ども。ベトコンが待ってるぞ、やっつけろ!!
万歳！万歳！
U.S.マリーン大歓迎。
ベトナムへようこそ。アメリカ万歳！
なんだいこりゃ。どうなっているの。
ベトコンゲリラが反撃してくるんじゃなかったの。
俺はこっちの方が大歓迎だぜ。
…………
第9海兵派遣旅団長
フレデリック・J・カーチ准将

原子砲（核弾頭砲弾を発射できる重砲で、5インチ（155ミリ）と8インチ（203ミリ）砲がある）

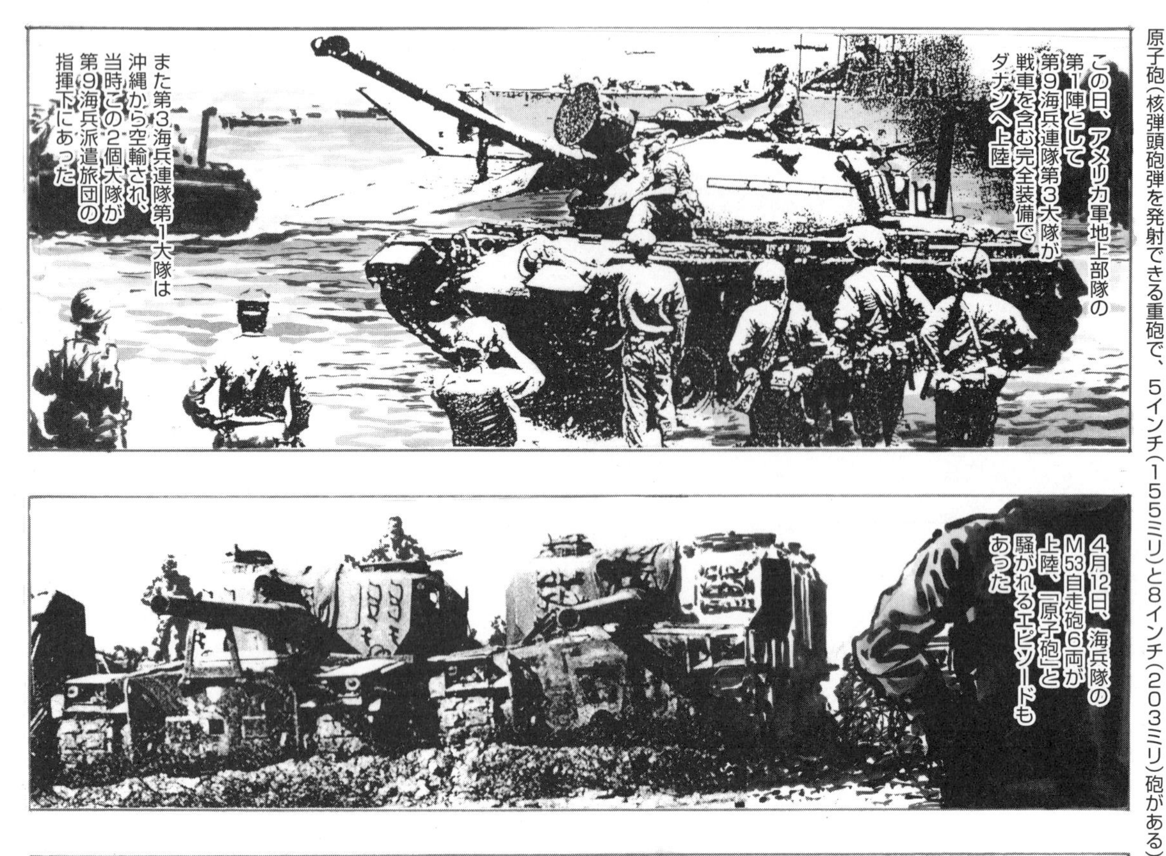

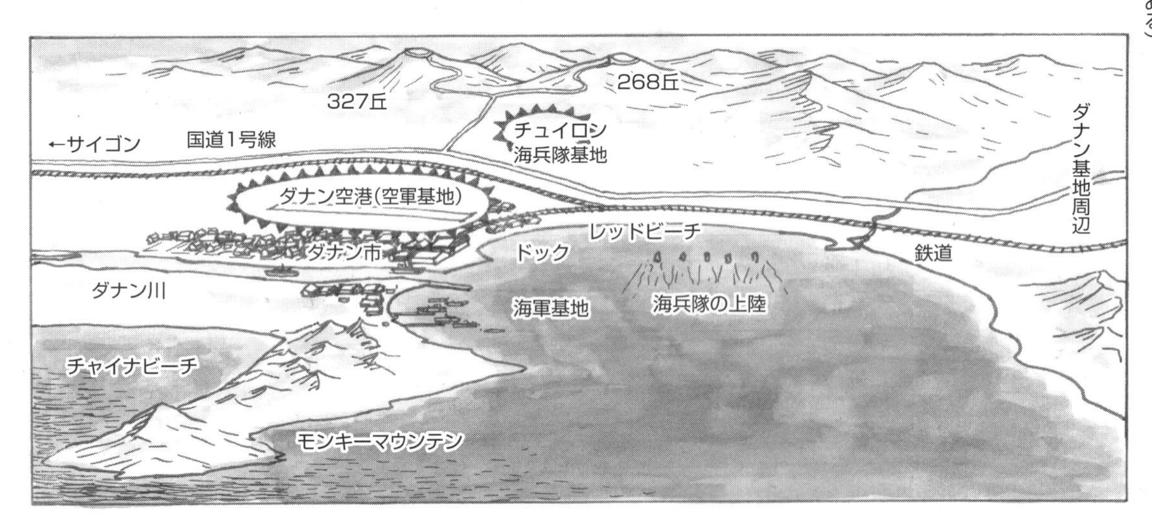

ベトコン（ベトナム・コミュニスト「ベトナム共産党」の略。VCとも書く）

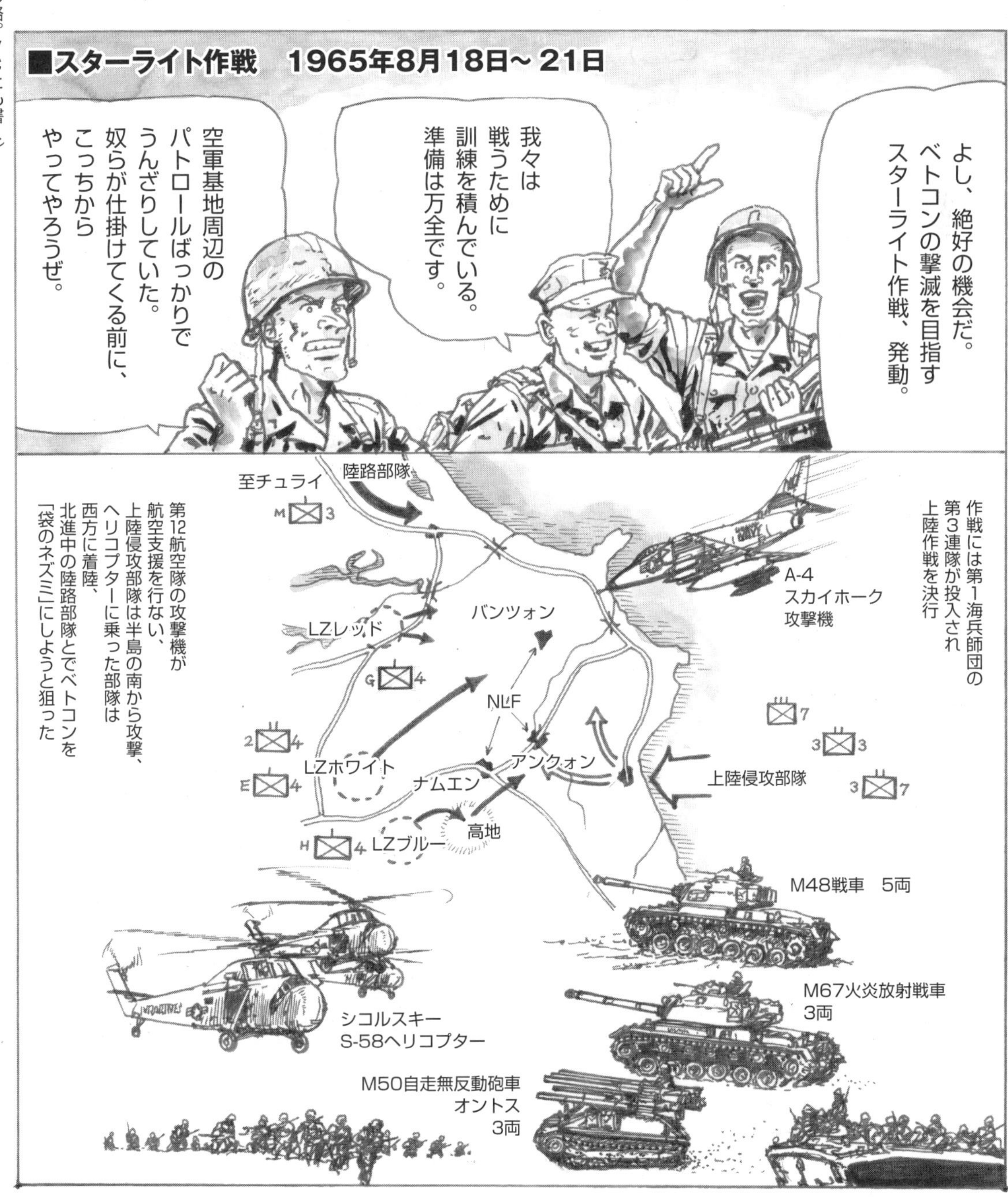

18日の朝、海岸に上陸した海兵隊にベトコンの砲弾が降ってきた
敵の抵抗が激しいぞ。艦砲射撃を要請しろ。
数時間の激戦の後、海兵隊はこの地区を確保した。
BABA BA BABA BAP

ヘリコプターのLZでも第4連隊H中隊が攻撃を受け前進できず、
WHOOM
3機のガンシップの活躍でなんとか敵の銃火を制圧、増援部隊をもって敵陣地を占拠した
WHOOSH WHOOSH WHOOSH
WHAM

BUDDABUDDA
アンクォン周辺へ進出した上陸侵攻部隊に対しベトコンはRPG7ロケットランチャーでM48戦車を攻撃
待ち伏せ攻撃を受けた海兵隊は戦車で円陣を作って応戦、最後は白兵戦となる大激戦で双方に多大の死傷者が出た後に、ベトコンを撃退
WHOOSH!

次の日、包囲したベトコンの最後の陣地も奪取し、掃討戦に入る
19日の夜にはさすがのベトコンも敗走に移っていた

スターライト作戦は戦死45名、負傷203名の犠牲を出したが、ベトコンには戦死約600名の損害を与え、勝利を勝ち取った。
しかしこの戦いで、海兵隊はゲリラ戦法の手強さも思い知らされた。

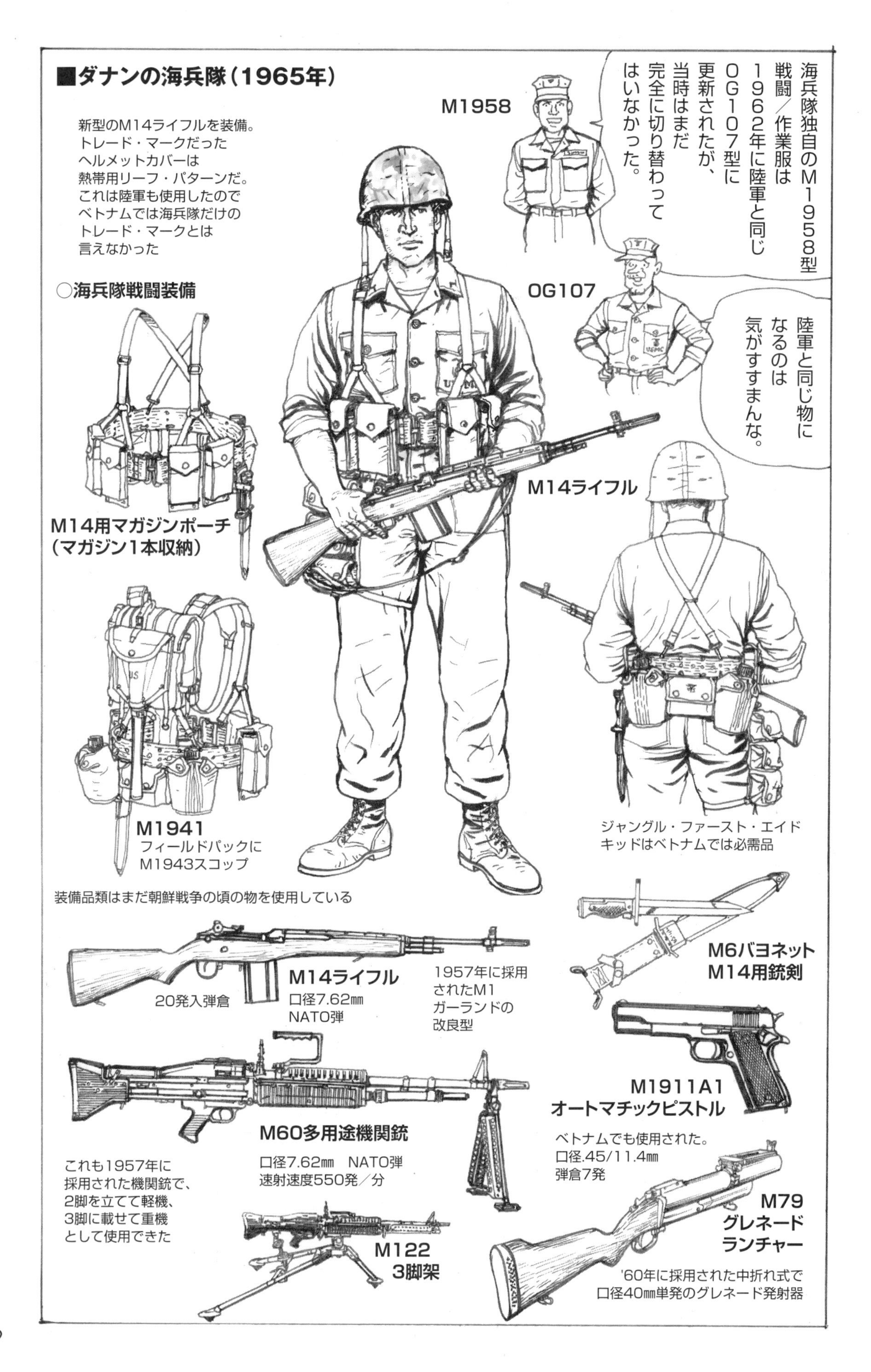
■ダナンの海兵隊（1965年）
新型のM14ライフルを装備。
トレード・マークだった
ヘルメットカバーは
熱帯用リーフ・パターンだ。
これは陸軍も使用したので
ベトナムでは海兵隊だけの
トレード・マークとは
言えなかった
M1958
海兵隊独自のM1958型戦闘／作業服は1962年に陸軍と同じOG107型に更新されたが、当時はまだ完全に切り替わってはいなかった。
OG107
陸軍と同じ物になるのは気がすすまんな。
○海兵隊戦闘装備
M14用マガジンポーチ
（マガジン1本収納）
M14ライフル
M1941
フィールドパックに
M1943スコップ
ジャングル・ファースト・エイド
キッドはベトナムでは必需品
装備品類はまだ朝鮮戦争の頃の物を使用している
M6バヨネット
M14用銃剣
20発入弾倉
M14ライフル
口径7.62㎜
NATO弾
1957年に採用
されたM1
ガーランドの
改良型
M1911A1
オートマチックピストル
M60多用途機関銃
口径7.62㎜　NATO弾
速射速度550発／分
ベトナムでも使用された。
口径.45/11.4㎜
弾倉7発
これも1957年に
採用された機関銃で、
2脚を立てて軽機、
3脚に載せて重機
として使用できた
M79
グレネード
ランチャー
M122
3脚架
'60年に採用された中折れ式で
口径40㎜単発のグレネード発射器

■NLF（南ベトナム民族解放戦線）
ベトコンの服装はいたって簡単で、
黒い農民服に何か武器を持たせれば
ベトコンとなる
ベトコンの武器は雑多で
第2次大戦中の日本軍、
インドシナ戦争の
フランス軍の物などが
多かったが、
'61年頃からは
北ベトナムより
中国製兵器が供給され
戦力は増大した
米軍の迷彩パラシュート
を利用したチーフ
M1936ライフル
MAT49
SMG
米袋
ライフル用弾帯
ポンチョ
（米軍製）
水筒
（米軍製）
有名な
ホーチミン
サンダル
彼らはハダシで
ジャングルの中から
音もたてずに
接近し、
攻撃して
くるんだ。
基地より出撃して政府軍
攻撃に向かうベトコン。
装備品は全て捕獲品
51式自動拳銃
（中国）
口径7.62×25
トカレフのコピー
M1カービン
（アメリカ）
口径7.62㎜×33
小型軽量で、ゲリラには
人気があった。弾薬も政府軍から
奪えばいくらでもあった
M1936ライフル（フランス）
口径7.5㎜　装弾数5発
53式カービン（中国）
口径7.62㎜
MAT49
SMG
（フランス）
口径9㎜
装弾数32発
口径7.62㎜×39
47発入弾倉
速射速度
100発／分
53式軽機関銃
（中国）
PPsh41
（ソビエト）
口径7.62㎜
K-50SMG
（北ベトナム）
口径7.62㎜×25
トカレフ弾使用
速射速度
600～700発／分
53式重機関銃
（中国）

■海兵隊の戦闘車両

アメリカ陸軍は当初、
ベトナムの地形は戦車の活動には適さないとして、
戦車は無用と判断したが
海兵隊は最初から
M48戦車を持って
上陸した

M48A3パットンⅢ

乗員4名
武装　90㎜主砲×1
　　　12.7㎜対空機銃×1
　　　7.62㎜同軸機銃×1

ベトナムの軟弱地でも充分に
活動し、戦車のタフネスさを
改めて認識させた

LVT5アムトラック

朝鮮戦争後の標準型LVT
乗員3名、搭載兵員34名
(緊急で45名まで可能)
最高時速　陸上48.3㎞/h
　　　　　水上11㎞/h

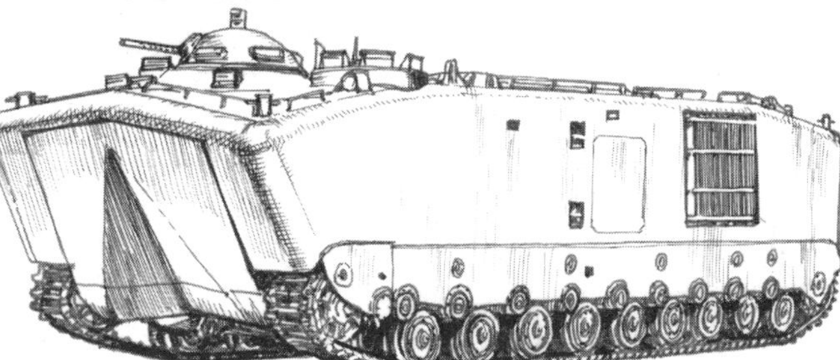

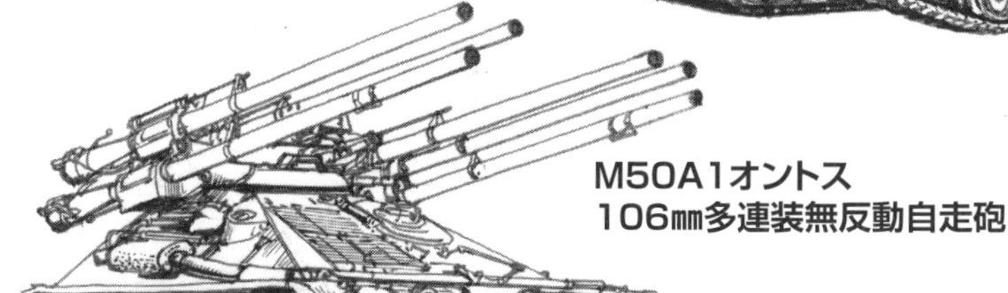

M50A1オントス
106㎜多連装無反動自走砲

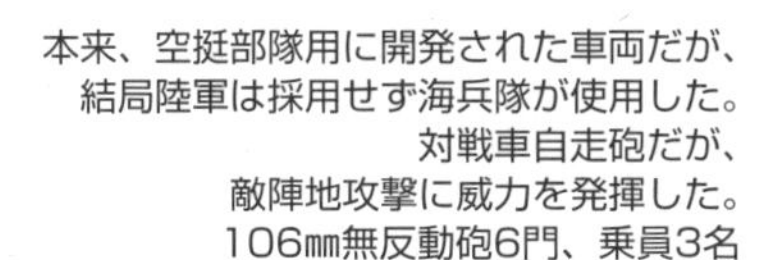

本来、空挺部隊用に開発された車両だが、
結局陸軍は採用せず海兵隊が使用した。
対戦車自走砲だが、
敵陣地攻撃に威力を発揮した。
106㎜無反動砲6門、乗員3名

M53
155㎜自走砲(★)

乗員6名
155㎜カノン砲
最大射程23.46㎞

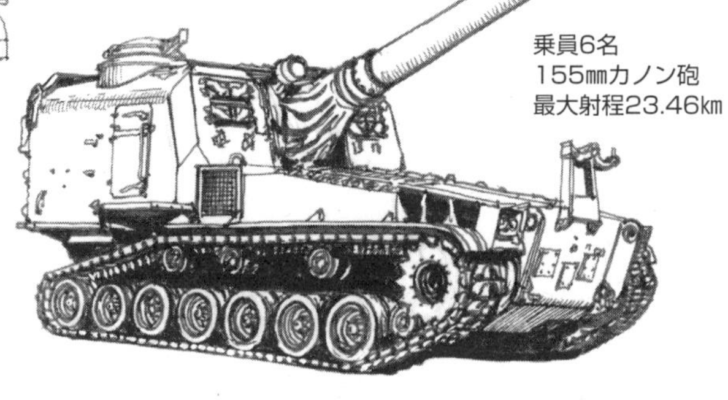

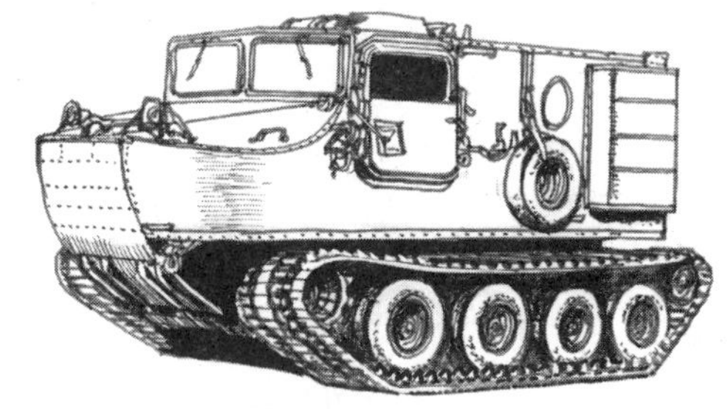

M76オッター両用輸送車

アルミ製のボディとゴムタイヤを持つ
軽量水陸両用カーゴキャリア。
ベトナムの湿地帯で活躍した。
乗員2名、積載量1.4t、最高時速　陸上45㎞/h・水上7㎞/h

M247ミュール汎用車

パラシュートによる空中投下が可能。
物資の運搬や無反動砲のウェポンキャリア
として使用された。小さいながら4輪駆動車

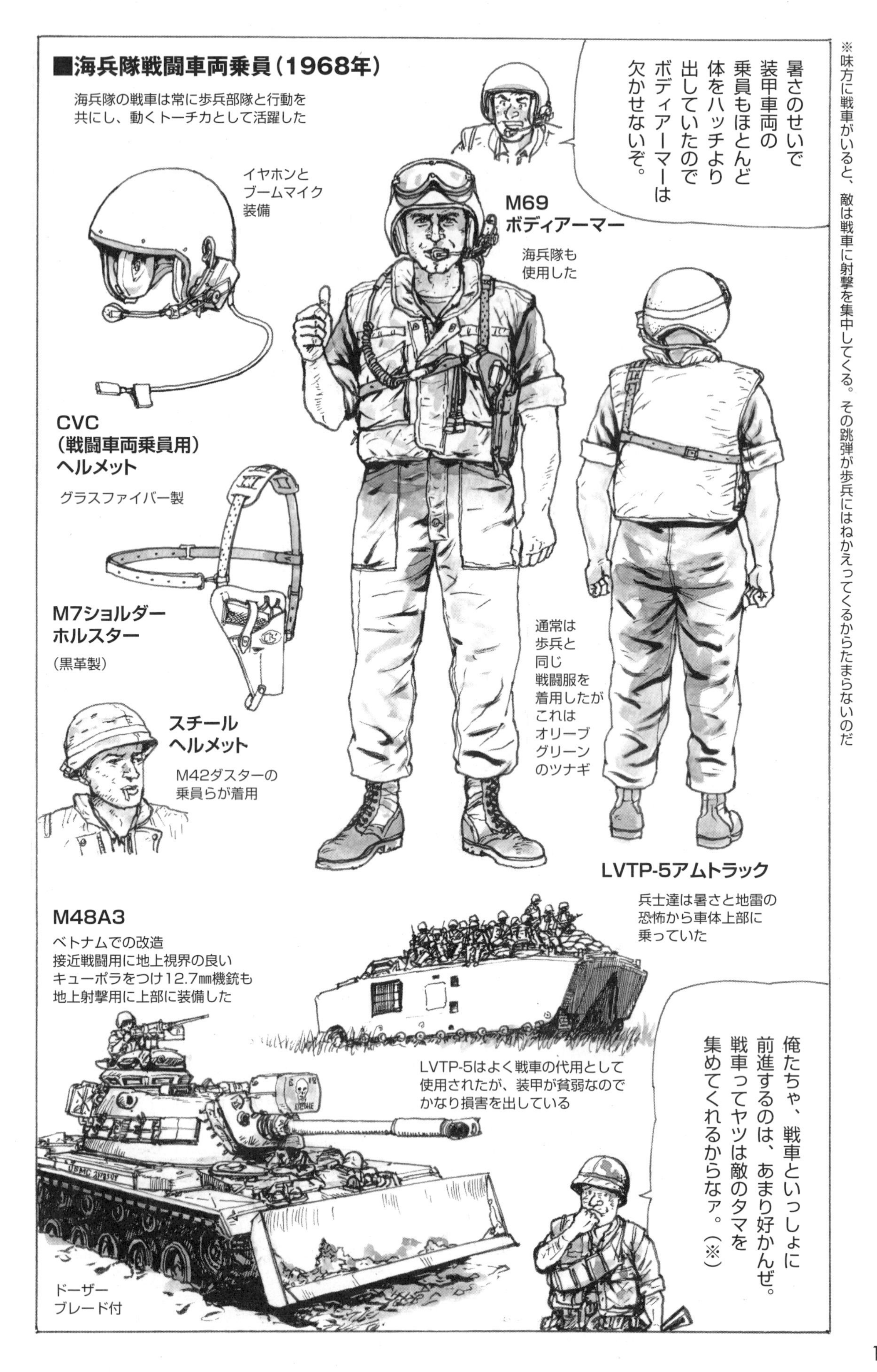
■海兵隊戦闘車両乗員（1968年）
海兵隊の戦車は常に歩兵部隊と行動を
共にし、動くトーチカとして活躍した
暑さのせいで装甲車両の乗員もほとんど体をハッチより出していたのでボディアーマーは欠かせないぞ。
イヤホンと
ブームマイク
装備
M69
ボディアーマー
海兵隊も
使用した
CVC
（戦闘車両乗員用）
ヘルメット
グラスファイバー製
M7ショルダー
ホルスター
（黒革製）
通常は
歩兵と
同じ
戦闘服を
着用したが
これは
オリーブ
グリーン
のツナギ
スチール
ヘルメット
M42ダスターの
乗員らが着用
LVTP-5アムトラック
兵士達は暑さと地雷の
恐怖から車体上部に
乗っていた
M48A3
ベトナムでの改造
接近戦闘用に地上視界の良い
キューポラをつけ12.7㎜機銃も
地上射撃用に上部に装備した
LVTP-5はよく戦車の代用として
使用されたが、装甲が貧弱なので
かなり損害を出している
俺たちゃ、戦車といっしょに前進するのは、あまり好かんぜ。戦車ってヤツは敵のタマを集めてくれるからなァ。（※）
ドーザー
ブレード付
※味方に戦車がいると、敵は戦車に射撃を集中してくる。その跳弾が歩兵にはねかえってくるからたまらないのだ

ＬＲＲＰ（″ラープ″長距離偵察パトロール隊）　ＥＲＤＬ（技術研究開発実験所の略で通称リーフパターン迷彩）　フォース・リーコン（海兵部隊偵察隊）　ＦＭＦ（艦隊海兵部隊）

クォートはヤード・ポンド法における体積の単位。2クォートは0・5ガロン（約1・89リットル）

アメリカの要請で韓国は1965年よりベトナムへ派兵を行ない、猛虎メンホ・白馬ペデマ陸軍師団と海兵青竜チョンリョン旅団がベトナムで戦った
韓国軍の支配地域では安心して眠れたという伝説まであったが、1973年3月には韓国軍もベトナムを撤退した

これまで海軍の航空装備は海上サバイバルを主眼としており、ベトナム戦争で陸上サバイバルを研究することとなったのだ
チキン・プレート（〝臆病者プレート〟正式名称ボディー・アーマー・エア・クルーマン・スモール・アームズ・プロテクティブ）

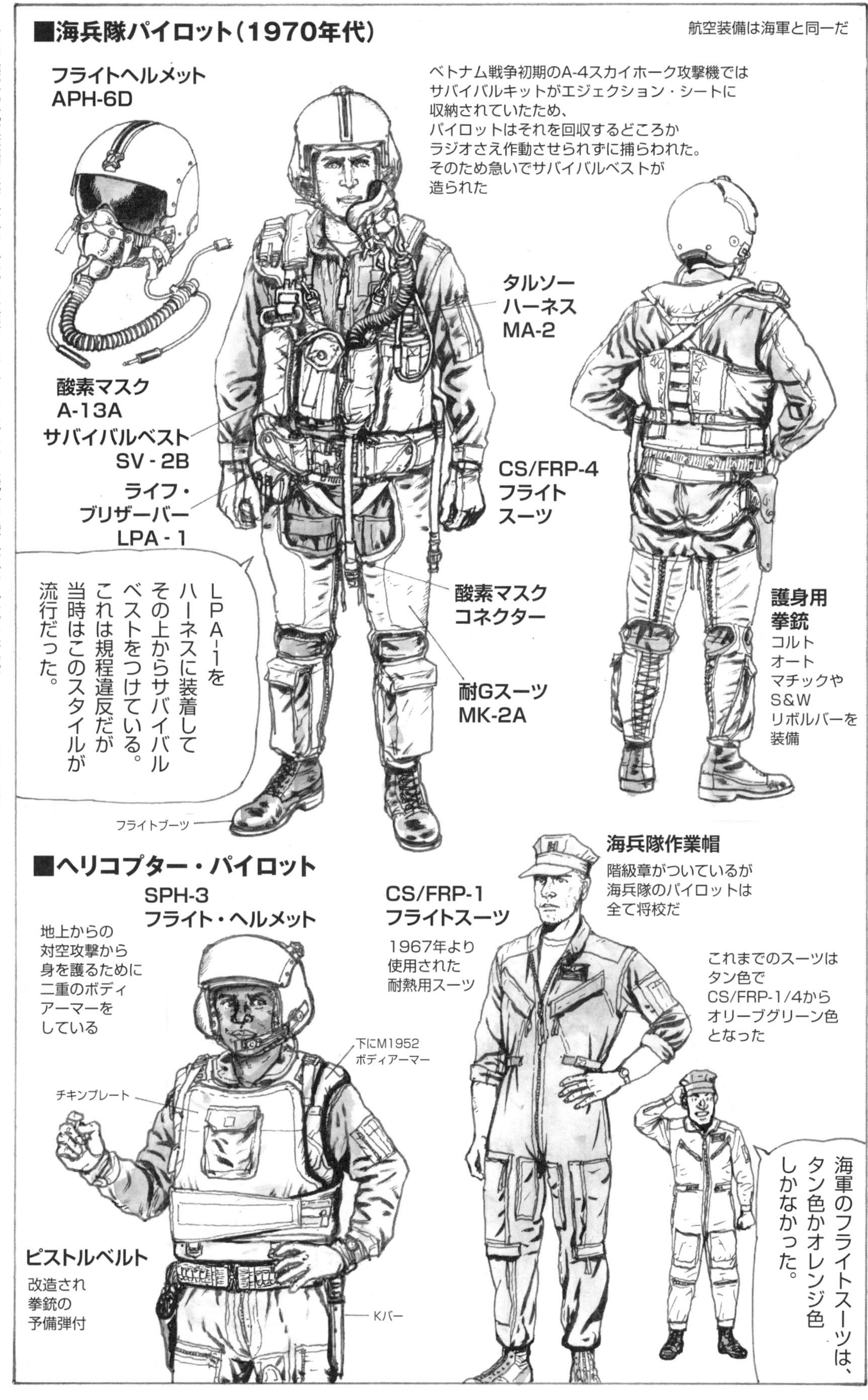

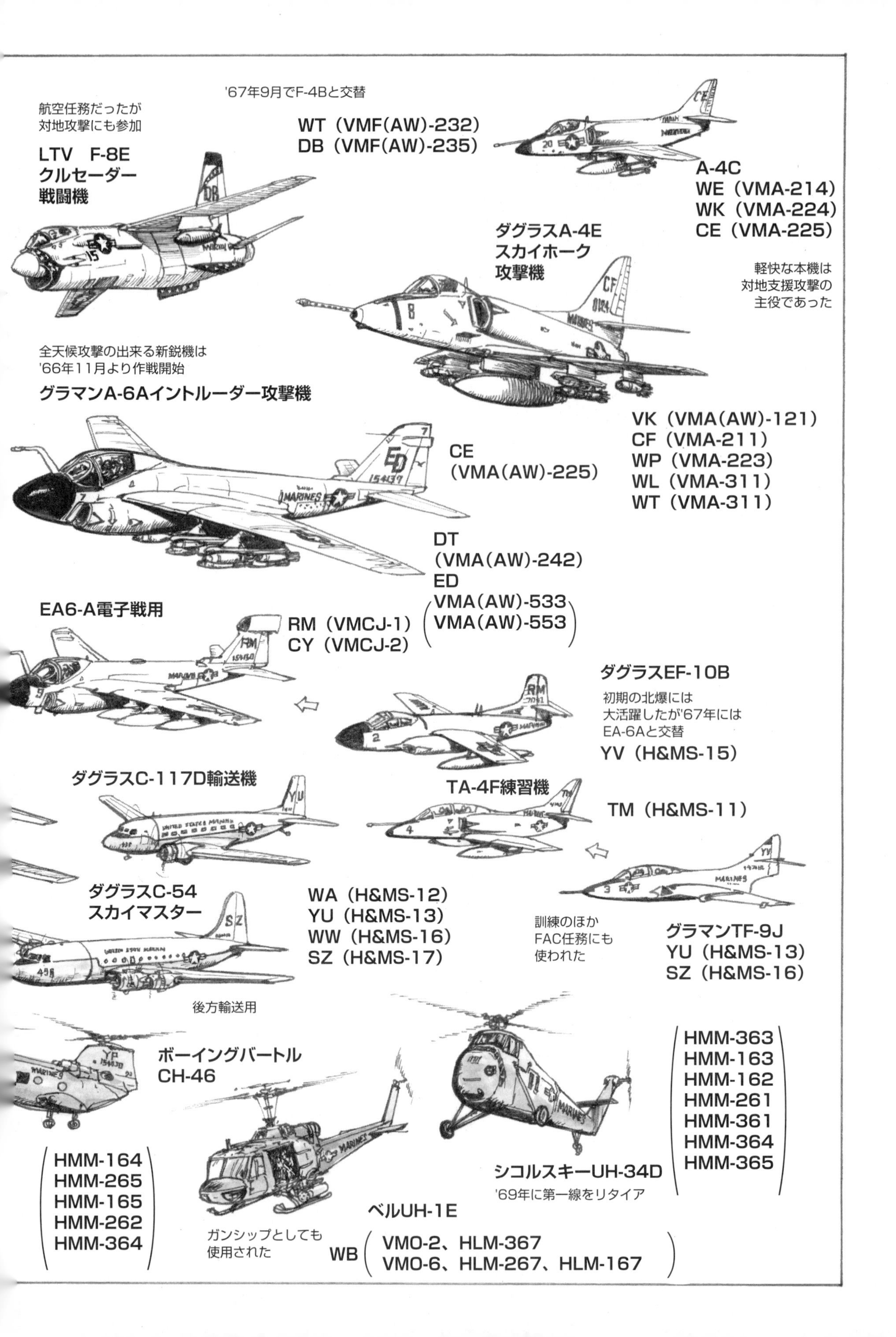
航空任務だったが
対地攻撃にも参加
LTV　F-8E
クルセーダー
戦闘機
'67年9月でF-4Bと交替
WT（VMF(AW)-232）
DB（VMF(AW)-235）
A-4C
WE（VMA-214）
WK（VMA-224）
CE（VMA-225）
ダグラスA-4E
スカイホーク
攻撃機
軽快な本機は
対地支援攻撃の
主役であった
全天候攻撃の出来る新鋭機は
'66年11月より作戦開始
グラマンA-6Aイントルーダー攻撃機
VK（VMA(AW)-121）
CF（VMA-211）
WP（VMA-223）
WL（VMA-311）
WT（VMA-311）
CE
（VMA(AW)-225）
DT
（VMA(AW)-242）
ED
VMA(AW)-533
VMA(AW)-553
EA6-A電子戦用
RM（VMCJ-1）
CY（VMCJ-2）
ダグラスEF-10B
初期の北爆には
大活躍したが'67年には
EA-6Aと交替
YV（H&MS-15）
ダグラスC-117D輸送機
TA-4F練習機
TM（H&MS-11）
ダグラスC-54
スカイマスター
WA（H&MS-12）
YU（H&MS-13）
WW（H&MS-16）
SZ（H&MS-17）
訓練のほか
FAC任務にも
使われた
グラマンTF-9J
YU（H&MS-13）
SZ（H&MS-16）
後方輸送用
ボーイングバートル
CH-46
HMM-363
HMM-163
HMM-162
HMM-261
HMM-361
HMM-364
HMM-365
HMM-164
HMM-265
HMM-165
HMM-262
HMM-364
シコルスキーUH-34D
'69年に第一線をリタイア
ベルUH-1E
ガンシップとしても
使用された
WB
VMO-2、HLM-367
VMO-6、HLM-267、HLM-167

■ベトナム戦争に参加した海兵隊航空機

これら各飛行隊はダナン、チュライ基地より交替しながら作戦を行なっていた

ベトナム戦争②：ブービートラップ

ベトナムの地上はどこもかしこもワナだらけで、
へたに歩けば命を無くすか、手足を飛ばされた。
始末が悪いこの戦術に米軍は最後まで悩まされたのだった

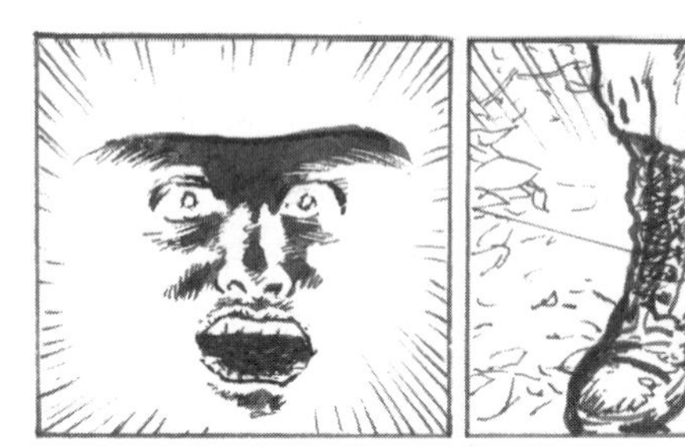

パンジ（竹を使ったスパイク）

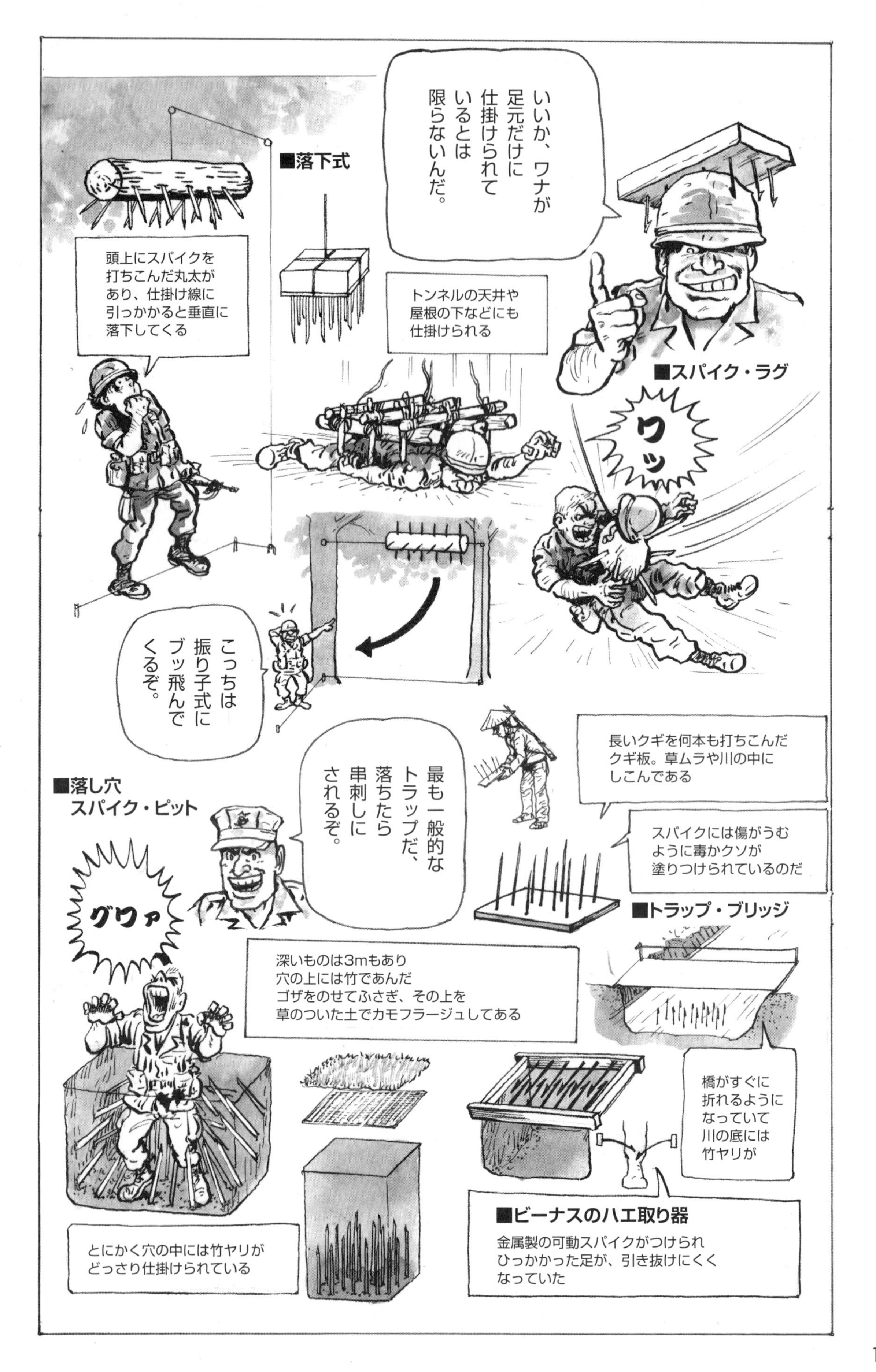
いいか、ワナが足元だけに仕掛けられているとは限らないんだ。
■スパイク・ラグ
トンネルの天井や屋根の下などにも仕掛けられる
■落下式
頭上にスパイクを打ちこんだ丸太があり、仕掛け線に引っかかると垂直に落下してくる
ワッ
こっちは振り子式にブッ飛んでくるぞ。
長いクギを何本も打ちこんだクギ板。草ムラや川の中にしこんである
スパイクには傷がうむように毒かクソが塗りつけられているのだ
最も一般的なトラップだ、落ちたら串刺しにされるぞ。
■落し穴
スパイク・ピット
グワァ
■トラップ・ブリッジ
深いものは3mもあり
穴の上には竹であんだ
ゴザをのせてふさぎ、その上を
草のついた土でカモフラージュしてある
橋がすぐに折れるようになっていて川の底には竹ヤリが
とにかく穴の中には竹ヤリがどっさり仕掛けられている
■ビーナスのハエ取り器
金属製の可動スパイクがつけられひっかかった足が、引き抜けにくくなっていた

Sマイン（1935年にドイツで開発された跳躍地雷）
とにかくやつらはありとあらゆる手段を使ってブービートラップを仕掛けてくるぞ！ここでは手榴弾や地雷を利用したヤツを紹介しよう。
ギャッ
竹筒
銃弾
撃針
板
■実包地雷
これを踏むと実弾が足を撃ち抜く
81㎜迫撃砲弾を利用した強力なトラップもある
トラップワイヤー
缶の中に手榴弾
ジャングルの小道
小川や水路
ベトコンがトラップを仕掛ける格好の場所
もう危なっかしくて見ちゃいられないよ。
■放射地雷
Sマインのように飛び上がってから爆発するヤツだ
手榴弾
かんなくず
電気信管
仕切り板
放射薬
ワイヤー
■ドロ団子地雷
安全ピンを抜いた手榴弾をドロ団子にくるみ干乾しにして固くしたもの。これを踏んだらドロが割れて手榴弾が爆発する
板の上に安全ピンを抜いた手榴弾を10個ほど並べてクギで固定する。下の火薬に点火すると手榴弾は飛び上がって爆発
放射薬
ベトナムで一般的な地中の貯蔵ツボの中へ食糧といっしょに手榴弾を入れておく
■ベトナムで使われた地雷
初期には手製だったものが、やがて中国やソ連製の対人地雷を使用してきた
四式多目的地雷（中国）
PMK-40対人地雷
PMD-6木製対人地雷
POMZ-2対人地雷
M14対人地雷
M16対人地雷
M15対戦車地雷
アメリカのものを捕獲して使用していた

コラァ～、お前ら命がおしかったらミヤゲ物あさりもいいかげんにしとけよ！
もともとアメリカ兵は国へのミヤゲ物として、戦利品を集めるクセがあるみたいで、第2次大戦でもうっかり手を出しては簡単にブービートラップにひっかかった
おきざりにされたライフルを不用意に持ちあげると爆発
手榴弾の場合は即発するように信管が短くされているぞ
銃剣の刃にワイヤーがついている
釘
壁に打ち込んである銃剣をひき抜くと大爆発
バッテリー
TNT火薬
オ～イ、こんなところに敵の大将がいるぜ。
金属片
木板
絶縁体
電線
旗をひき抜くと大爆発
地雷
金属片、木板、ビニール導線から出来ていてこの看板を撃ったり銃剣で突いたりしたら地雷が爆発する
地雷
いいか、雨露をしのげると言ってうかつにトビラを開けると、ドカン、家具を動かすとドカン、ナベやヤカンのフタを取ってもドカン、ベッドに横になるとドカンとくる。ブービートラップはどこにでも仕掛けられているぞ。
■グレネード・トラップ
竹とワラで出来たベトナムの家は各所にトラップが仕掛けられている
手榴弾が屋根の下に隠されていて家に火を放つと過熱で爆発
トビラの上と下
ベッド
イス
ヒャ～いたる所に仕掛けられているんだなあ。
戸を開けると手榴弾のレバーが外れて爆発

4本の竹の先に
手榴弾がつけられ
ワイヤーがはられている
■ヘリコプター・トラップ
手榴弾が缶から
引っぱられてレバーが
飛んで爆発する
ヘリコプターだって安心できないぞ。草原だからといって着陸するとワイヤーにひっかかり手榴弾が爆発する。
手榴弾の
安全ピンを抜いて
缶の中へ入れる
また死体に爆薬を仕掛けられ、ヘリで出動した救助班がひどい目にあった事もあるのだ。
ヘリコプターのLZ

ブービートラップは前線の米兵に心理的な動揺を与える事も目的としており、この種の戦術は経費がかからず(材料は竹や黒色火薬)、相手に大きなダメージを与えることができるベトコンの最大の武器だ。
しかしだ、ベトコンは自分達の行動地域内にトラップを仕掛けるために仲間に分かるように何かしらの合図を残してある。わが海兵隊が犠牲を出しながら、一部それの解読に成功したのだ。

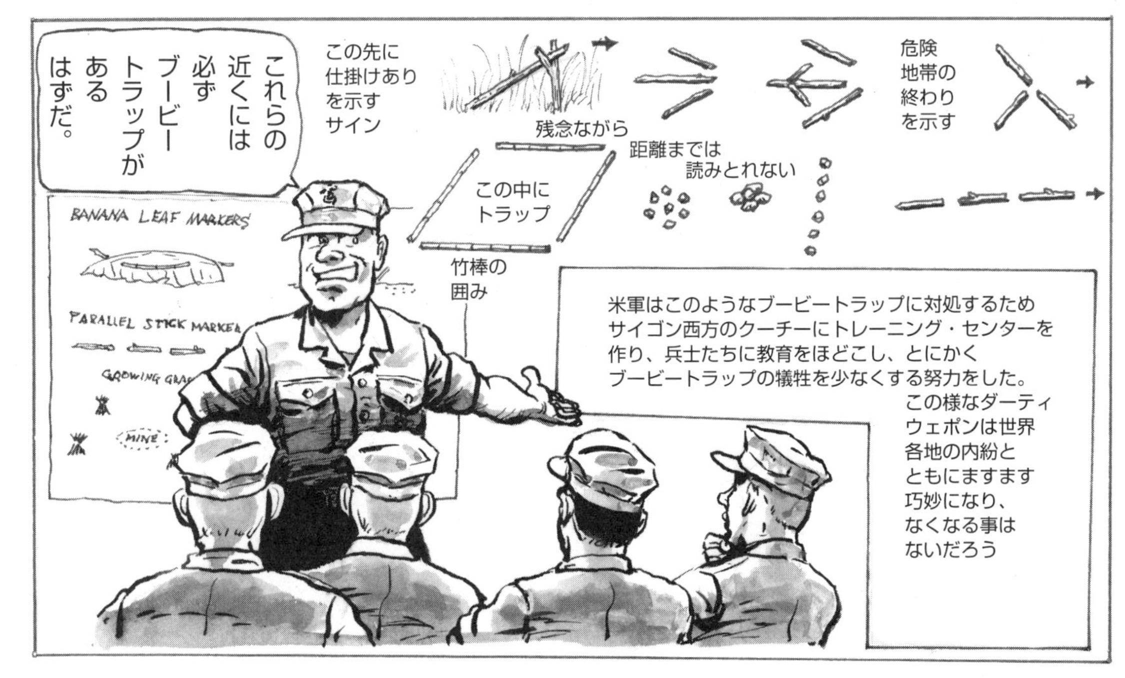

これらの近くには必ずブービートラップがあるはずだ。
この先に
仕掛けあり
を示す
サイン
危険
地帯の
終わり
を示す
残念ながら
距離までは
読みとれない
この中に
トラップ
竹棒の
囲み
BANANA LEAF MARKERS
MINE
米軍はこのようなブービートラップに対処するため
サイゴン西方のクーチーにトレーニング・センターを
作り、兵士たちに教育をほどこし、とにかく
ブービートラップの犠牲を少なくする努力をした。
この様なダーティ
ウェポンは世界
各地の内紛と
ともにますます
巧妙になり、
なくなる事は
ないだろう

ベトナム戦争③：ケサン攻防戦

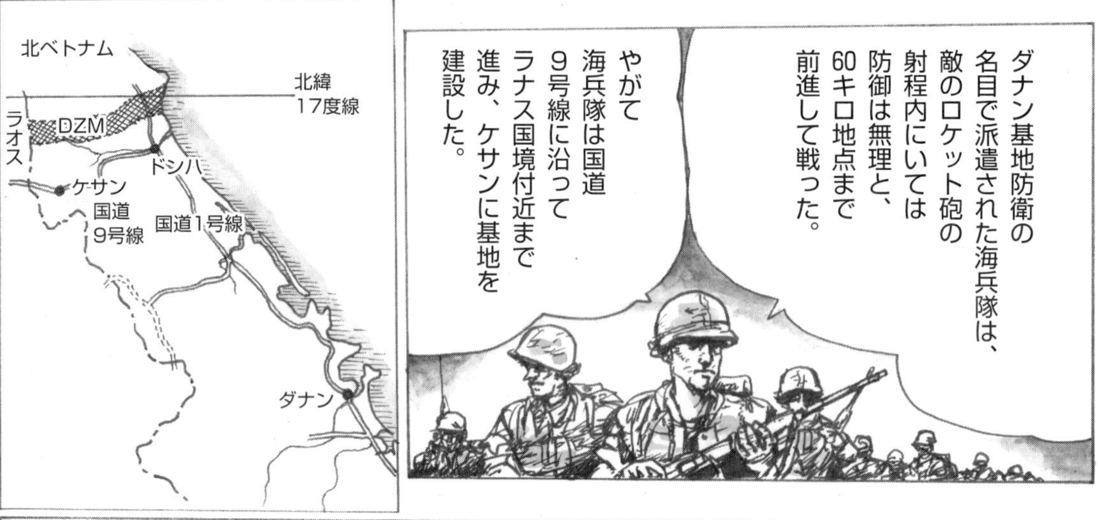

ベトナム戦争史上
最も激戦となった
「ケサン基地攻防戦」は
1968年1月に
始まり、
戦闘が77日間も
続いたのである。
この戦いは
海兵隊始まって
以来の激戦だが、
実質的には敗北と
言える。
ケサン基地放棄で
終わったからだ。

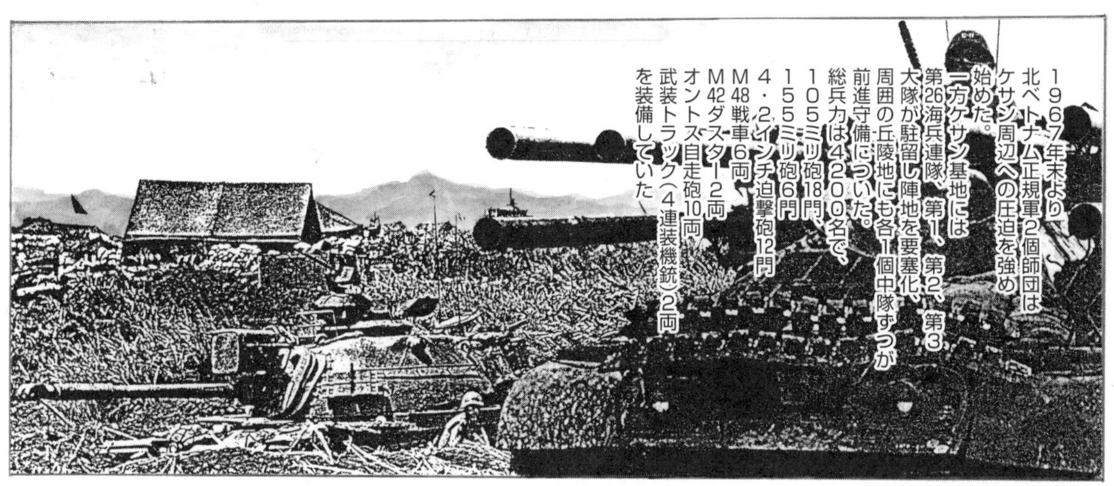
1967年末より
北ベトナム正規軍2個師団は
ケサン周辺への圧迫を強め
始めた。
一方ケサン基地には
第26海兵連隊、第1、第2、第3
大隊が駐留し陣地を要塞化、
周囲の丘陵地にも各1個中隊ずつが
前進守備についた。
総兵力は4200名で、
105ミリ砲18門、
155ミリ砲6門
4・2インチ迫撃砲12門
M48戦車6両
M42ダスター2両
オントス自走砲10両
武装トラック(4連装機銃)2両
を装備していた。

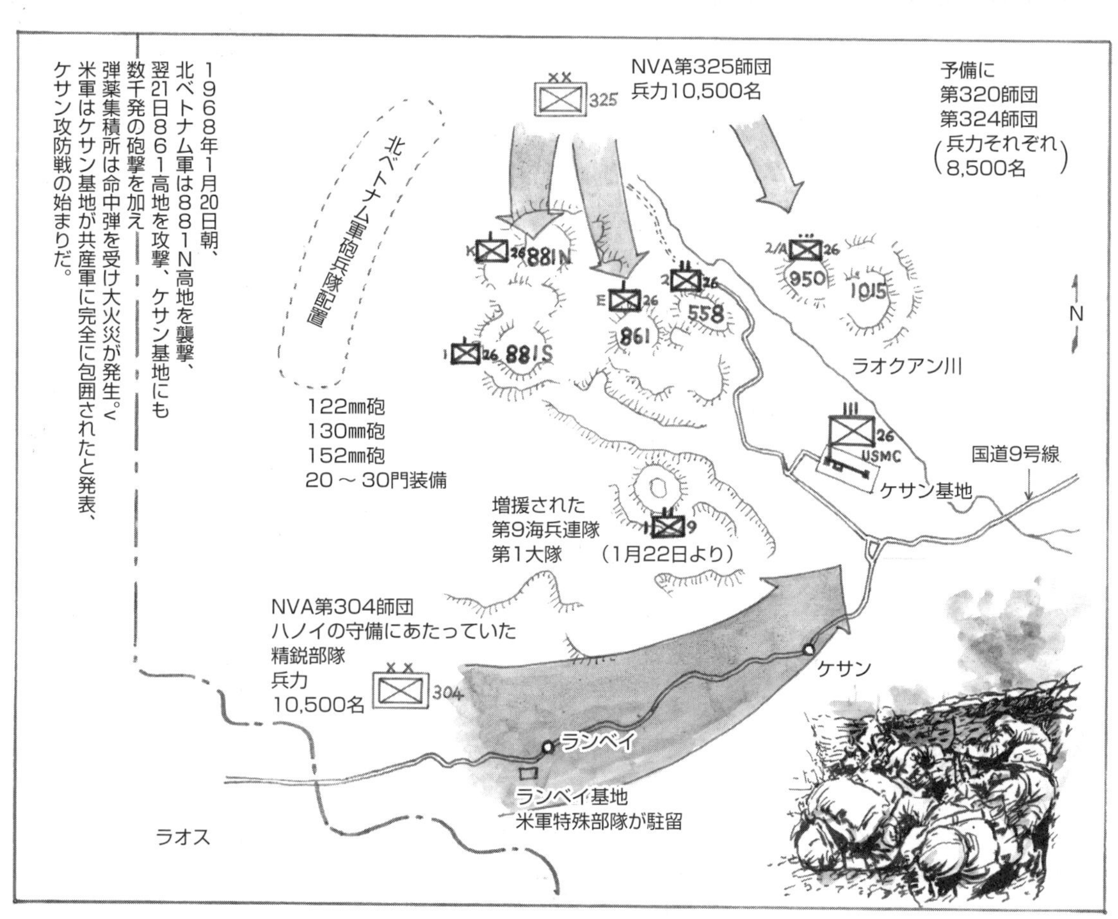
1968年1月20日朝、
北ベトナム軍は881N高地を襲撃、
翌21日861高地を攻撃、ケサン基地にも
数千発の砲撃を加え
弾薬集積所は命中弾を受け大火災が発生。
米軍はケサン基地が共産軍に完全に包囲されたと発表、
ケサン攻防戦の始まりだ。
NVA第325師団
兵力10,500名
325
予備に
第320師団
第324師団
(兵力それぞれ
8,500名)
北ベトナム軍砲兵隊配置
881N
881S
861
558
950
1015
N
ラオクアン川
122㎜砲
130㎜砲
152㎜砲
20～30門装備
USMC
国道9号線
ケサン基地
増援された
第9海兵連隊
第1大隊
(1月22日より)
NVA第304師団
ハノイの守備にあたっていた
精鋭部隊
兵力
10,500名
304
ケサン
ランベイ
ランベイ基地
米軍特殊部隊が駐留
ラオス

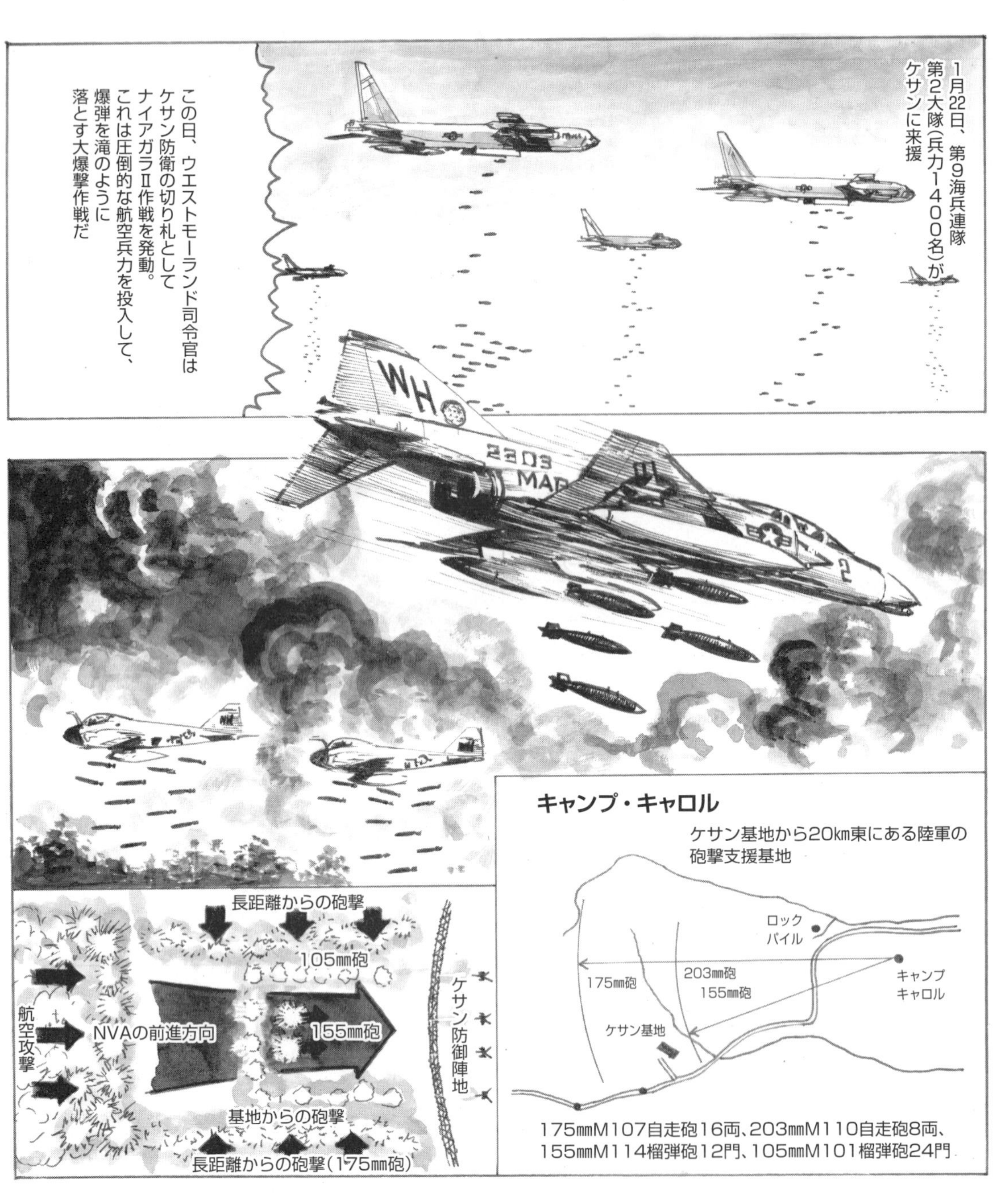

1月22日、第9海兵連隊第2大隊(兵力1400名)がケサンに来援
この日、ウエストモーランド司令官はケサン防衛の切り札としてナイアガラII作戦を発動。これは圧倒的な航空兵力を投入して、爆弾を滝のように落とす大爆撃作戦だ
WH
2303
MAR
2
キャンプ・キャロル
ケサン基地から20km東にある陸軍の砲撃支援基地
ロックパイル
175mm砲
203mm砲
155mm砲
キャンプキャロル
ケサン基地
175mmM107自走砲16両、203mmM110自走砲8両、155mmM114榴弾砲12門、105mmM101榴弾砲24門
長距離からの砲撃
105mm砲
航空攻撃
NVAの前進方向
155mm砲
ケサン防御陣地
基地からの砲撃
長距離からの砲撃(175mm砲)

北ベトナム軍は猛爆撃に耐えながら塹壕を掘り進み、1月末までには海兵隊陣地から300メートルの距離にまで迫って来た
一方、海兵隊側も北ベトナム軍の1日150発から最大1307発の激しい砲撃で、穴ぐらの惨めな生活に追い込まれていた

■ケサンの海兵隊員（1968年）

ベトナムではアーマー・ベストを着込んだ。この姿が海兵隊のイメージスタイルとなったぞ。

リーフパターンヘルメットカバー

ゴムのヘルメットバンドにはいろんな物をはさんだ

ダックハンターズヘルメットカバー

この古いタイプのカバーも少ないが使用されていた

陸軍と同じ熱帯戦闘服は1968年初めより支給開始

M1955アーマー・バスト

陸軍のM69が刃物に耐えられないのに対し、M1955はドロンのプレートが入っており刃物や砲弾片にも抗堪性がある

ジャングルブーツ

M16A1

口径5.56㎜
20発入弾倉

M69 60㎜迫撃砲

歩兵小隊の支援用として装備されている

口径60㎜
重量19㎏
最大射程1,816m

レミントンショットガンM1910

基地警備用に使用された散弾銃

口径№12
装弾数5発

M72ロケットランチャー（LAW）

対戦車用の使い捨てロケット砲。
敵の機銃拠点を叩くのにも使用した
口径66㎜　有効射程200m

M2重機関銃

1921年に制式化されているブローニングの傑作機関銃

口径 .50（12.7㎜）
連射速度500発／分
有効射程1,000m

※第二次大戦末期の10ヶ月間に日本本土全域に落とされた爆弾量は18万トン。ドイツ軍が百日間で英本土に投弾したのは12万トンだ

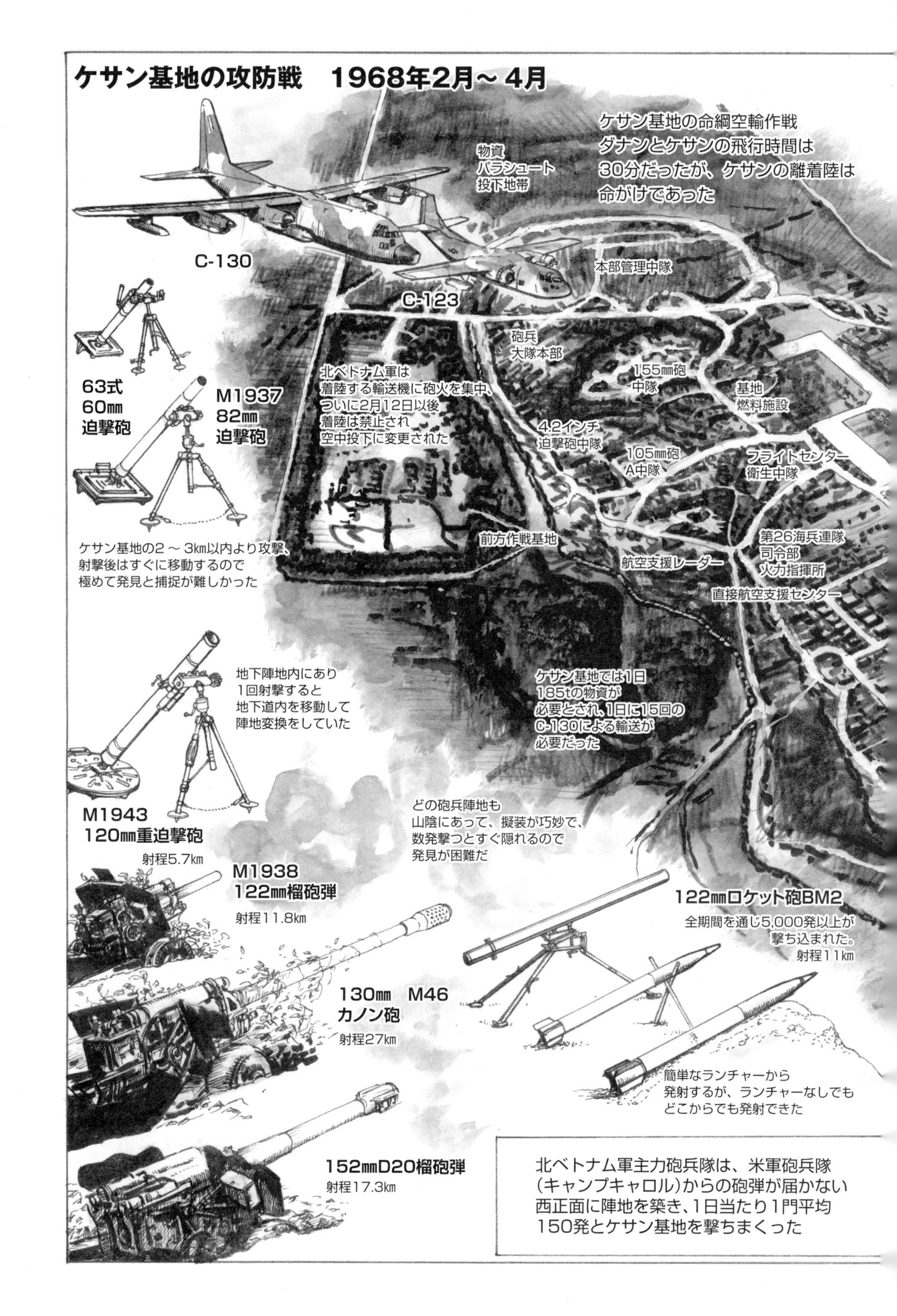
ケサン基地の攻防戦　1968年2月～4月
ケサン基地の命綱空輸作戦
ダナンとケサンの飛行時間は
30分だったが、ケサンの離着陸は
命がけであった
物資
パラシュート
投下地帯
C-130
C-123
本部管理中隊
砲兵
大隊本部
155mm砲
中隊
基地
燃料施設
北ベトナム軍は
着陸する輸送機に砲火を集中、
ついに2月12日以後
着陸は禁止され
空中投下に変更された
4.2インチ
迫撃砲中隊
105mm砲
A中隊
フライトセンター
衛生中隊
63式
60mm
迫撃砲
M1937
82mm
迫撃砲
前方作戦基地
第26海兵連隊
司令部
火力指揮所
航空支援レーダー
直接航空支援センター
ケサン基地の2～3km以内より攻撃、
射撃後はすぐに移動するので
極めて発見と捕捉が難しかった
地下陣地内にあり
1回射撃すると
地下道内を移動して
陣地変換をしていた
ケサン基地では1日
185tの物資が
必要とされ、1日に15回の
C-130による輸送が
必要だった
どの砲兵陣地も
山陰にあって、擬装が巧妙で、
数発撃つとすぐ隠れるので
発見が困難だ
M1943
120mm重迫撃砲
射程5.7km
M1938
122mm榴砲弾
射程11.8km
122mmロケット砲BM2
全期間を通じ5,000発以上が
撃ち込まれた。
射程11km
130mm　M46
カノン砲
射程27km
簡単なランチャーから
発射するが、ランチャーなしでも
どこからでも発射できた
152mmD20榴砲弾
射程17.3km
北ベトナム軍主力砲兵隊は、米軍砲兵隊
(キャンプキャロル)からの砲弾が届かない
西正面に陣地を築き、1日当たり1門平均
150発とケサン基地を撃ちまくった

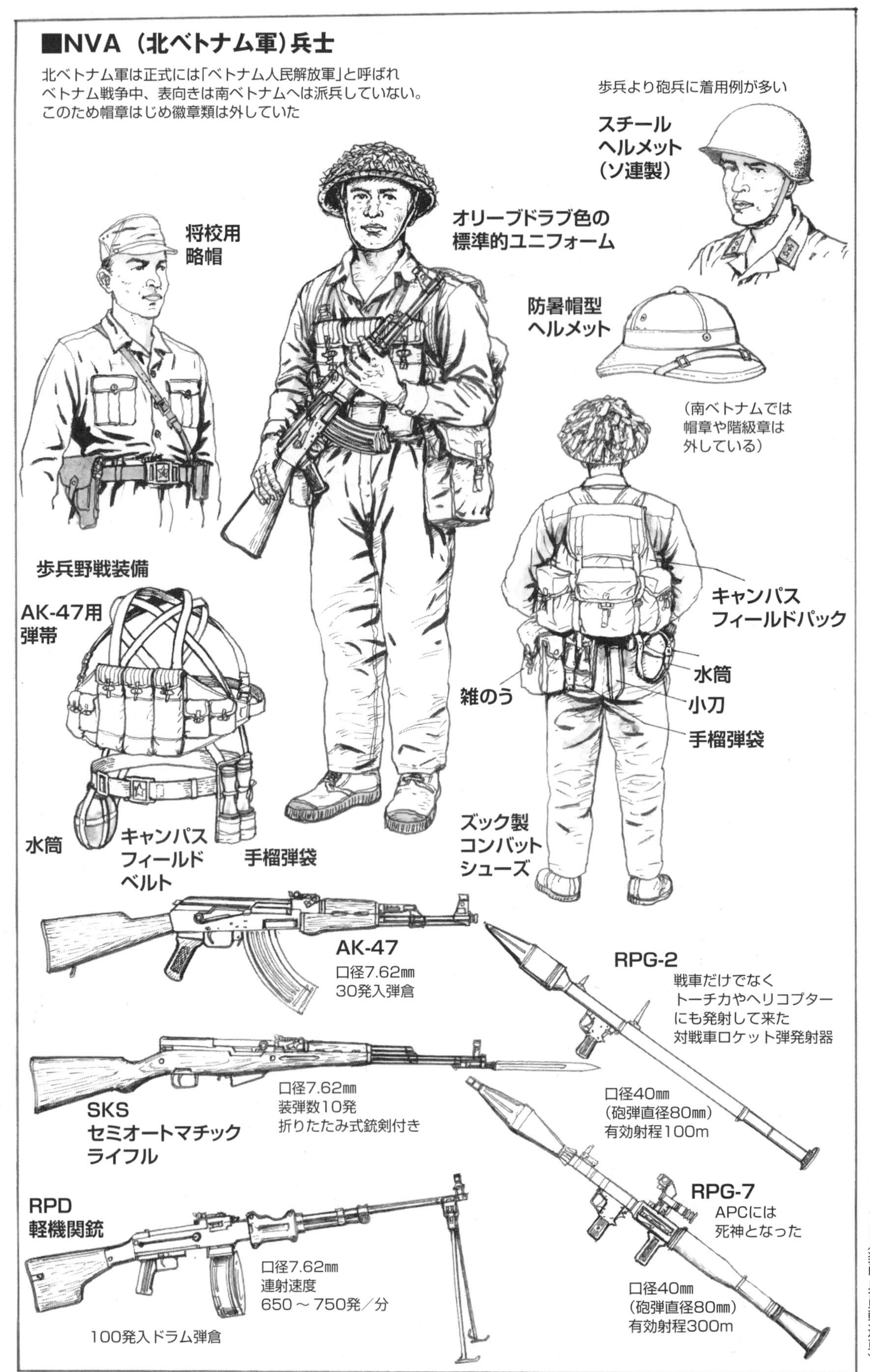
■NVA（北ベトナム軍）兵士
北ベトナム軍は正式には「ベトナム人民解放軍」と呼ばれ
ベトナム戦争中、表向きは南ベトナムへは派兵していない。
このため帽章はじめ徽章類は外していた
歩兵より砲兵に着用例が多い
スチール
ヘルメット
（ソ連製）
将校用
略帽
オリーブドラブ色の
標準的ユニフォーム
防暑帽型
ヘルメット
（南ベトナムでは
帽章や階級章は
外している）
歩兵野戦装備
AK-47用
弾帯
キャンパス
フィールドパック
水筒
小刀
雑のう
手榴弾袋
水筒
キャンパス
フィールド
ベルト
手榴弾袋
ズック製
コンバット
シューズ
AK-47
口径7.62㎜
30発入弾倉
RPG-2
戦車だけでなく
トーチカやヘリコプター
にも発射して来た
対戦車ロケット弾発射器
口径7.62㎜
装弾数10発
折りたたみ式銃剣付き
SKS
セミオートマチック
ライフル
口径40㎜
（砲弾直径80㎜）
有効射程100m
RPD
軽機関銃
RPG-7
APCには
死神となった
口径7.62㎜
連射速度
650～750発／分
100発入ドラム弾倉
口径40㎜
（砲弾直径80㎜）
有効射程300m

APC（装甲兵員輸送車）

ディエン・ビエン・フーの戦い(1954年、フランス軍が55日間に渡る攻防戦の末降伏。この結果フランスはベトナムより撤退した)

ベトナム戦争④：ケサン1968年2月5日
1967年秋、南ベトナム北部戦線では、米海兵隊と北ベトナム軍のこぜりあいが続いていた。そんな中、ラオス国境近くのケサン基地はいつの間にか北ベトナム正規軍に包囲されてしまっていた。
翌年1月21日、北ベトナム軍2万人は、ケサンを第2のディエンビエンフーにすべく攻撃を開始。6千人の米海兵隊員は連日1千発をこす122㎜ロケット弾と迫撃砲弾の猛砲撃をあびていた

東西2㎞弱、南北1㎞のせまいケサン基地には、1日あたり平均150発が撃ちこまれ、5分～10分に1発の割合で砲弾が飛んできていた

北ベトナム軍の猛砲撃に対し、守備隊員は深さ2mの掩体を掘り、土のう、PSP板(滑走路用の穴アキ鉄板)、105㎜砲弾のケース、木箱などを利用して天蓋をかぶせた防護設備で陣地の強化につとめた。とくにひんぱんに撃ちこまれてきた82㎜迫撃砲弾に耐えられるように、PSP板1枚の上に土のうを2～3層つみあげた掩蓋付き陣地の構築は優先され、いたる所に作られた

120㎜迫撃砲弾に対しては、PSP板の上に土のうを少なくとも8層重ね、その上に105㎜砲弾のケースを並べなければならなかった。それでもたまに直撃弾が掩蓋を吹きとばし被害を及ぼしていた。さらに130㎜砲弾や152㎜砲弾の威力は絶大で、あらゆる掩体は直撃に耐えられなかったが、ありがたいことに飛んでくる弾数が少なく、直撃弾はまれであった

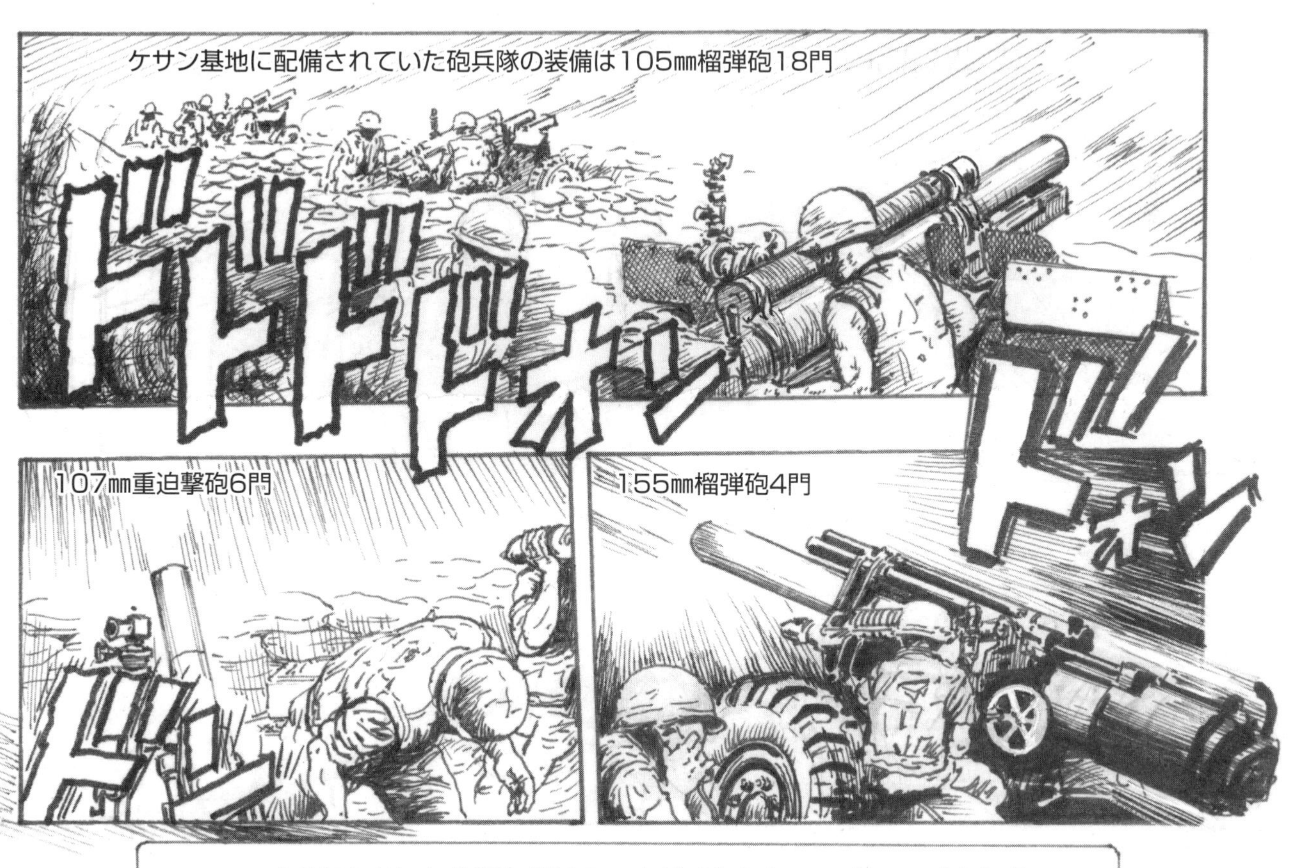

さらにケサンから20㎞東のロックパイルとキャンプキャロルにいる
陸軍の175㎜自走カノン砲の協力も期待できた

1月30日、共産軍は南ベトナム全土で
いっせいに攻勢の火ぶたをきった。
いわゆるテト攻勢である。
2月5日未明、北ベトナム軍は
ケサン基地に攻撃をかけてきた
ドドォッ
敵襲!!
敵襲だ!!
このときケサン基地外哨陣地である第26連隊
第2大隊E中隊の陣地、861A高地には
北ベトナム軍1個大隊が殺到、戦闘は激烈を極めた
うわーっ
鉄条網を爆破
されたぞー!!
突撃!!
ドガガ

司令部、司令部、こちらE中隊。
ロケット弾がつづけざまに撃ちこまれてきます！
敵の猛砲撃が続いています。
各小隊に死傷者あり。
目下ゼロ距離射撃で戦闘中!!
衛生兵！衛生兵！
チクショー侵入された。
ガスだCsガスを使え！
だめだー、やつら平気で突っこんでくる。

塹壕に入った北ベトナム兵は米軍の残した品物を拾い集めていた

小隊長、やつら北正面の塹壕へ入りこみました。

よしっ ちょっとだけ時間がかせげた。この間に兵を集めろ、反撃するぞ。

野郎ども海兵魂を見せてやれ!!

いくぞ!! 撃ちまくれ!

ドガガガガ

米兵と北ベトナム兵が同時に吹きとばされた場合、
ヘルメットと防弾チョッキを身につけた米兵は致命傷をまぬがれ、
防護手段の欠ける北ベトナム兵は死亡することが多かったという

この夜の戦闘で、E中隊は戦死7名、負傷35名という損害を受けた。
これは全兵力の約25%であった。北ベトナム軍の遺棄死体は109名で、
大部分は激戦のあった第1小隊の陣地内で発見された。

ケサンは南ベトナムの北部、17度線に近く、海岸線の要地ドンハから西へ隣国ラオスまでつながる国道9号線をおさえる重要な地点である。

ここに米軍は1962年に基地を建設、当初はグリーンベレーがこの基地を利用していたが、共産側の勢力が強くなるにしたがい'66年10月には米海兵隊が進駐した。そして、'67年1月には滑走路を構築、これを中心に塹壕陣地や鉄条網と地雷の防御線を造りあげ、5千名の将兵がそこに入り、南ベトナム北部戦線の西側を固めた。

そして13年前にディエンビエンフーが陥落した原因は、航空基地を見降ろす周囲の高地が共産軍に占領されたことにあったとして、米軍は基地西北の高地にかなりの兵力をさいて確保に努めていた。

ケサンの攻防戦は、北ベトナム軍2万人と、増強された米海兵隊6千人によって17日間にわたり戦われた。その間米軍は空からの補給を苦しみながらも続け、4月8日救出作戦「ペガサス」によって基地を包囲から解放したが、この時北ベトナム軍はすでに撤退を終わっていた。この撤退は北爆停止との取りひきともいわれている——。

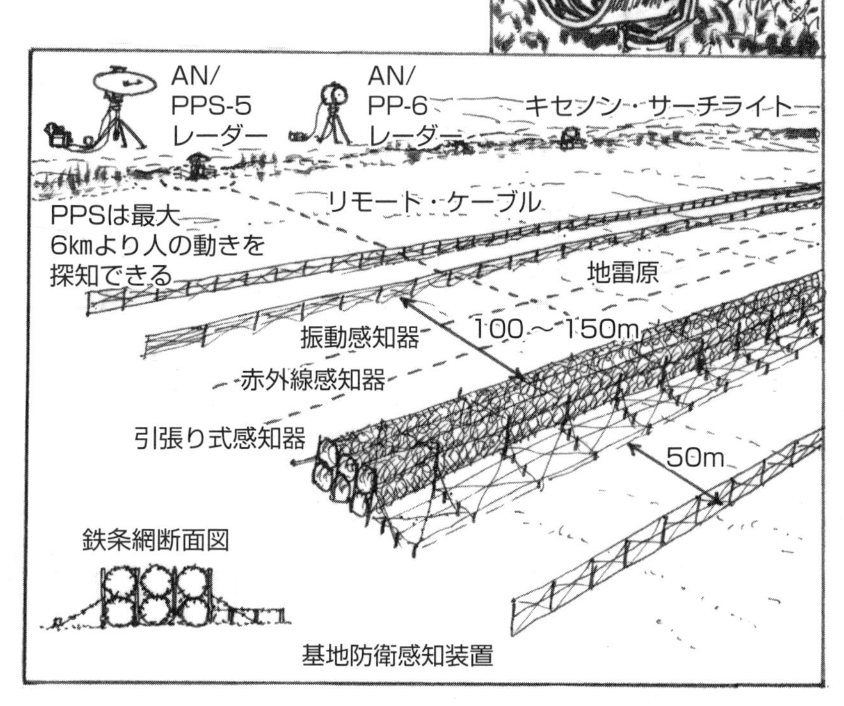

基地防衛感知装置

ベトナム戦争⑤：テト攻勢、古都のフエの戦闘

連合軍（NAF。アメリカ・南ベトナムの連合軍）　共産軍（ベトコン・北ベトナム軍）

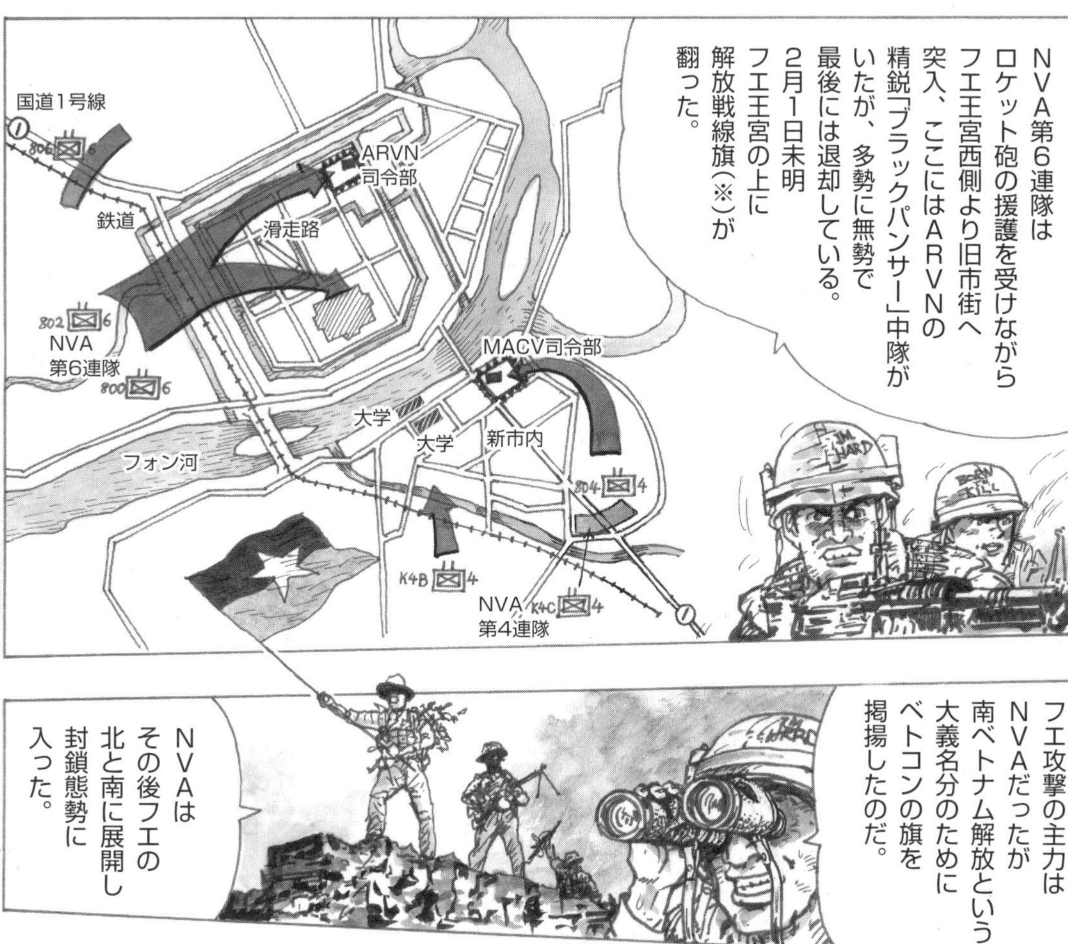

フエ攻撃の主力はNVAだったが南ベトナム解放という大義名分のためにベトコンの旗を掲揚したのだ。

NVAはその後フエの北と南に展開し封鎖態勢に入った。

新市内にあったMACV内の米軍兵士はここを守って援軍を待つことになる。一番近いのはフバイの米海兵隊だ。

NVA(北ベトナム軍)　ARVN(南ベトナム政府軍)　MACV(米南ベトナム援助軍司令部)　※旗の図柄は青と赤で中央に金の星
フエ(15世紀から19世紀に建設された古都で寺院が多く、フォン河に面して安南王朝時代グエン王の王宮があった)

※M48戦車4両とM42・40ミリ対空自走砲ダスター2両

共産軍の戦力を
過小評価したことを
悟った海兵隊は
戦車と工兵隊(※)を配属、
第5連隊第2大隊G中隊を
増援に出し、
NVAの前衛部隊を突破、
午後3時頃に
MACV構内へ入った

■フエの海兵隊機関銃手（1968年）
フエの戦闘はモンスーンの季節だったので
雨の降り続ける寒い天気での戦いとなり、
海兵隊員も、海軍の支給品であった
プルオーバータイプのパーカーを着用した
防水着も必ずボディーアーマーの下に着用した。
ヘルメットにはM60のクリーニング用に
歯ブラシと潤滑油のボトルが
はさんである
ウェット・ウェザー・パーカー
機関銃弾を携行する一般的な
やり方、200発弾薬ベルト
100発入紙製
弾薬箱
M17
防護マスク
フエの戦いでは
催涙ガス等が
使用されたため
ガスマスクは
必携品だ
ピストル
ホルスター
ピストルは
機関銃手の
護身用として
装備された
Kバー
ナイフ
M79グレネード・ランチャーの
弾薬を携帯できるよう
改良されたジャケットも
みられる
Kバーナイフをホルスターと
ベルトの間に付けるのが
機関銃手の独特のやり方だ
フエのライフル兵
M1956装備
H型サスペンダー
バンダリア（小銃用
予備弾薬）20発
マガジン7本入を
2～3本持ち
手榴弾や
M72ロケット
ランチャー等、
装備
ファースト
エイド
コンパス
パウチ
水筒
ジャングル
ファーストエイドキット
M16用
マガジンパウチ
20発マガジン4本入
M7銃剣
アーマーベストはこの装備の上に着用する。
この場合サスペンダーは長めに調節して
ベルトをかなり下の位置にしておく

25日）
共産軍は市街地のいたるところに
拠点を作り連合軍を迎え撃った
フエに投入された海兵隊員は短期の徴募兵であり、本来はジャングルでベトコンと戦う予定であった。
それがいきなり激しい市街戦へ巻き込まれ、
第5海兵連隊
第1大隊
ARVN第9空挺大隊
新市内では
2月7日より砲撃支援が
認められていた
MACV
2月11日夜
（不明）5海兵連隊
第2大隊が
渡河
米第1海兵連隊
新市内は9日までに
海兵隊が掌握
国道1号線
フバイ
ダナンへ
戦意あふれた敵が立てこもる通りや部屋の一つ一つを奪取していく戦いだった。
M48A3戦車
市街戦ではオントスが狭い街路を自由に行き来し実によく活躍した。
M50A1
オントス
自走無反動砲
火力チームの行動は限定され、若い海兵隊員は市街戦のテクニックを実戦で学んでいった。

フエの戦いでは歴史的に貴重な建物を破壊するとして重火器の使用や爆撃は許可されなかった。
そこで海兵隊は10～20名の掃討チームを編成した。
出入口をカバーしろ。
BOOM!
突入!!
BABABA
DAN!
よし次の家だ狙撃兵に気をつけろ。
■フエの戦い（1968年2月1日～
国道1号 クアンチへ
ARVN 第7空挺大隊
ARVN第2空挺大隊
旧市街
米陸軍第1騎兵師団（第3旅団）
2月4日 ヘリボーン降下
米陸軍第101空挺師団（1個大隊）
米陸軍第101空挺師団（1個大隊）とARVN
M42 ダスター対空自走砲
狙撃兵を追い出す目的で海兵隊は催涙(CS)ガスを使用
M7A3 RIOT CS

■ARVN（南ベトナム政府軍）
戦闘開始当時フエにはARVN第1師団の精鋭「ハク・ボー（ブラックパンサー）」レンジャー中隊が旧市街を守備していた。
M1ヘルメット
カバー無しで正面にブラック・パンサー
ARVNリュックサック
容量の多さから米兵にも愛用された
M16A1小銃
戦闘となったら頼りにならないと言われたARVNが、テト攻勢では各地で善戦し解放軍の計画をくるわせた
ARVNは兵器や装備類は全て米軍と同じ物を支給されている
迷彩服は全体的に米軍とくらべ細身に出来ている
■共産軍（NVA&ベトコン）
主力は北ベトナム軍だったが政治的配慮から約2,000名のベトコン（解放戦線）兵士が配属されていた
完全装備のベトコン
主力部隊は十分に訓練を受けており米軍歩兵に劣らない火力も持っていた
この時のベトコンは黒色の農民服からNVA兵士と同じ野戦服を着用しており見分けはつかない
捕獲兵器も有効に使用
RPG-2は北ベトナムではB-40とよばれ市街戦でも威力を発揮

2月24日
ARVN第1師団第2連隊
第2大隊の兵士が解放戦線旗を
おろし南ベトナム共和国旗を掲揚

市街戦となったフエの市民の犠牲は死亡・行方不明者5800人以上で、この中には共産軍に処刑された市民が多数含まれている

ベトナム戦争⑥：DMZ南方の戦いから撤兵まで

この上陸作戦はベンハイ河からダナン間の海岸では150回以上行なわれダナンよりクァンガイ間では80回も行なわれている。

今回はその上陸作戦の内、最大級であったボールド・マリナーと平地での殲滅作戦ミードリバーを紹介しよう。

※アムトラック（水陸両用装甲兵車…この時はLVT5）

※指揮官や無線兵を狙うのは、負傷者を後送する間、一時的に部隊が戦闘を中止するためだ

NVAの各部隊は12両のPT76軽戦車とT54／55戦車を出動させた　ジャングル・キャノピー（密林地帯では砲爆撃の効果は削減されてしまう。天然の掩蓋だ）

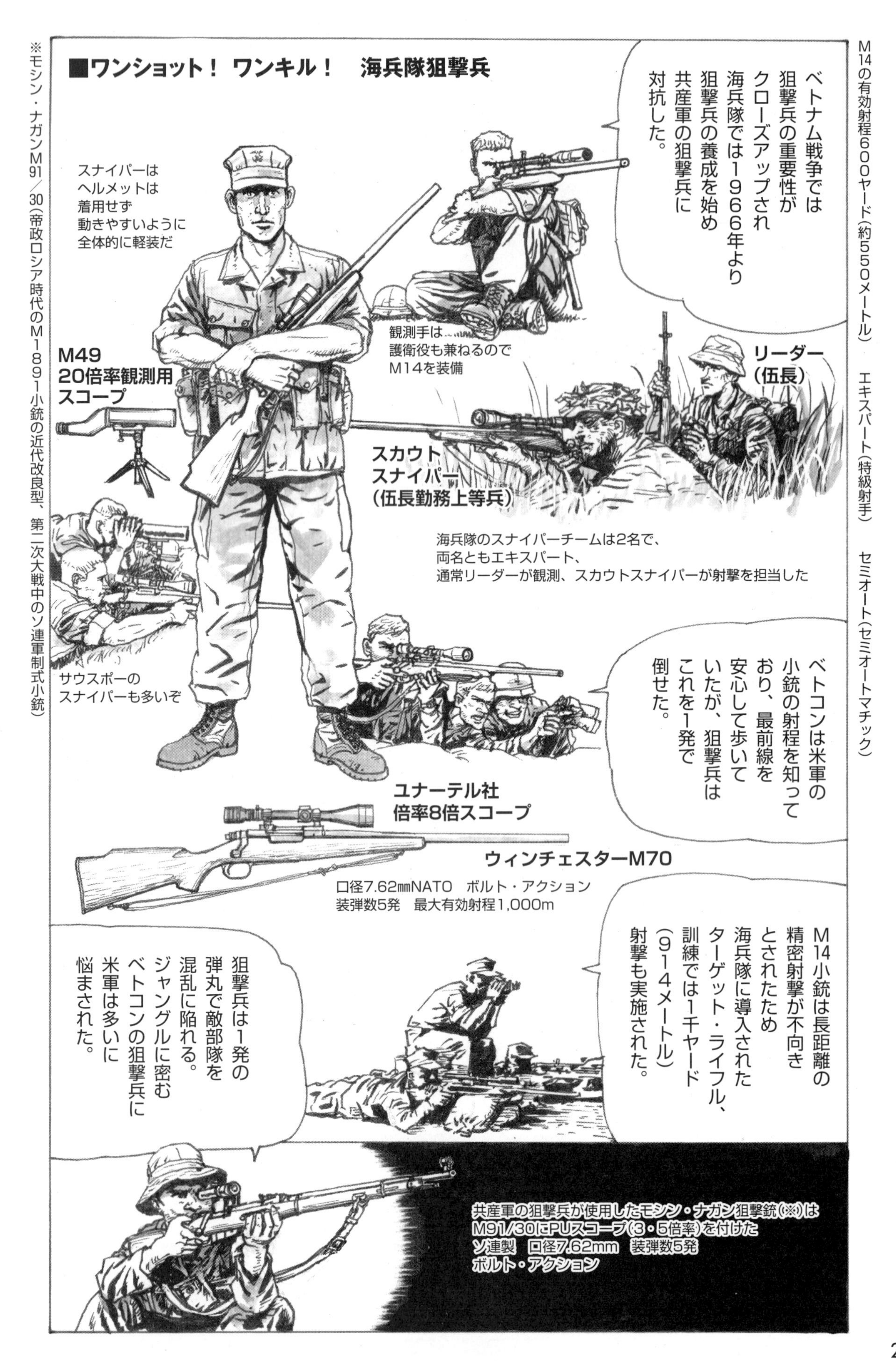

M14の有効射程600ヤード（約550メートル）　エキスパート（特級射手）　セミオート（セミオートマチック）

※モシン・ナガンM91/30（帝政ロシア時代のM1891小銃の近代改良型、第二次大戦中のソ連軍制式小銃）

■海兵隊M16を採用す

海兵隊とアメリカ陸軍はM14を基幹小銃としてベトナム戦争に参加しましたが、1966年からはM16へ制式小銃を交換してます。

これは当時アメリカ空軍が採用し「グリーンベレー」も試験的に使用していたAR15がベトナムのような戦場に適していると、M16の制式名称で採用されたからでした。

重くて扱いにくいM14にくらべ小口径弾を使用、軽量で小型、携行弾薬も多くなるしジャングル内では小型の方が扱いやすいのです。

冗談じゃない。この弾じゃ威力も有効射程も劣るしオモチャみたいな銃じゃ白兵戦なんかできん。マリンコは使いたくないぞ。

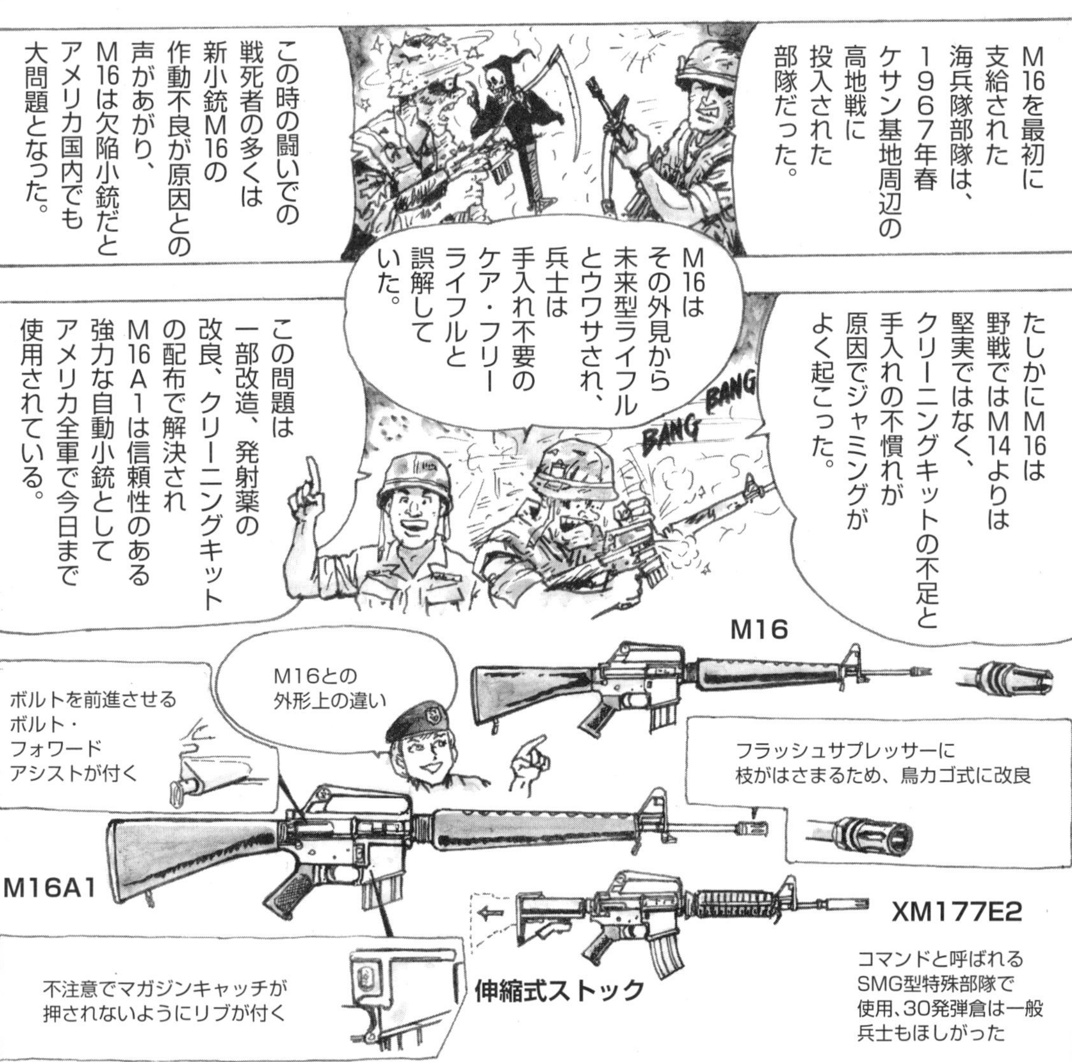

M16は口径5.56ミリの小口径高速弾を使用し、軽量化のため可能な限り軽合金を導入、銃床尾等はグラスファイバー製だ　ジャミング（弾詰まり）

AK47もM16もセミ・オートマチック機構を持っていた突撃銃（近距離戦闘用に従来の小銃弾よりも火薬量を少なくした弾薬を使用するオートマチックライフル。これにより小銃は小型軽量となる）

3点バースト（引き金を引きっぱなしでも3発で止まる機構）

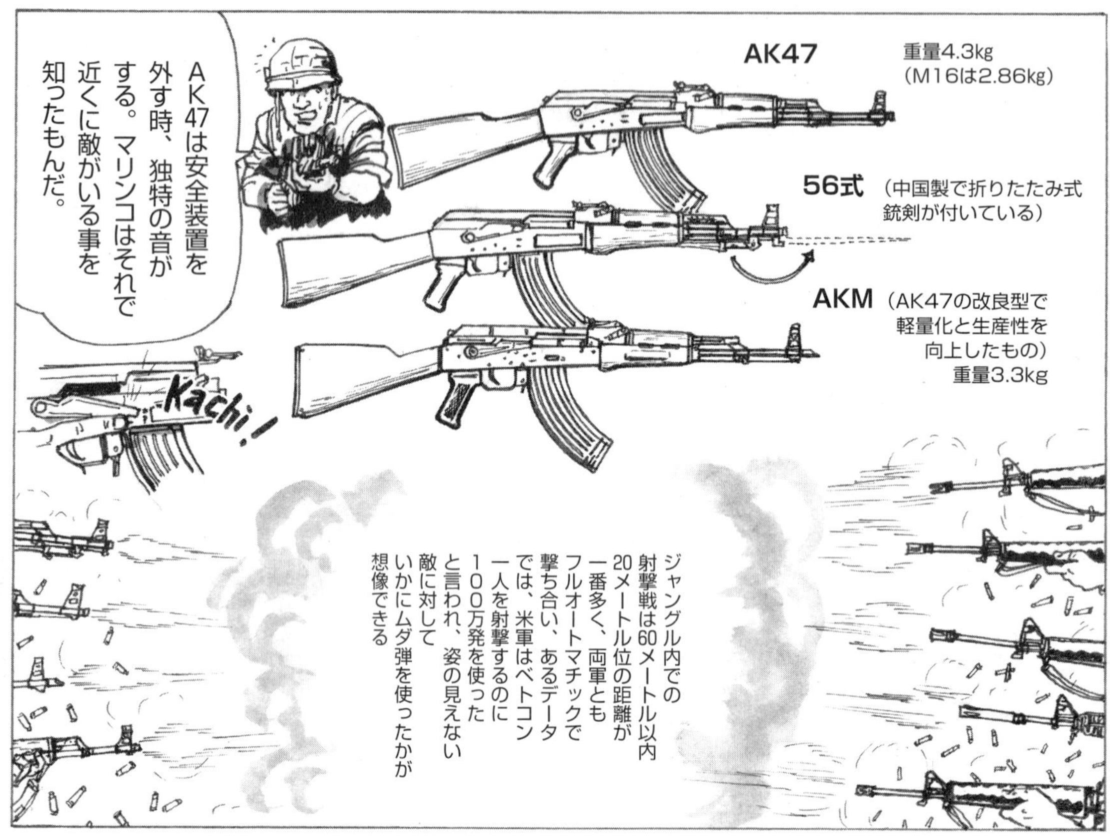

1975年4月30日、フリークエントウインド作戦で、最後に脱出するアメリカ大使館警備の海兵隊を乗せたスウィフト22号機

紛争への派兵

カンボジア軍は2隻の小型漁船で乗組員を移動させた

使用するH-53C重輸送ヘリ1機には完全武装兵25人が搭乗可能

乗組員はコータン島に監禁されている模様で、出動ヘリ11機のうち8機に海兵隊員175人を配属、コータン島へ上陸。

残り3機に60人を配し駆逐艦ホルトへ輸送、同艦でマヤゲス号突入チームを編成する。

往復に4時間以上かかるが、10機はウタパオへ引き返し、増援の海兵隊員250人をコータン島へ運ぶ計画だ。

情報によればコータン島の守備隊はわずか18～20人らしい。第1波175人の兵力ならば充分制圧できる。

攻撃機に支援された第1波襲撃部隊は0610時にコータン島に到達したが、敵から猛烈な射撃が浴びせられた

敵の対空砲火は激しく3機が被弾、墜落してしまう
指揮官のオースチン中佐は砲火の少ないC地点へ着陸しようやくB地点の部隊と合流できたが敵の激しい抵抗に出会って苦戦

皮肉なことに、海兵隊の攻撃が始まる2時間前にマヤゲス号の乗組員は釈放されていたんだ。

一方マヤゲス号突入チームは無人だった同船を0822時に確保した
MAYAGUEZ

マヤゲス号乗組員釈放を受けて1110時に国防省より「作戦中止命令」が出された。陸上では増援隊を含む225人の海兵隊とヘリ搭乗員が激戦の最中だったが、ヘリコプターと駆逐艦ウィルソンのボートで撤退に成功、2055時に全作戦が終了した
この作戦において米側の人的被害はタイ基地の事故犠牲者の空軍要員も含め死者41人、負傷者50人にのぼった。

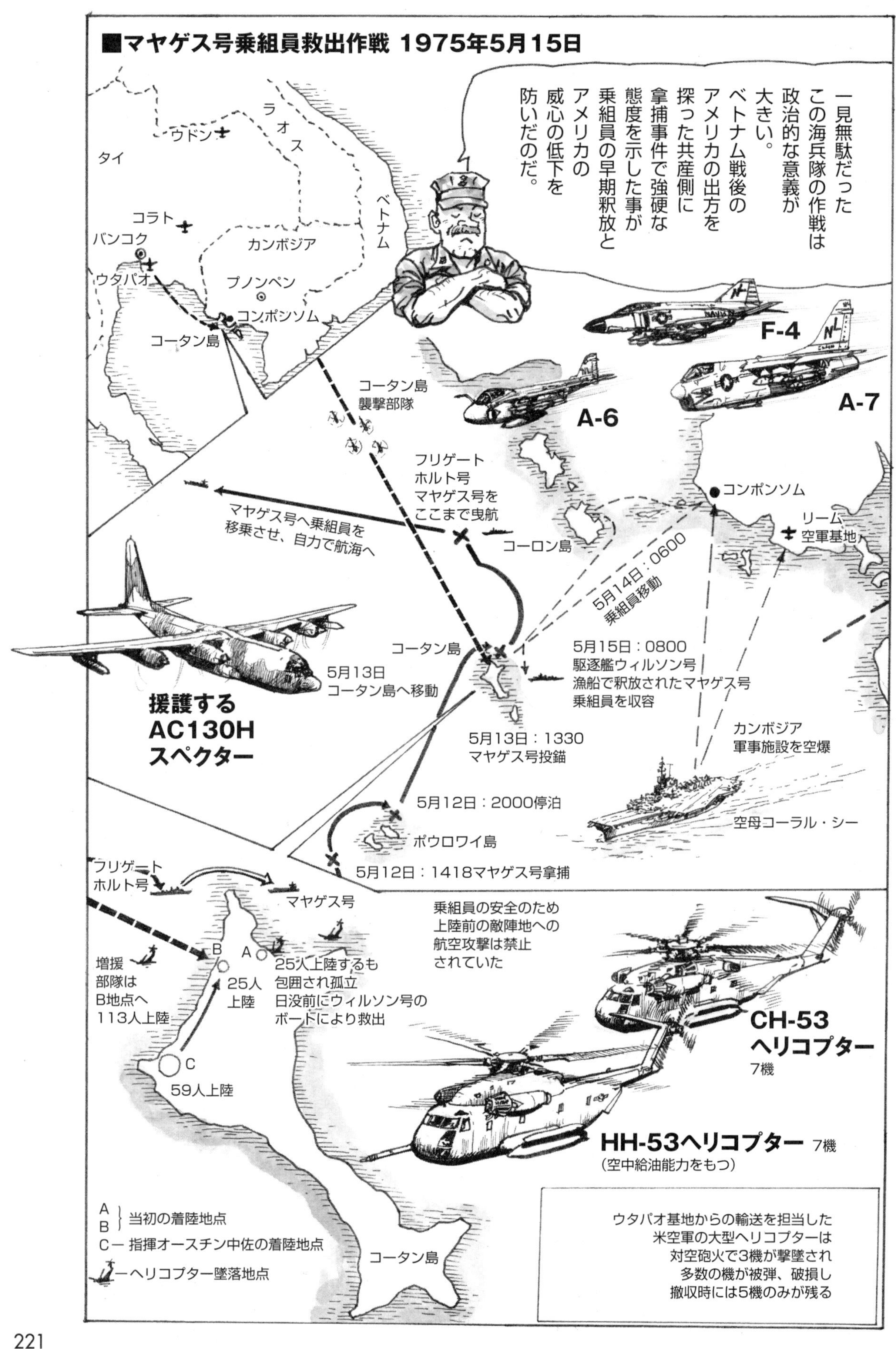

■マヤゲス号乗組員救出作戦 1975年5月15日
一見無駄だったこの海兵隊の作戦は政治的な意義が大きい。ベトナム戦後のアメリカの出方を探った共産側に拿捕事件で強硬な態度を示した事が乗組員の早期釈放とアメリカの威心の低下を防いだのだ。
ラオス
ウドン
タイ
ベトナム
コラト
バンコク
カンボジア
ウタパオ
プノンペン
コンポンソム
コータン島
F-4
A-7
A-6
コータン島
襲撃部隊
フリゲート
ホルト号
マヤゲス号を
ここまで曳航
コンポンソム
リーム
空軍基地
マヤゲス号へ乗組員を
移乗させ、自力で航海へ
コーロン島
5月14日：0600
乗組員移動
コータン島
5月15日：0800
駆逐艦ウィルソン号
漁船で釈放されたマヤゲス号
乗組員を収容
5月13日
コータン島へ移動
援護する
AC130H
スペクター
5月13日：1330
マヤゲス号投錨
カンボジア
軍事施設を空爆
5月12日：2000停泊
ポウロワイ島
空母コーラル・シー
5月12日：1418マヤゲス号拿捕
フリゲート
ホルト号
マヤゲス号
乗組員の安全のため
上陸前の敵陣地への
航空攻撃は禁止
されていた
B
A
増援
部隊は
B地点へ
113人上陸
25人
上陸
25人上陸するも
包囲され孤立
日没前にウィルソン号の
ボートにより救出
C
59人上陸
CH-53
ヘリコプター
7機
HH-53ヘリコプター 7機
（空中給油能力をもつ）
A
B
当初の着陸地点
C一 指揮オースチン中佐の着陸地点
一ヘリコプター墜落地点
コータン島
ウタパオ基地からの輸送を担当した
米空軍の大型ヘリコプターは
対空砲火で3機が撃墜され
多数の機が被弾、破損し
撤収時には5機のみが残る

犠牲者は241名
（海兵隊220人、海軍衛生
要員21人）で負傷者50人

海兵隊にとって
一日にこれだけの死者を
出したのは硫黄島の
戦いに次ぐ記録と
なってしまった。

MNF・PKF（多国籍・平和維持軍）米海兵隊・英軍・仏軍・イタリア軍各部隊

BLT（大隊上陸団）

1945年2月19日、硫黄島上陸初日の損害、戦死501人、戦傷死47人、負傷1775人

OECS（東カリブ海諸国機構）

SEAL（海軍特殊部隊）は英総督P・スクーン卿の身柄確保に向かい、官邸で包囲されていた

海兵隊はこの作戦中に、AH1シーコブラ2機とCH46Dシーナイト1機を対空砲により撃墜されている

■グレナダの海兵隊員

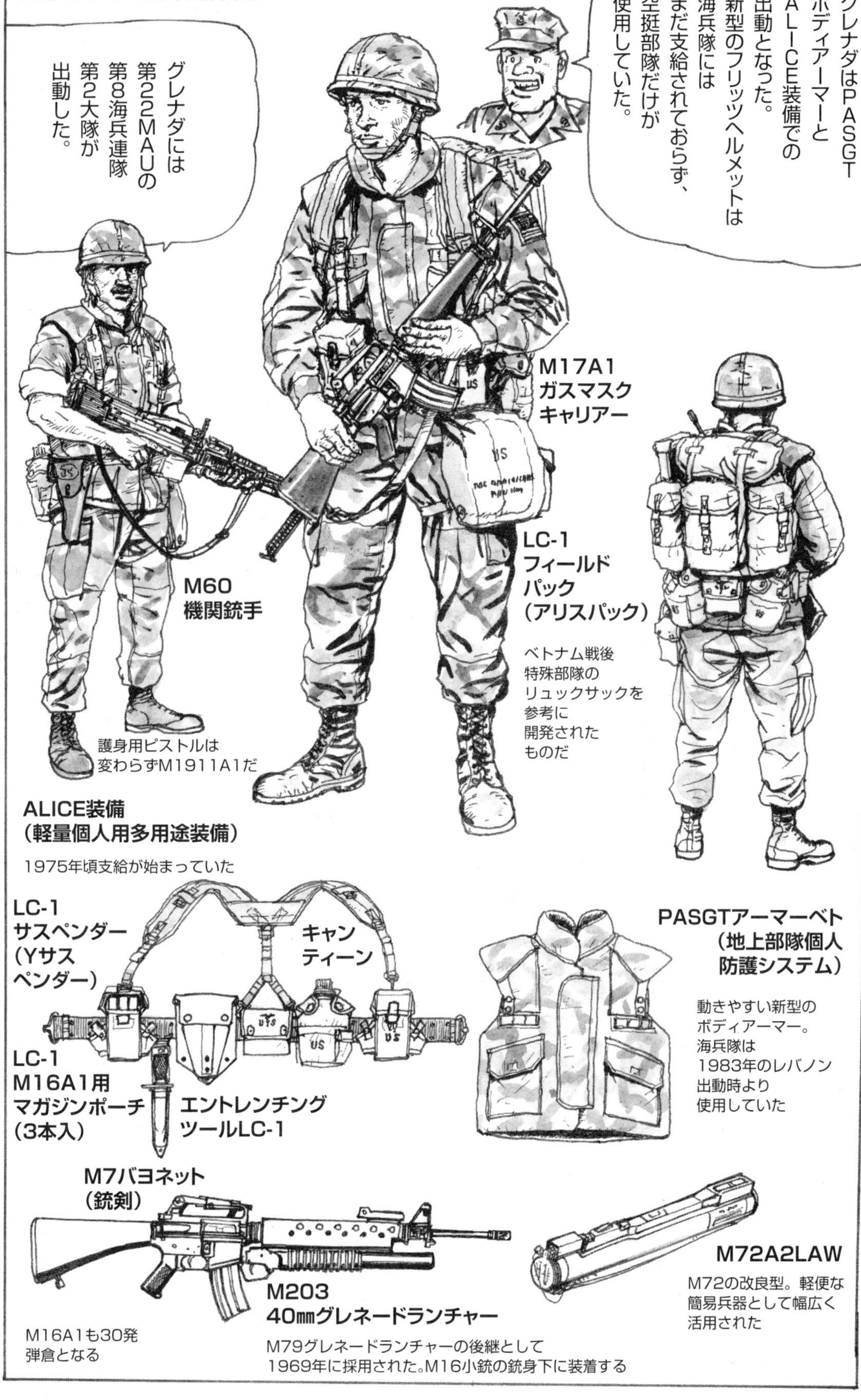

グレナダには
第22MAUの
第8海兵連隊
第2大隊が
出動した。

グレナダはPASGT
ボディアーマーと
ALICE装備での
出動となった。
新型のフリッツヘルメットは
海兵隊には
まだ支給されておらず、
空挺部隊だけが
使用していた。

M17A1
ガスマスク
キャリアー

M60
機関銃手

LC-1
フィールド
パック
（アリスパック）

ベトナム戦後
特殊部隊の
リュックサックを
参考に
開発された
ものだ

護身用ピストルは
変わらずM1911A1だ

ALICE装備
（軽量個人用多用途装備）

1975年頃支給が始まっていた

LC-1
サスペンダー
（Yサス
ペンダー）

キャン
ティーン

PASGTアーマーベト
（地上部隊個人
防護システム）

動きやすい新型の
ボディアーマー。
海兵隊は
1983年のレバノン
出動時より
使用していた

LC-1
M16A1用
マガジンポーチ
（3本入）

エントレンチング
ツールLC-1

M7バヨネット
（銃剣）

M72A2LAW

M72の改良型。軽便な
簡易兵器として幅広く
活用された

M203
40㎜グレネードランチャー

M16A1も30発
弾倉となる

M79グレネードランチャーの後継として
1969年に採用された。M16小銃の銃身下に装着する

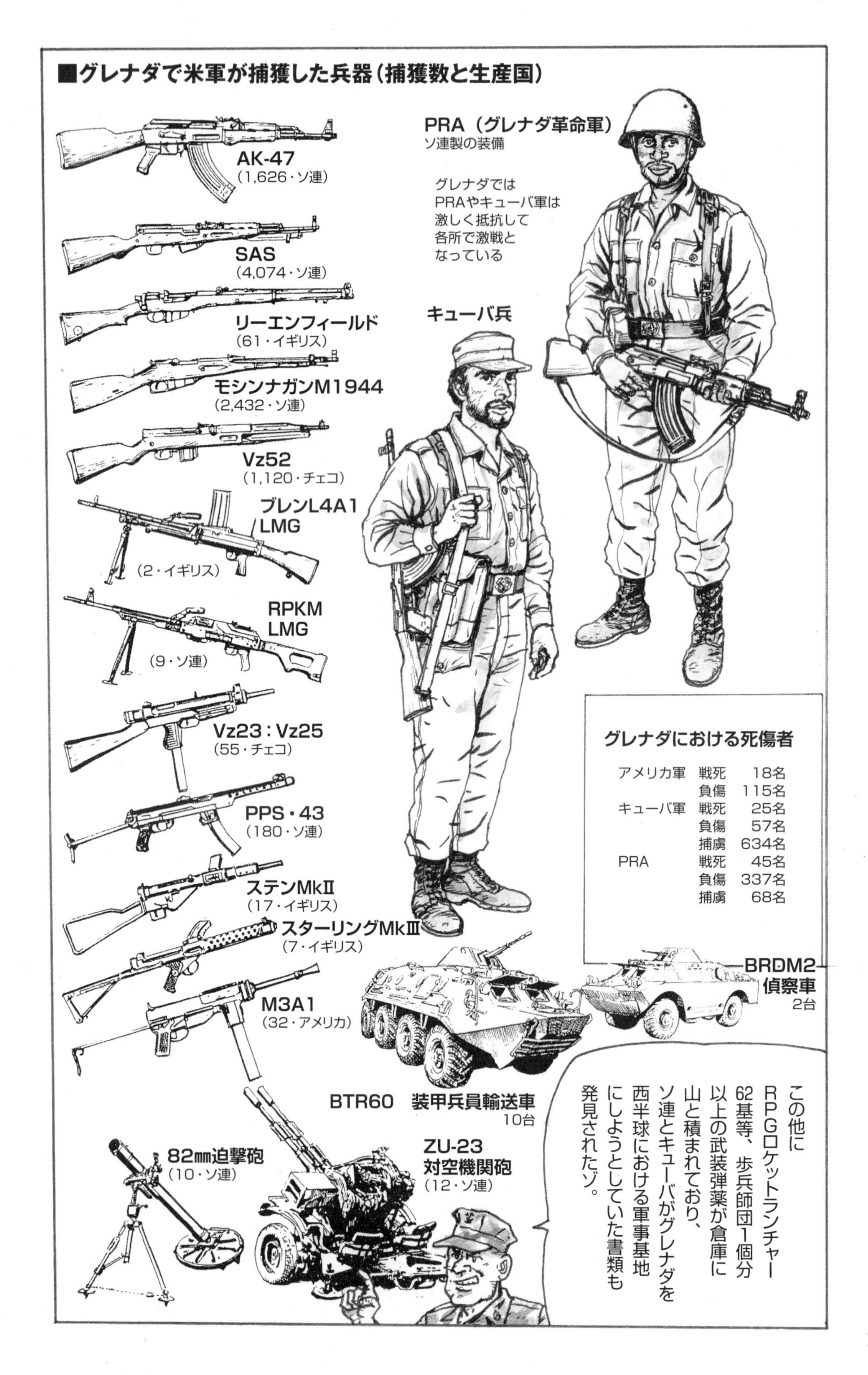
■グレナダで米軍が捕獲した兵器（捕獲数と生産国）
AK-47
（1,626・ソ連）
SAS
（4,074・ソ連）
リーエンフィールド
（61・イギリス）
モシンナガンM1944
（2,432・ソ連）
Vz52
（1,120・チェコ）
ブレンL4A1
LMG
（2・イギリス）
RPKM
LMG
（9・ソ連）
Vz23：Vz25
（55・チェコ）
PPS・43
（180・ソ連）
ステンMkⅡ
（17・イギリス）
スターリングMkⅢ
（7・イギリス）
M3A1
（32・アメリカ）
PRA（グレナダ革命軍）
ソ連製の装備
グレナダでは
PRAやキューバ軍は
激しく抵抗して
各所で激戦と
なっている
キューバ兵
グレナダにおける死傷者
アメリカ軍　戦死　18名
負傷　115名
キューバ軍　戦死　25名
負傷　57名
捕虜　634名
PRA　戦死　45名
負傷　337名
捕虜　68名
BRDM2
偵察車
2台
BTR60　装甲兵員輸送車
10台
82㎜迫撃砲
（10・ソ連）
ZU-23
対空機関砲
（12・ソ連）
この他に
RPGロケットランチャー
62基等、歩兵師団1個分
以上の武装弾薬が倉庫に
山と積まれており、
ソ連とキューバがグレナダを
西半球における軍事基地
にしようとしていた書類も
発見されたゾ。

■パナマ侵攻作戦

1989年5月、アメリカは
パナマ運河とパナマ在住の
アメリカ市民を守る名目で
海兵隊1800人をパナマへ
急派した。

この急派は麻薬取引に関係する
独裁者ノリエガ将軍を
退陣に追い込む
政治的な軍事行動だったが、
結局ノリエガ自身を退陣させる
ことはできなかった。

PDF（パナマ国防軍）　Hアワー（開戦時間）

同年10月にはパナマ軍内で
反ノリエガ・クーデターがあり
ついにブッシュ大統領は
12月17日パナマ侵攻を決定、
12月20日作戦開始

パナマ侵攻作戦は次の
4つの目的を持ちます。
・パナマにいる米国民の保護
・パナマの民主主義制度の支援
・パナマ運河安全運用の確保
・ノリエガ将軍を逮捕して
米国の法廷へ連行すること

この作戦に米軍はわずか
4～500人ほどの
PDFに対して、
2万4千人の兵力と
最新鋭のステルス機まで
投入したのだ。

パナマ侵攻の真の
目的は俺の
逮捕なんだが、
大騒ぎになった
もんだ。

独裁者ノリエガ将軍

■オペレーション・ジャスト・コース　1989年12月20日
わが海兵隊は在パナマ兵力をもってタスクフォース・センパーフィデリスを編成、ハワード空軍基地の防衛と同基地へ通じるアメリカ橋の南方、南西の掃討を行なった。
パナマ内に基地があり常時演習を行ない地形等も知り抜いていたのでグレナダよりもかなり楽な作戦だよ。
カリブ海
フォートシャーマン
コロシ
タスクフォース・ブラック
フォートグリーク
米陸軍特殊部隊で編制
タスクフォース・アトランティック
ジャングル戦演習の名目でパナマ入りしていた第7歩兵師団と第82空挺師団の第3大隊で構成
マッテンダム
ガンボア刑務所
アルブルーク空軍基地
パナマ運河
タスクフォースパシフィック
クォーリーハイツ
タスクフォース・レッド
ロッドマン海軍基地海兵隊バラック
ノリエガHQ
陸軍のレンジャー部隊
オマールトワホス空港
米本土派遣軍中最も大きい部隊。主力は第82空挺師団
ハワード空軍基地
パナマ市
アメリカ橋
フォートアマドール
タスクフォース・バヨネット
タスクフォース・センパー・フィデリス
在パナマ米軍部隊で編成、パナマ市内の主要施設の確保が目的の主力部隊だ
在パナマ米海兵隊
この侵攻作戦でノリエガ将軍の独裁体制は1日で崩壊したがノリエガ将軍は逮捕をまぬがれ市内では親ノリエガ派の抵抗が続き、米軍は23日に第7歩兵師団2000名を投入することになる
24日になってノリエガがバチカン大使館へ亡命を求めて逃げこんだことから銃火は収まり、翌年1月3日ノリエガ将軍が米軍に投降し、次の日に米国は侵入終了を発表した

■オペレーション・ジャスト・コースにおける海兵隊員
参加兵力は海兵2個中隊とFASTであった
第2次大戦のドイツ軍のヘルメットに似ているため「フリッツヘルメット」と呼ばれる。通常、隊員は「ケブラー」か「ブレインバケット」と呼んでいる。
味方識別用の白い布(PDFは軍服装備が米軍式)
初めての実戦投入となったLAV装輪装甲車は好評だった。海兵第2軽機歩兵大隊D中隊が装備
第6海兵連隊第3大隊K中隊
M16A2/M203グレネードランチャー
FAST
この作戦で明らかにされた艦隊付の対テロ部隊だ。特殊部隊用装備を持つ
M16A2
1982年12月に制式採用されたM16A1の発展型だ
コルト9㎜SMG
M9ピストル
この戦いにおける両軍の人的損害は米軍が戦死23名(陸軍18名、海軍4名、海兵1名)、負傷322名、行方不明1名。PDF戦死314名、パナマ市民220名死亡、負傷者は2万名以上であった。

RDF（緊急展開部隊）　MAGTF（海兵空挺任務部隊。戦闘・航空・支援を含む戦闘団）

パウエル統合参謀本部議長

戦車や野砲等の
重装備が
迅速に運べたのは
第2MPSの
おかげだった。

第7MEBは
装備を整えると
油田施設、
港湾の防衛を担当。
そしてイラク軍の
進攻阻止任務を
請け持った。

「砂漠の楯」(イラク軍のサウジ侵攻阻止)

湾岸戦争に派遣された
海兵隊は、第1次派遣部隊が
第1MEF指揮下の第7MEBと
第13MEUであり、
11月8日に決定した第2派遣部隊
第2MEFと第5MEBであった

「砂漠の嵐」(イラク軍をクウェートから駆逐)　主攻(主力攻撃方面)　中央軍(以前は中東軍と呼ばれ中東地域の防衛計画を担当)

その後中央軍の戦略が
「砂漠の楯」から
「砂漠の嵐」に転換し、
海兵隊はその編成を
大きく変えるんだ。

中央軍司令官シュワルツコフ中将

この「砂漠の嵐」作戦での
海兵隊の役目は
2つあったんだ。

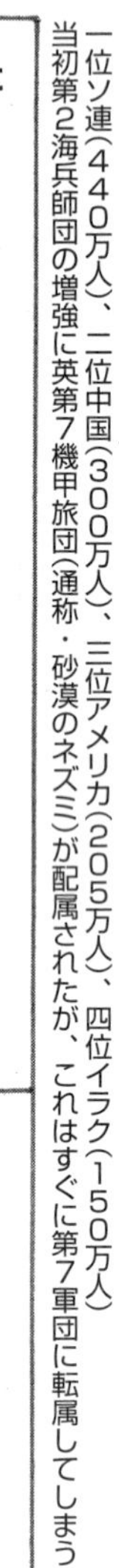

一位ソ連（440万人）、二位中国（300万人）、三位アメリカ（205万人）、四位イラク（150万人）
当初第2海兵師団の増強に英第7機甲旅団（通称・砂漠のネズミ）が配属されたが、これはすぐに第7軍団に転属してしまう

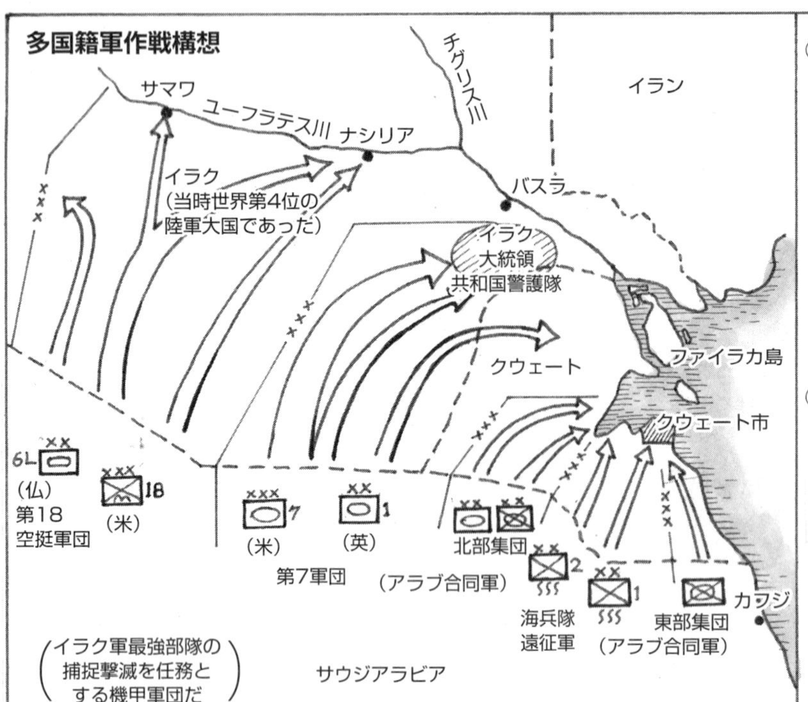

○クウェート沖に集結した海上陽動部隊

第4MEB
第5MEB
第13MEB
兵員1万8,000名
揚陸艦艇31隻
戦車47両
AAV112両
航空機165機

○陸上戦闘部隊

第1海兵師団
第2海兵師団
第3海兵航空団
第1兵団役務支援群
兵員約7万4,000名
戦車395両
装甲車両876両
航空機多数

陽動部隊は大規模な上陸予行演習を1990年9月から'91年2月まで繰り返してイラク軍の注意を引きつけていた。

第1海兵師団は機械化歩兵を中心に機動力を重視し、イラク軍の陣地突破、掃討用の編成となっています。

これに対し第2海兵師団は陸軍のタイガー旅団を編合して強力な機甲師団となっており、敵機甲部隊の撃破と退路を断つ役目の機動打撃部隊だった。

戦力増強とはいえ陸軍の世話になるなら英軍の「砂漠のネズミ」と一緒でよかったのに。

化学戦(一般に毒ガスと言われる化学剤の使用を前提とした戦闘)
DBDU=デザート・バトル・ドレス・ユニフォーム(1980年のエジプトでの演習で米軍は砂漠用カモフラージュの必要性を痛感していた)
メリッサ・ラスバン・ニアリー四等特技下士官(20才):第233輸送中隊所属で、1月31日に国境付近で捕虜となり、停戦後に無事生還した

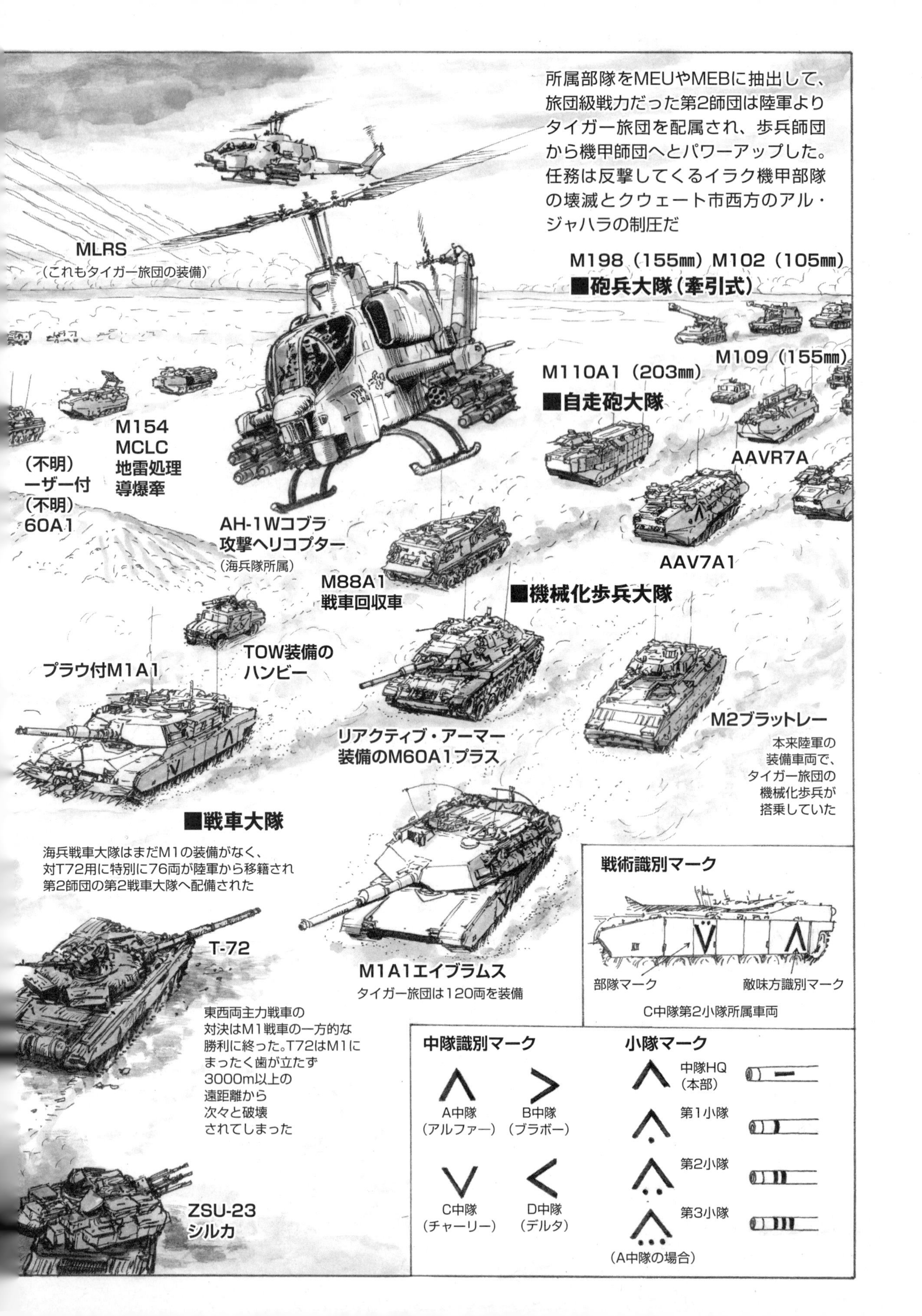
所属部隊をMEUやMEBに抽出して、旅団級戦力だった第2師団は陸軍よりタイガー旅団を配属され、歩兵師団から機甲師団へとパワーアップした。任務は反撃してくるイラク機甲部隊の壊滅とクウェート市西方のアル・ジャハラの制圧だ
MLRS
（これもタイガー旅団の装備）
M198（155㎜）M102（105㎜）
■砲兵大隊（牽引式）
M109（155㎜）
M110A1（203㎜）
■自走砲大隊
M154
MCLC
地雷処理
導爆索
（不明）
ーザー付
（不明）
60A1
AAVR7A
AH-1Wコブラ
攻撃ヘリコプター
（海兵隊所属）
AAV7A1
M88A1
戦車回収車
■機械化歩兵大隊
TOW装備の
ハンビー
プラウ付M1A1
リアクティブ・アーマー
装備のM60A1プラス
M2ブラッドレー
本来陸軍の
装備車両で、
タイガー旅団の
機械化歩兵が
搭乗していた
■戦車大隊
海兵戦車大隊はまだM1の装備がなく、
対T72用に特別に76両が陸軍から移籍され
第2師団の第2戦車大隊へ配備された
戦術識別マーク
部隊マーク
敵味方識別マーク
C中隊第2小隊所属車両
T-72
M1A1エイブラムス
タイガー旅団は120両を装備
東西両主力戦車の
対決はM1戦車の一方的な
勝利に終った。T72はM1に
まったく歯が立たず
3000m以上の
遠距離から
次々と破壊
されてしまった
中隊識別マーク
A中隊
（アルファー）
B中隊
（ブラボー）
C中隊
（チャーリー）
D中隊
（デルタ）
小隊マーク
中隊HQ
（本部）
第1小隊
第2小隊
第3小隊
（A中隊の場合）
ZSU-23
シルカ

第2海兵師団の突進　1991年2月24日「デザート・ストーム」地上戦開始
■戦術航空支援
第3海兵航空団が展開
対地攻撃に向かう
F/A18ホーネット
AV-8Bハリアー
■側面警戒の軽装甲車部隊
LAV-25
新市内は9日までに
海兵隊が掌握
■特別編成の陣地帯突破部隊
TFブリーチ・アルファー
処理班
収容
AAV
戦車壕は
大量の原油が
入れられて火災壕と
されていた
ローラー付M60A1
（圧力で地雷を爆破）
プラウ付M1A1
（地雷を掘り起こして脇に除去）
M60
AVLB
戦車橋
M9ACE
装甲ドーザー
鉄パイプの
束で壕を埋める
M154　MCLC
ロケットで爆薬のついた
ホースを飛ばし、爆発させ
地雷原に幅10mの
道路をつくる
T-62
T-55
BMP-1
イラク軍の障害陣地帯（ソ連式縦深防御）
対戦車壕
幅18m深さ6m
砂壁高さ
2～4m
歩兵の塹壕
この後方に
反撃用の
機甲部隊
火力拠点
砂壕に入った戦車
300～500m
200m
500～1000m
50～100m
800～1000m

世界中から兵器を買いまくっていたイラク軍の兵器は多種多彩だ

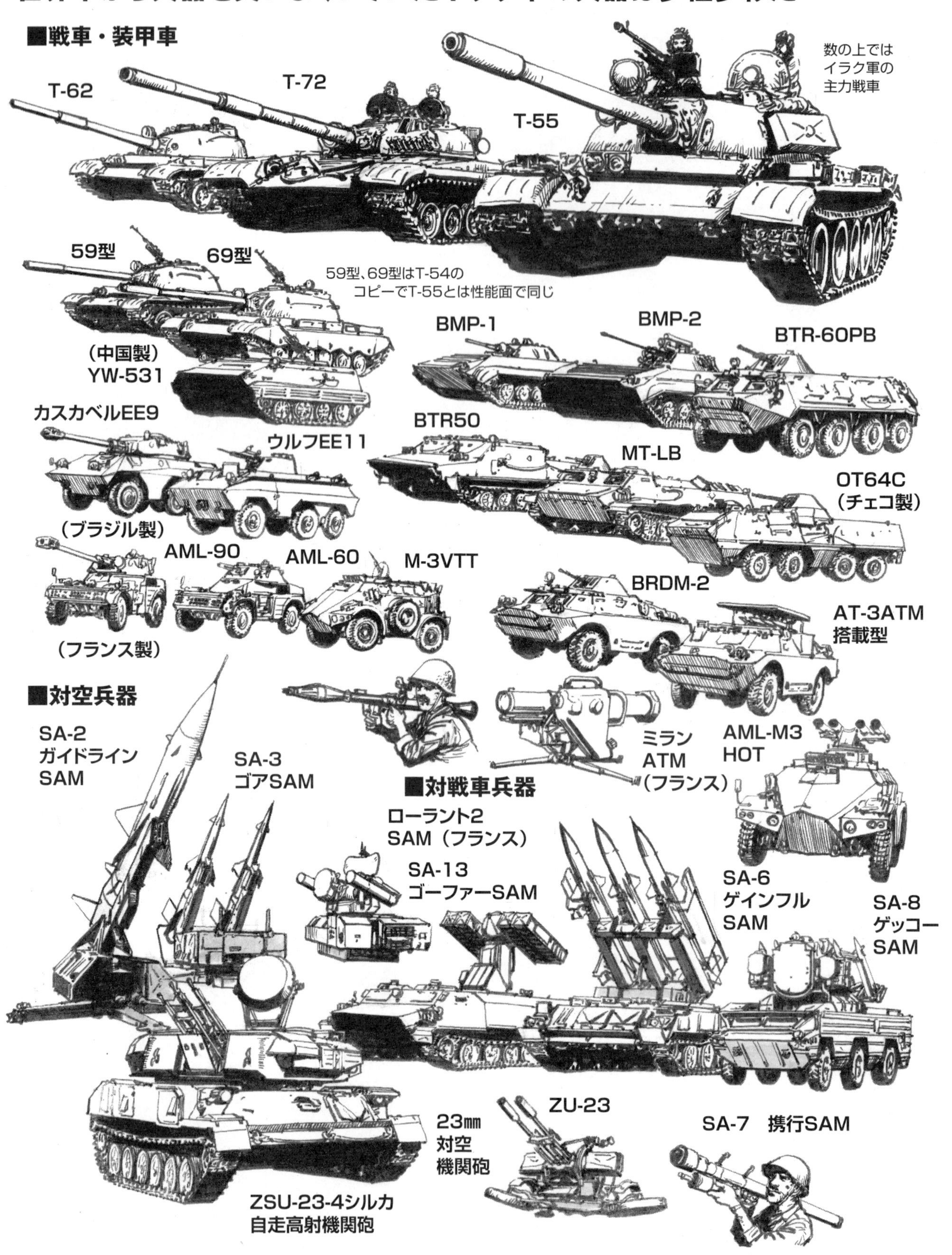

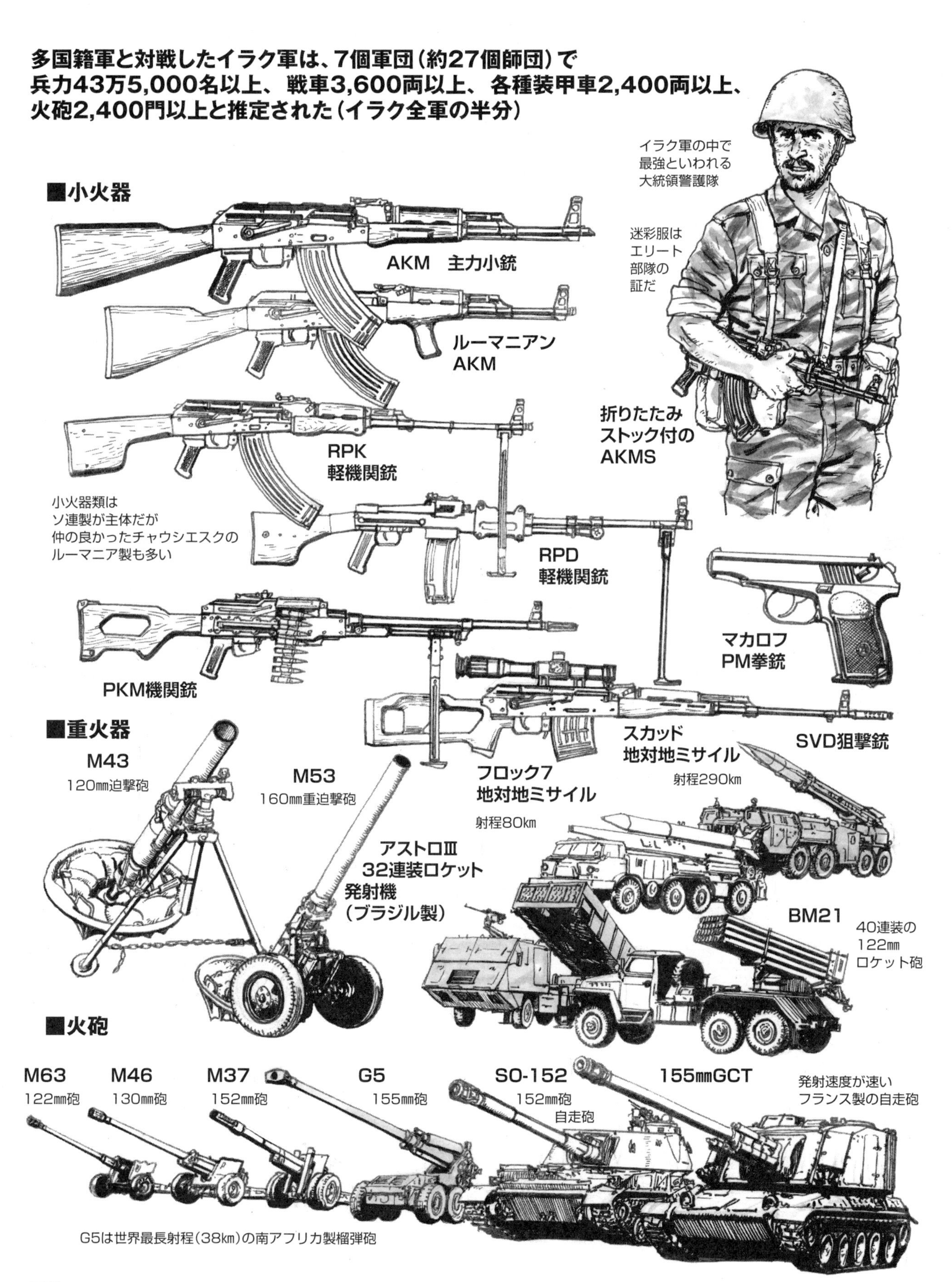

多国籍軍と対戦したイラク軍は、7個軍団（約27個師団）で
兵力43万5,000名以上、戦車3,600両以上、各種装甲車2,400両以上、
火砲2,400門以上と推定された（イラク全軍の半分）
イラク軍の中で
最強といわれる
大統領警護隊
迷彩服は
エリート
部隊の
証だ
■小火器
AKM　主力小銃
ルーマニアン
AKM
折りたたみ
ストック付の
AKMS
RPK
軽機関銃
小火器類は
ソ連製が主体だが
仲の良かったチャウシエスクの
ルーマニア製も多い
RPD
軽機関銃
マカロフ
PM拳銃
PKM機関銃
SVD狙撃銃
■重火器
M43
120㎜迫撃砲
M53
160㎜重迫撃砲
スカッド
地対地ミサイル
射程290㎞
フロック7
地対地ミサイル
射程80㎞
アストロⅢ
32連装ロケット
発射機
（ブラジル製）
BM21
40連装の
122㎜
ロケット砲
■火砲
M63
122㎜砲
M46
130㎜砲
M37
152㎜砲
G5
155㎜砲
SO-152
152㎜砲
自走砲
155㎜GCT
発射速度が速い
フランス製の自走砲
G5は世界最長射程（38㎞）の南アフリカ製榴弾砲

この日第1海兵師団は
アル・ジャベル空港、
アル・ブルカン油田に達し
敵戦車21両を破壊
4000名を捕虜とした。

地上戦2日目も海兵隊はイラク軍を撃破して着実に前進した。

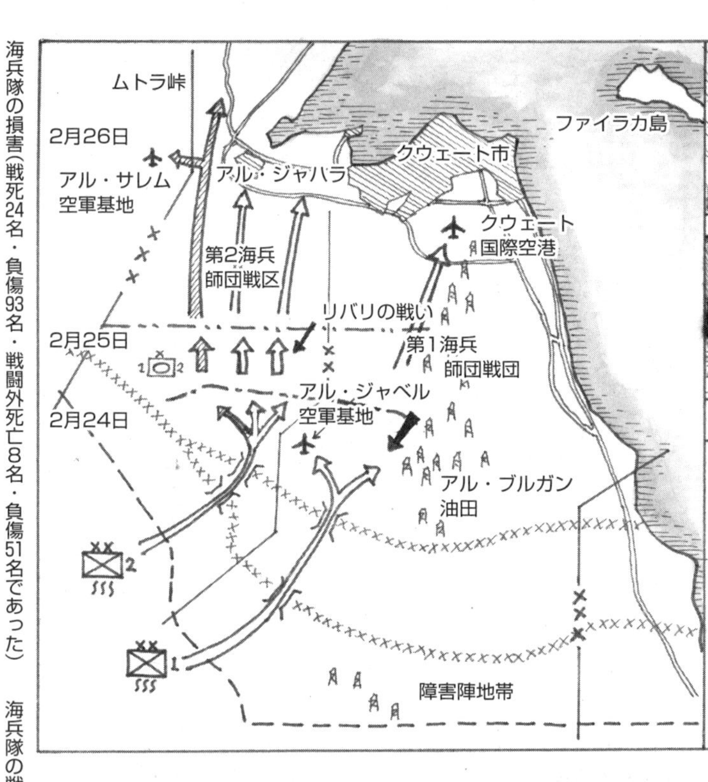

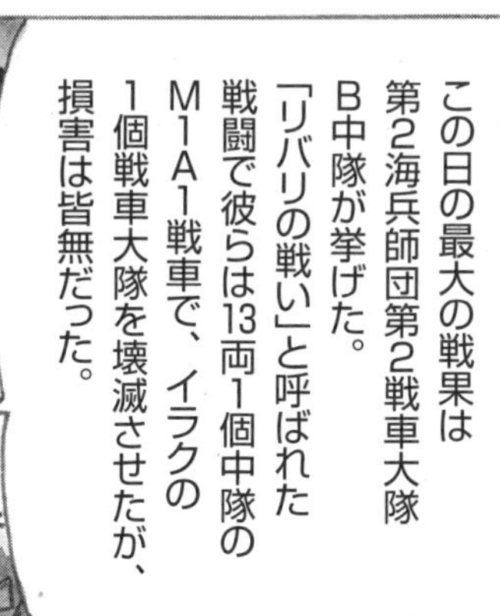

海兵隊の損害（戦死24名・負傷93名・戦闘外死亡8名・負傷51名であった）

海兵隊の戦果（戦車1040両・装甲車608両・火砲432門を破壊・捕虜約2万名）

UNITAF(ソマリア四軍統合タスク・フォース)　UNOSOM(国連ソマリア活動)　PKF(平和維持軍)

メカナイズド・パトロール(機械化歩兵(陸軍流の呼び名)によるパトロール。小火器相手なのでAAVの装甲でもなんとかなった)

21世紀の海兵隊作戦

ウズベキスタン
キルギス
タジキスタン
中国
トルクメニスタン
アフガニスタン
イラン
パンジシール渓谷
サラン峠
ヘラート
シャララバード
カブール
キャンプ・レザーネック
カンダハル
イスラマバード
海兵隊活動地域
ヘルマンド州
パキスタン
インド

■アフガニスタン「不屈の自由作戦」

アメリカは2001年9月の同時多発テロを受けて、タリバン・アルカイダ勢力を打倒するべく、10月にISAFをもってアフガニスタンに軍事作戦「不屈の自由」を展開。12月までにタリバン勢力を山岳部へと駆逐し、新生アフガニスタン国家が誕生したが、'05年頃になるとタリバンが勢力を盛り返し、自爆テロ等ゲリラ戦が多発するようになった。

ISAF（国際治安支援部隊）

治安状況の悪化をうけて、'08年海兵隊が派遣されることとなり、'09年5月にキャンプ・レザーネックが造成され、アフガン海兵遠征旅団兵力1万名が増強され、本格的に治安任務作戦が実施された。海兵隊のアフガニスタンでの軍事作戦は山岳戦闘となり陸路での移動や輸送、重火器運用が難しく、ヘリボーンや海兵航空隊の支援が不可欠となった。また地上でも、対テロリスト戦闘が多く、海兵隊の得意とする上陸作戦のような短期決戦では無く、陸軍の占領任務といえる長期戦で、アフガンの治安維持を第一任務とするものだった。海兵隊はこの困難な掃討作戦にも柔軟に対応し、タリバンの拠点を強襲、充分に期待に答える活動を行なっている。

2010年3月以降、レザー・ネック支隊は兵力増強され'12年2月には第1海兵師団が配備。この中には米軍がアフガンに最初に導入させた戦車中隊もあり、勢力の衰えないタリバンに、手を焼く米軍の苦戦が見える。しかし戦車隊の戦力は大きく、多くのタリバン支配の村を掃討している。

BDU、バトル・ドレス・ユニフォーム（戦闘服）

コーヒー・ステイン・パターン、前作、チョコチップカモフラージュが中東の砂漠で効果不足とされた

■イラク戦争
目標バグダッド、砂漠を北上する第1海兵遠征軍
カーキ色のインターセプターボディアーマー
イラク戦争では陸軍の第3歩兵師団と並び、首都バグダッドの攻略を託された
イラク軍の化学兵器に備えウッド・ランド・パターンのケミカルスーツを着用
主力の第1海兵師団の使命は首都攻略だが、その前にルメイラ油田をイラク軍が破壊する前に占領する。それからバグダッドへ突進だ!
第15海兵遠征隊はイギリス軍と協力して港街ウム・カスルを占領、その後イギリス軍はバスラの占領を託されている
タラワ支隊は第1海兵師団の後方支援
チグリス川
ユーフラテス川
バグダッド攻略(4/8〜4/9)
バグダッド
ヌマニアの戦闘(4/2〜4/4)
カルバラ
ヒンディア
ヌマニア
クート
ヒラ
イラン
ナシャフ
ディワニア
アマラ
リファイ
ナシリアの戦闘(3/23〜3/30)
サマラ
ナシリア
ウム・カスルの戦闘(3/21〜3/25)
アメリカ陸軍第82、第101空挺師団
バスラ
バイル
ウムカスル
ラメイア油田
イラク
A
C
E
B
ペルシャ湾
クウェート
D
サウジアラビア
第1海兵遠征軍
A　第1海兵師団(兵力2万2200名、車両800両)
B　タラワ支隊(第2海兵遠征旅団)
C　第15海兵遠征隊
D　第24海兵遠征隊(当初は海上待機)
E　イギリス第1装甲師団(兵力2万名)
・航空支援　第3海兵航空団
・兵站支援　臨時第1軍務支援群
総兵力　8万5000名(含イギリス軍)
戦車　M1A1約130両　チャレンジャー 120両
ウォーリア　50両

■イラクの自由作戦

2003年3月20日に開戦したイラク戦争で、海兵隊は国境沿いの障害帯の突破に1日かかったが22日にはルメイラ油田地帯を制圧、ナシリアへの進撃を開始した。

この戦いではTOWとジャヴェリンATミサイルが活躍
ダックインしていたT55 10両を撃破した

しかし、23日早朝、陸軍第507整備中隊のトラック部隊が道を間違え、イラク民兵の待ち伏せ攻撃を受けてほぼ全滅。現場へ進出していたタラワ支隊が救援に向かったが、女性兵士ジェシカ・リンチ上等兵を含む6名が捕虜にされてしまう。

ジェシカ・リンチ上等兵
彼女は4月1日、ナシリア完全占領時に市内病院において他の捕虜とともに救出された

ピクセルパターン（海兵隊のデジタル・カモフラージュ）

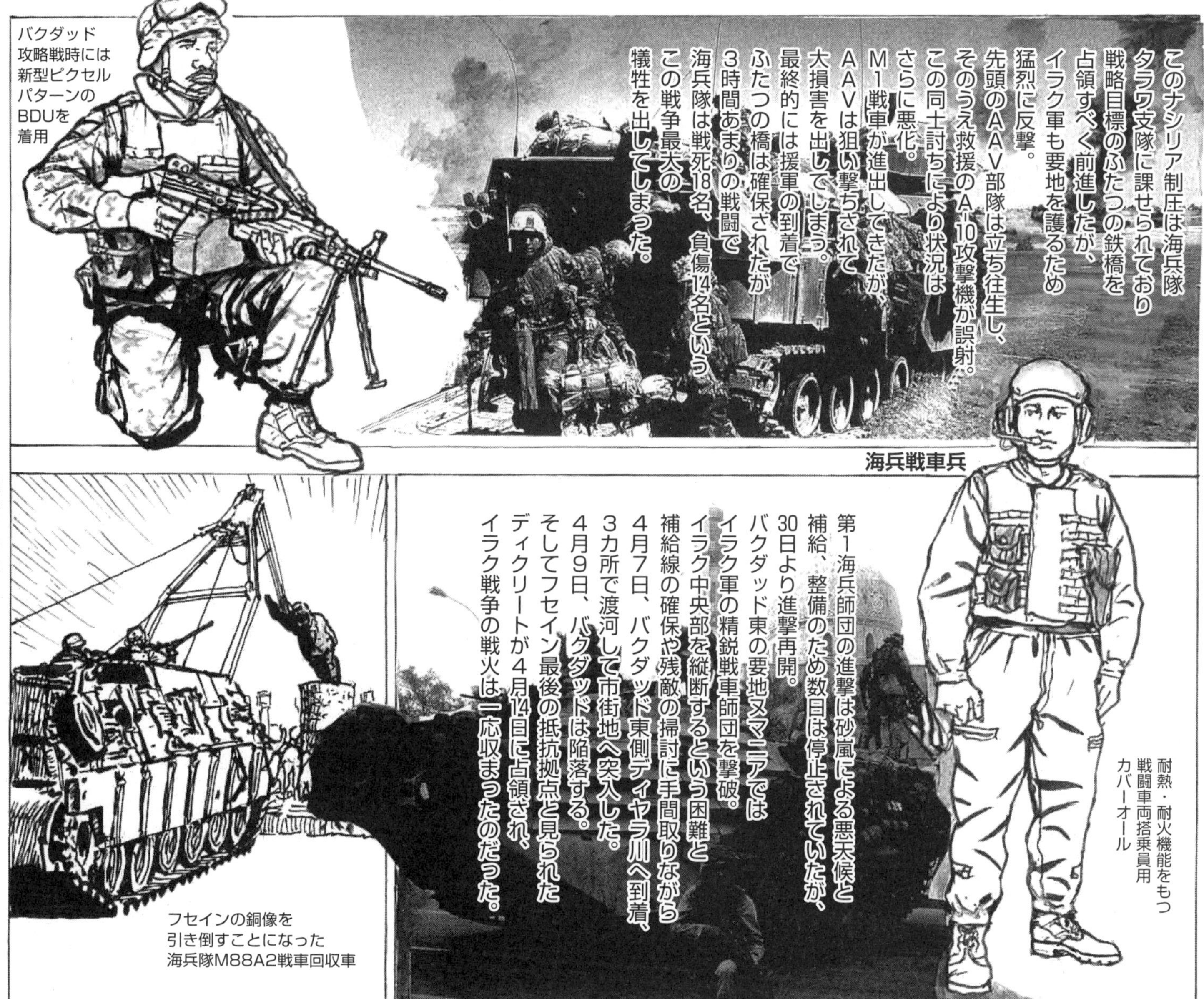

このナシリア制圧は海兵隊タラワ支隊に課せられており戦略目標のふたつの鉄橋を占領すべく前進したが、イラク軍も要地を護るため猛烈に反撃。先頭のAAV部隊は立ち往生し、そのうえ救援のA-10攻撃機が誤射。この同士討ちにより状況はさらに悪化。M1戦車が進出してきたが、AAVは狙い撃ちされて大損害を出してしまう。最終的には援軍の到着でふたつの橋は確保されたが3時間あまりの戦闘で海兵隊は戦死18名、負傷14名というこの戦争最大の犠牲を出してしまった。

バグダッド攻略戦時には新型ピクセルパターンのBDUを着用

海兵戦車兵

耐熱・耐火機能をもつ戦闘車両搭乗員用カバーオール

第1海兵師団の進撃は砂嵐による悪天候と補給、整備のため数日は停止されていたが、30日より進撃再開。バグダッド東の要地ヌマニアではイラク軍の精鋭戦車師団を撃破。イラク中央部を縦断するという困難と補給線の確保や残敵の掃討に手間取りながら4月7日、バグダッド東側ディヤラ川へ到着、3カ所で渡河して市街地へ突入した。4月9日、バグダッドは陥落する。そしてフセイン最後の抵抗拠点と見られたティクリートが4月14日に占領され、イラク戦争の戦火は一応収まったのだった。

フセインの銅像を引き倒すことになった海兵隊M88A2戦車回収車

陸軍第3歩兵師団は2日前に西側より侵攻

2012年よりアフガンの海兵隊は兵力削減に入り、2019年9月には20週以内に全米軍が撤退すると発表された。

第3部

Chapter;3

君も今日から海兵隊員！

Chapter;3

本書のタイトルにもなっているレザーネック“Leather Necks”はアメリカ海兵隊員を表す別称。これはかつて階級にかかわらず支給された軍服に、首の防護を兼ねた黒い皮革のカラー（襟）がついていたことに端を発する。

もちろん現代は近代的な軍装になり、式典用のフォーマルなユニフォームも用意されている。

ここでは海兵隊の新人教育と、各種の軍装、階級章や勲章のデザインについて見てみよう。

ブーツ・キャンプ

ブーツ・キャンプ(新兵キャンプ。サウスカロライナ州パリス・アイランドとカリフォルニア州サンディエゴで行なわれる)

隊訓センパーフェデリス＝不変の忠誠・自己・同志・隊・国そして神へ変わらぬ忠誠を誓う

男ですらないつまり女だ。それも始末の悪いくさった女郎(ビッチ)だ、どうだ! 文句のある奴は今のうちに言え!

新兵たちは兵舎に入れられるが、移動はすべて駆け足だ。以後は何をするにも必ずDIが2名新兵たちにはりついてくる。

まずは散髪だ。
クルー・カットと呼ぶ
坊主頭に一人30秒で
刈り上げられる

ひでぇよ
乱暴なんだから
俺の頭は血だらけだぜ。

海兵隊ブック（新入隊員必携教範）

ファティーグ・スーツ（作業服）

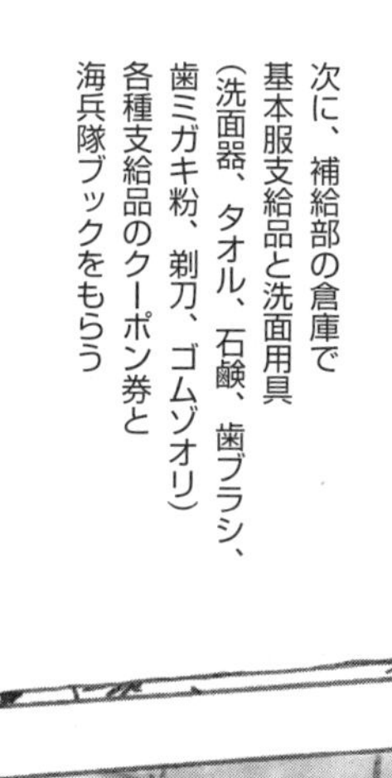

次に、補給部の倉庫で
基本服支給品と洗面用具
（洗面器、タオル、石鹸、歯ブラシ、
歯ミガキ粉、剃刀、ゴムゾオリ）
各種支給品のクーポン券と
海兵隊ブックをもらう

これには最初に、神を信じ合衆国を信頼せよとあり、
最後には、海兵隊員は未婚の女性と関係してはなら
ぬ、ただしファイティング・ラバーを使用するなら、
その限りにあらずとかいた心得が書きこまれている

ファイティングラバー（コンドーム）

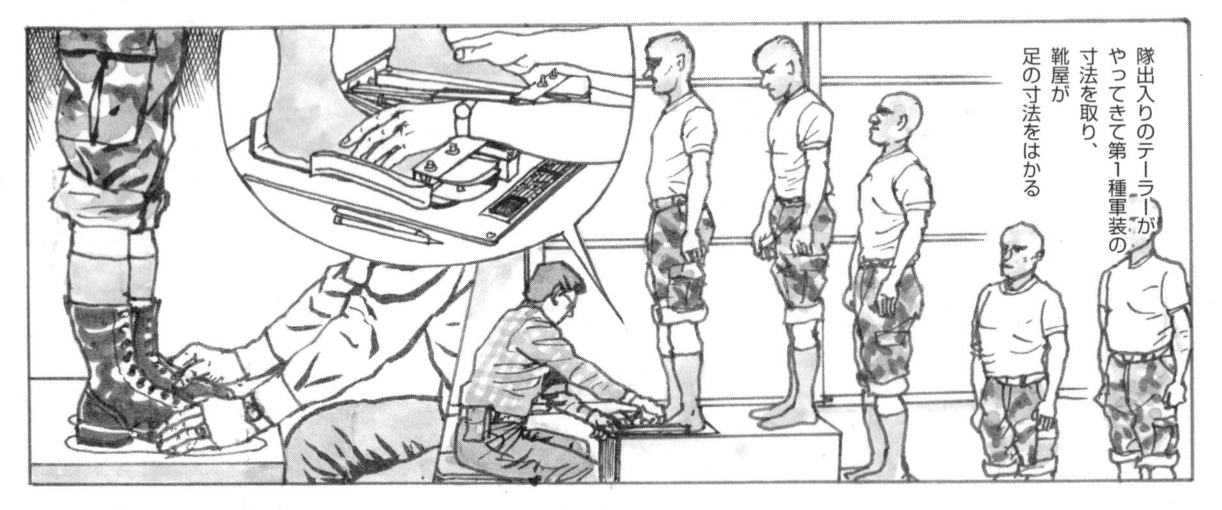
隊出入りのテーラーがやってきて第1種軍装の寸法を取り、
靴屋が
足の寸法をはかる

ブーツと戦闘服、その他衣料品を支給される

ここまでくると、あらためて個人面接が行なわれる。担当は教育係軍曹だ。
出身、家族、経歴、資格等も聞かれる。

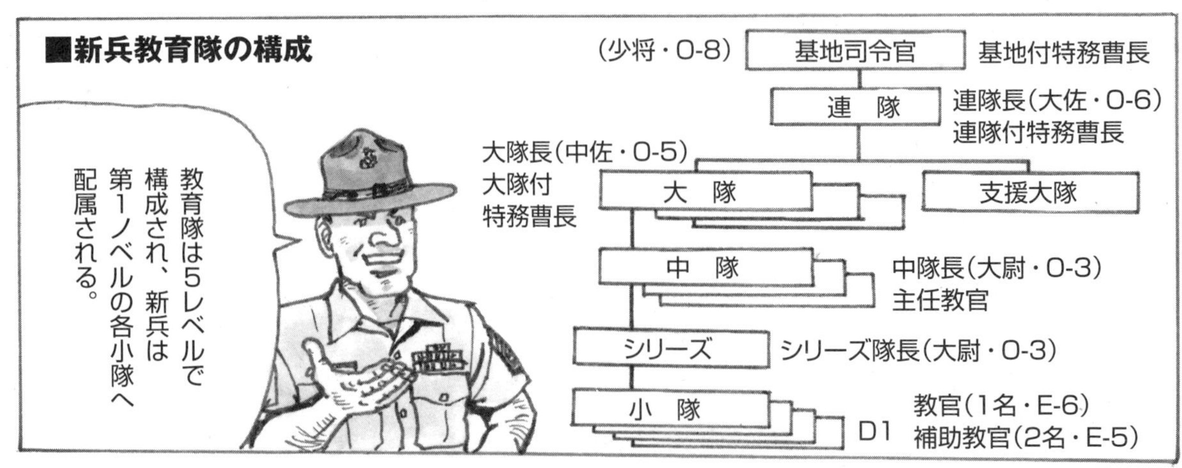
■新兵教育隊の構成
基地司令官
(少将・O-8)
基地付特務曹長
連　隊
連隊長(大佐・O-6)
連隊付特務曹長
大　隊
大隊長(中佐・O-5)
大隊付
特務曹長
支援大隊
中　隊
中隊長(大尉・O-3)
主任教官
シリーズ
シリーズ隊長(大尉・O-3)
小　隊
D1
教官(1名・E-6)
補助教官(2名・E-5)
教育隊は5レベルで構成され、新兵は第1ノベルの各小隊へ配属される。

ほとんどの者は初日から2日間ほどはストレスショック等からロクに睡眠はできないという

陸軍の基本訓練は8週間。海兵隊も戦時には8週間ほどに短縮される　3マイル（4・8キロ）　夏は午前4時半の起床で午後9時に就寝

ドッグ・タッグ（認識票。入営3日目に与えられる）　IDナンバー（セキュリティーナンバー、年金受給番号）

第1次訓練期間（4週間）

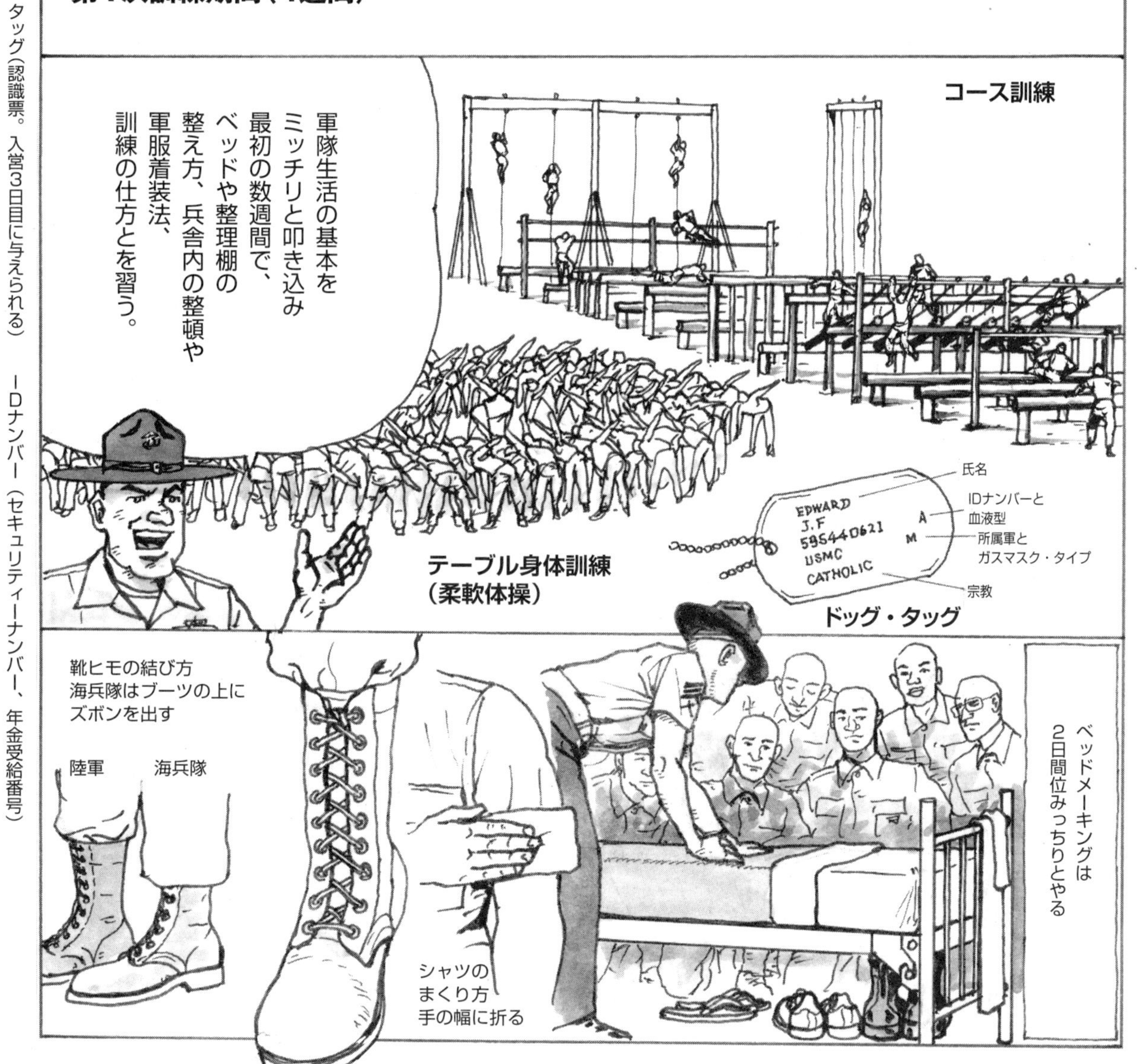

海兵隊讃歌（マリーン・ヒム）

モンテスーマの戦いから
トリポリ海浜の激戦まで
空に、陸に、そして海に
われらが正義と自由のため
著戦を戦う、われらが誇り高き
アメリカ合衆国海兵隊

日の出から日没まで
高くはためくわれらが軍旗
銃の赴くところどこまでも
遠い北国の雪中行軍も
灼熱の熱帯も、いとわぬわれら
アメリカ合衆国海兵隊

われら誇りもて捧げる
わが部隊への盃に
生死恐れぬ健闘を誓い
陸海軍の活躍に目を奪われず
黙々と戦う、忍耐のわれら
アメリカ合衆国海兵隊

テーブル身体訓練（柔軟体操） プッシュアップ（腕立伏せ） 腹筋・背筋（へばるまでやらされる）
新兵は、授業に出て試験を受け障害物コースを走り第二次体力検査を受ける
■サーキットコース
なんだ!! そのザマは!! 根性なし!! フニャマラめ!!
まったく きさまらときたら ウジ虫だ、クソ虫だ、この地上における最低の生物だ！
懸垂20回
テーブル身体訓練
なんてザマだ。貴様らのママが初めてパパの一物を押し込まれた時のようにヒーハー言いおって。
さあ クソ虫め 立ち上がって みろ。
罰則
完全軍装で20回～30回
ドロの中でのプッシュアップ
汚れスキンのザーメン顔め 根性直しの20回だ!!
私的制裁・肉体制裁等は当然禁止されているが、DIはモタモタする奴はようしゃなく殴る蹴るの罰を与える。一番軽いヤツはプッシュアップだ。
ライフル射撃の失敗に対して罰が一番キツいぞ。
砂場で頭の上から砂をまかれ全員砂まみれ。
ファティーグをやぶかれ、一晩で縫え！

隊創立記念日（1775年11月10日）
シリアル・ナンバー（政府領収番号）

■ライフル支給

■食事

■ニックネーム

○レザーネック

創設時代の士官・兵士が
共通につけていた
襟元の黒皮のカラー。
刀剣から首筋を守り、
頭部を直立させる
ための物とも言われる

■マスコット

○ブルドック

第1次大戦ベローの森での
戦闘でドイツ軍から
魔犬と呼ばれたことから
採用された。
絶対に引き下がったり
降参しないしぶとい犬なのだ

■紋章

○「地球と錨」
(Globe and Anchor)

地球儀と錨は、海兵隊の
世界的な遠征軍の役割と
機能を示し、翼を広げた
ワシは常時臨戦態勢を
表現している

授業は海兵隊の歴史と伝統
軍の礼儀と規律
M16A2ライフルの構造
および取扱い法
応急手当て、指導者教科

ケツの穴を
しめろ
ダイヤのクソを
ひねり出す
ぐらいにな！

検閲は訓練が進むにつれ、階級の上の者が見にくる

ピューギル・スティック（戦闘棒）

ライフルPT

銃剣訓練

戦闘棒戦

格闘戦

クソ虫どもめ
家へ帰るか
陸軍へ行っちまえ
貴様なんか
海兵隊はいらん！

水泳資格検定
初回訓練査定
第一回学力試験
体力検査

チンタラするな
じじいの
ファックの方が
まだ気合が
入っているぞ。

シリーズ隊長の検閲

第2次訓練期間（3週間）

射撃区へ移動し、ここでは、DIではなく射撃教官が指導する

射撃手の信条は第二次大戦中に海兵隊少将W・H・ルパータスが書いた有名な誓いだ

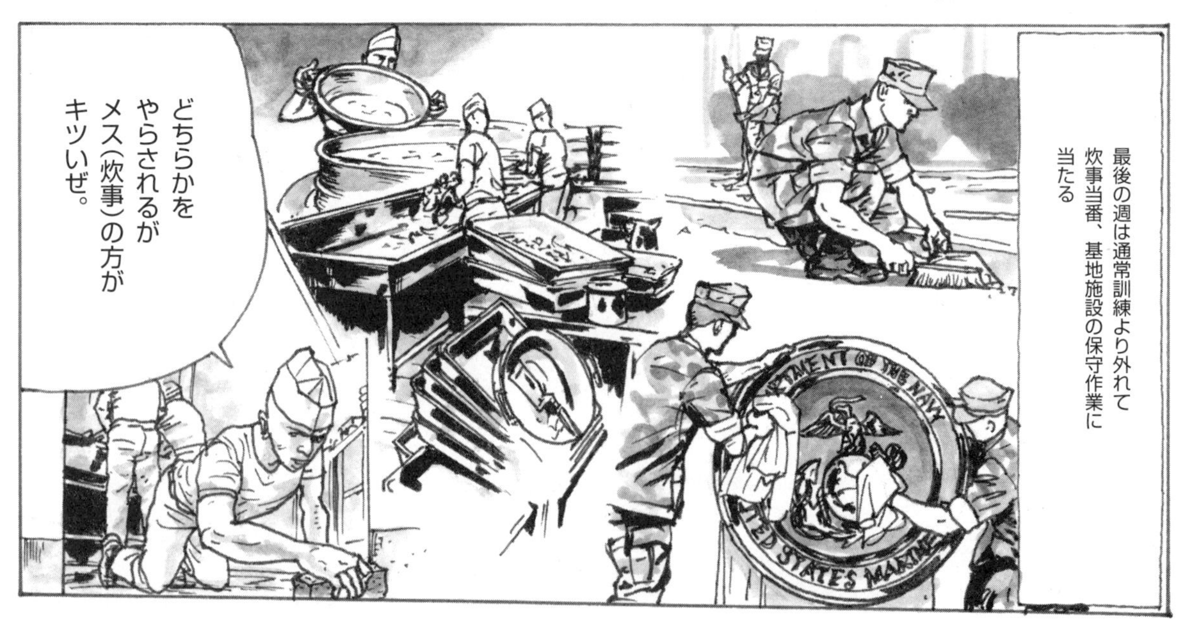

毒ガス体験（CSガス充満の部屋でマスクを外し、プッシュアップや歌を唄わす。とにかくパニックを経験させる）

コンフィデンスコース
（自信コース）

毎週ごとにあるウィークリーパレード
ドリル検閲（最後期）
3099

洗濯日
（日曜日）
この時はおしゃべりしていいんだ。
朝のライフル検閲。1週間に1回、アトランダムに行なわれる
交替で当たる衛兵任務

P・F・Tテスト(フィジカル・フィットネス・テスト。体力テスト)

各自に支給されたライフルの返納

P・F・Tテスト

訓練最後の数日は、各人の教練査定
最終査閲(司令官)、
体力テストのためのランニング(5マイル耐久レース)、
給料の支給および卒業式の準備で過ぎる

■給料

まず百ドル相当の
伝票が渡され
第3次訓練期間に
もう百ドル相当の
伝票が渡される。

卒業の週に
それまでの
給料が
全額、現金で
一度に支給され
これを休暇の
費用とする
(千ドル)。

■運動

点数	懸垂	上体屈折運動	3マイル走行
100	20	80	18：00
99			18：10
98		79	18：20
97			18：30
96		78	18：40
95	19		18：50
94		77	19：00
93			19：10
92		76	19：20
91			19：30
90	18	75	19：40
89			19：50
88		74	20：00
87			20：10
86		73	20：20
85	17		20：30
84		72	20：40
83			20：50
82		71	21：00
81			21：10
80	16	70	21：20
79			21：30
78		69	21：40
77			21：50
76		68	22：00
75	15		22：10
74		67	22：20
73			22：30
72		66	22：40
71			22：50
70	14	65	23：00
69			23：10
68		64	23：20
67			23：30

点数	懸垂	上体屈折運動	3マイル走行
66		63	23：40
65	13		23：50
64		62	24：00
63			24：10
62		61	24：20
61			24：30
60	12	60	24：40
59		59	24：50
58		58	25：00
57		57	25：10
56		56	25：20
55	11	55	25：30
54		54	25：40
53		53	25：50
52		52	26：00
51		51	26：10
50	10	50	26：20
49		49	26：30
48		48	26：40
47		47	26：50
46		46	27：00
45	9	45	27：10
44		44	27：20
43		43	27：30
42		42	27：40
41		41	27：50
40	8	40	28：00
39		39	28：10
38		38	28：20
37		37	28：30
36		36	28：40
35	7	35	28：50
34		34	29：00
33		33	29：10

点数	懸垂	上体屈折運動	3マイル走行
32		32	29：20
31		31	29：30
30	6	30	29：40
29		29	29：50
28		28	30：00
27		27	30：10
26		26	30：20
25	5	25	30：30
24		24	30：40
23		23	30：50
22		22	31：00
21		21	31：10
20	4	20	31：20
19		19	31：30
18		18	31：40
17		17	31：50
16		16	32：00
15	3	15	32：10
14		14	32：20
13		13	32：30
12		12	32：40
11		11	32：50
10	2	10	33：00
9		9	33：10
8		8	33：20
7		7	33：30
6		6	33：40
5	1	5	33：50
4		4	34：00
3		3	34：30
2		2	35：00
1		1	36：00

基礎体力向上のため、海兵隊は自己得点法による運動を勧めている。運動は懸垂、上体屈折運動と3マイル走行で最高合計300点を目標にやり抜く

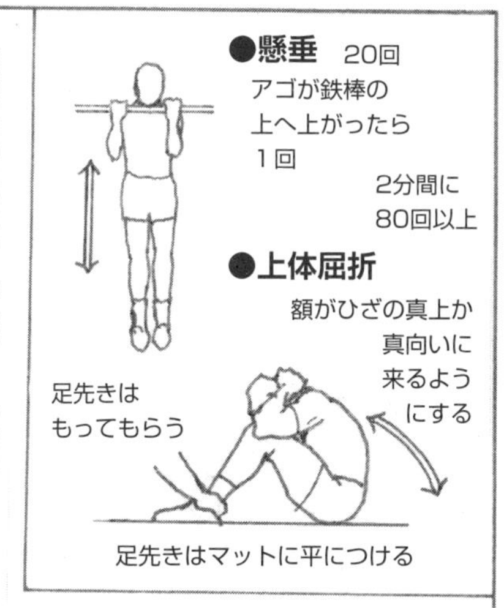

(得点例)		
	懸垂15回	75回
	上体屈折40回	40点
	3マイル走行／25分	58点
	計	173点

■卒業式

卒業式を迎えて、各人は
ようやく新人のマリーン（海兵隊員）となる
本日をもって
お前たちは
ウジ虫を
卒業する。
これで
お前たちは
マリーンとなった。
一度マリーンに
なれば
一生マリーンだ。
3099
成績のトップの者は
二等兵進級と同時に
アメリカ4軍の中で最も美しいと
いわれる礼服ドレス・ブルーを着用
する名誉を得る
卒業式の後で各自に命令が下され
大半の隊員は歩兵訓練を受けるべく
SOI行きとなる
教育期間中、時には
基地映画館を訪れる機会が
与えられる。
卒業直前の日曜日には
基地内休暇が与えられ
卒業と同時に、10日から15日の
休暇が許される
休暇の後には各人は
転属し、それぞれ
勤務地へと出頭する

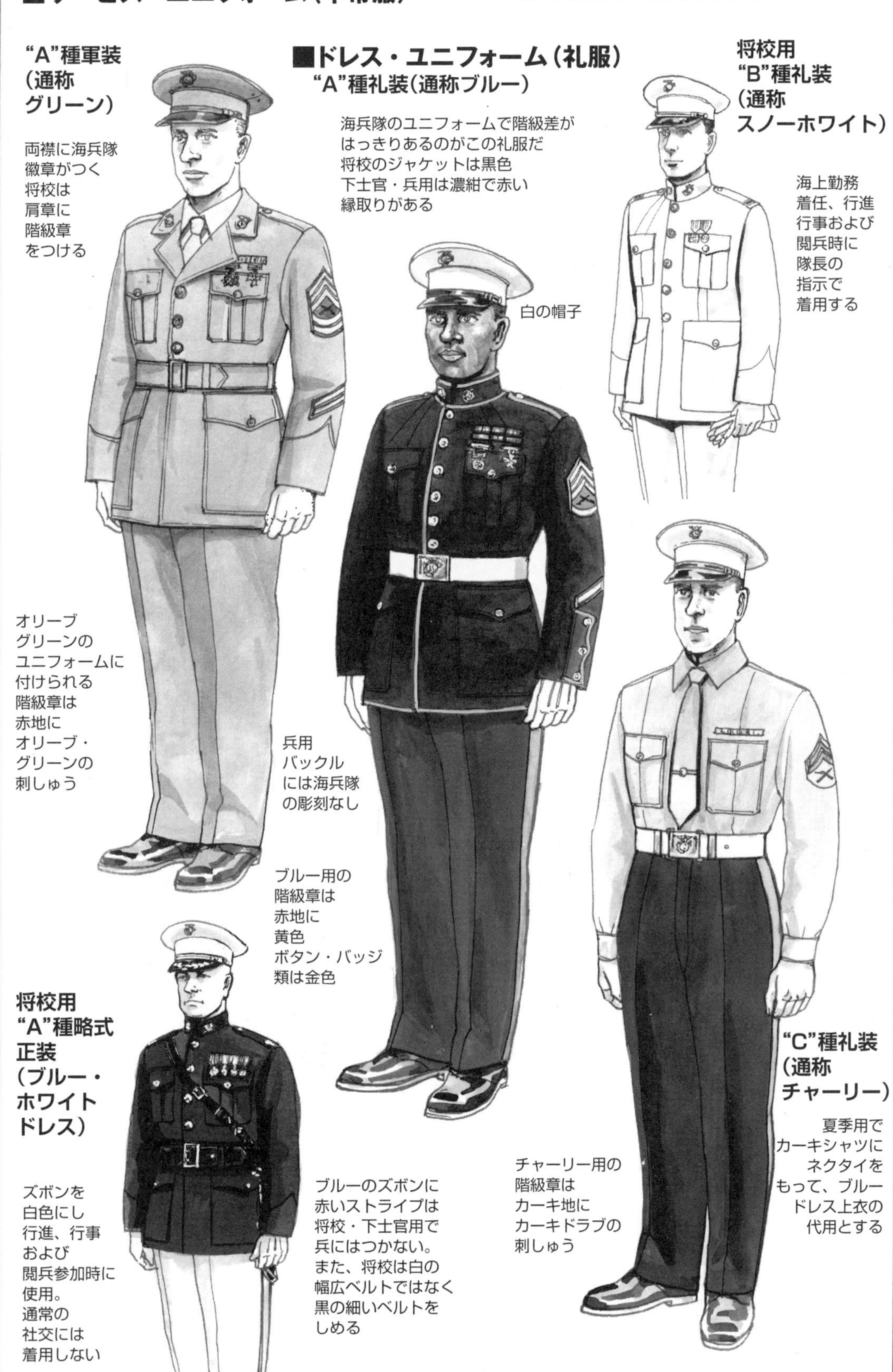
〈海兵隊のユニフォーム〉
■サービス・ユニフォーム（平常服）
ドレス・ユニフォームは行進、行事参列、閲兵その他公式の場で着用され、勲章、バッジ類は隊長の指示によるものとされている
“A”種軍装（通称グリーン）
両襟に海兵隊徽章がつく将校は肩章に階級章をつける
■ドレス・ユニフォーム（礼服）
“A”種礼装（通称ブルー）
海兵隊のユニフォームで階級差がはっきりあるのがこの礼服だ将校のジャケットは黒色下士官・兵用は濃紺で赤い縁取りがある
将校用“B”種礼装（通称スノーホワイト）
海上勤務着任、行進行事および閲兵時に隊長の指示で着用する
白の帽子
オリーブグリーンのユニフォームに付けられる階級章は赤地にオリーブ・グリーンの刺しゅう
兵用バックルには海兵隊の彫刻なし
ブルー用の階級章は赤地に黄色ボタン・バッジ類は金色
将校用“A”種略式正装（ブルー・ホワイトドレス）
ズボンを白色にし行進、行事および閲兵参加時に使用。通常の社交には着用しない
ブルーのズボンに赤いストライプは将校・下士官用で兵にはつかない。また、将校は白の幅広ベルトではなく黒の細いベルトをしめる
チャーリー用の階級章はカーキ地にカーキドラブの刺しゅう
“C”種礼装（通称チャーリー）
夏季用でカーキシャツにネクタイをもって、ブルードレス上衣の代用とする

■ドリル・サージャント
"C"種軍装を着用し
キャンペーン
ハットを
かぶった
典型的な
練兵係軍曹
■ユーティリティ・
ユニフォーム（作業服）
戦闘服も兼ね、
戦地、実習地で
着用
通常の隊内
活動は
このスタイルだ
■護衛兵
内外公館の警備や
艦内の規律
維持、
これは
儀仗兵の
任務にあたる
ため礼服を
着用
1インチ=2・54センチメートル
ピストルを
装備する
"C"種軍装
夏季用で
グリーンの
ズボンに
半袖シャツ
それに
略帽と
いった
スタイル
■ユニフォームの着装法
正帽
頭部頂点が上底カバーに
触れぬ程度に
楽にかぶる
正面から見た場合、ひさしが
目線より若干上になるようにかぶる
ズボンはポケットのたるみや
正面の横じわを出さない
バックルは
フライの
縁に合わせる
ベルトの末端はバックルの
左側2インチ以上
4インチ以内にくるように
グリーン・サービス
コート
コートの
縁に
合わせる
左右の合わせは3インチ以上
4インチ以下とする
略帽（ギャリソン
キャップ）
キャンペーン
ハット
（ニックネーム/スモーキー・ベア）
袖口は手首の骨をおおい
親指から7/8インチとする
ズボンの後部丈は靴の
踵上部に達する長さ
裾はまっすぐ
立った時、ワン
ブレークできること
前後の
高低差は
7/8インチ

<女子隊員のユニフォーム>
■ドレス・ユニフォーム
“A”種礼装（通称ブルー）
男子と同じく
将校は黒色
下士官・兵は
濃紺となる
ホワイト
シャツ
■サービス・ユニフォーム
“A”種軍装（通称グリーン）
通常着とした場合、
事務所内では
上衣を
除いてもいい
“C”種軍装
夏季用で
半袖カーキ
シャツに
グリーンの
スカート
女子隊員も
作業服は
男子と同じ
カモフラー
ジュ服を
着用する
黒の
ハンドバック
総ての制服
着用時に使用
カーキ
シャツは
裾を
スカートの
外に出して
着用
マリン・カフ
と呼ばれる
海兵隊独特
のデザインは
女子礼服にも
使われている
正帽
ひさし先端を眉の線に合わせる
略帽
まっすぐか、やや右に傾けてかぶる
眉の上
約0.1インチ
にする
ユニフォームの上衣
長さは自然の
ウエスト・ライン下
7インチとし
正面で
2インチほど
オーバー
ラップ
させる
スカートの
ヘムは
2インチ以上
3インチ以下
スカートの丈は
膝頭の上
1インチ以下
同下1インチ
以内の長さ
サービス・セーター
（ニックネーム
ウッディー・ローリー）
サービス・セーターを
着用する場合は
襟をセーターの外に出す

■階級章

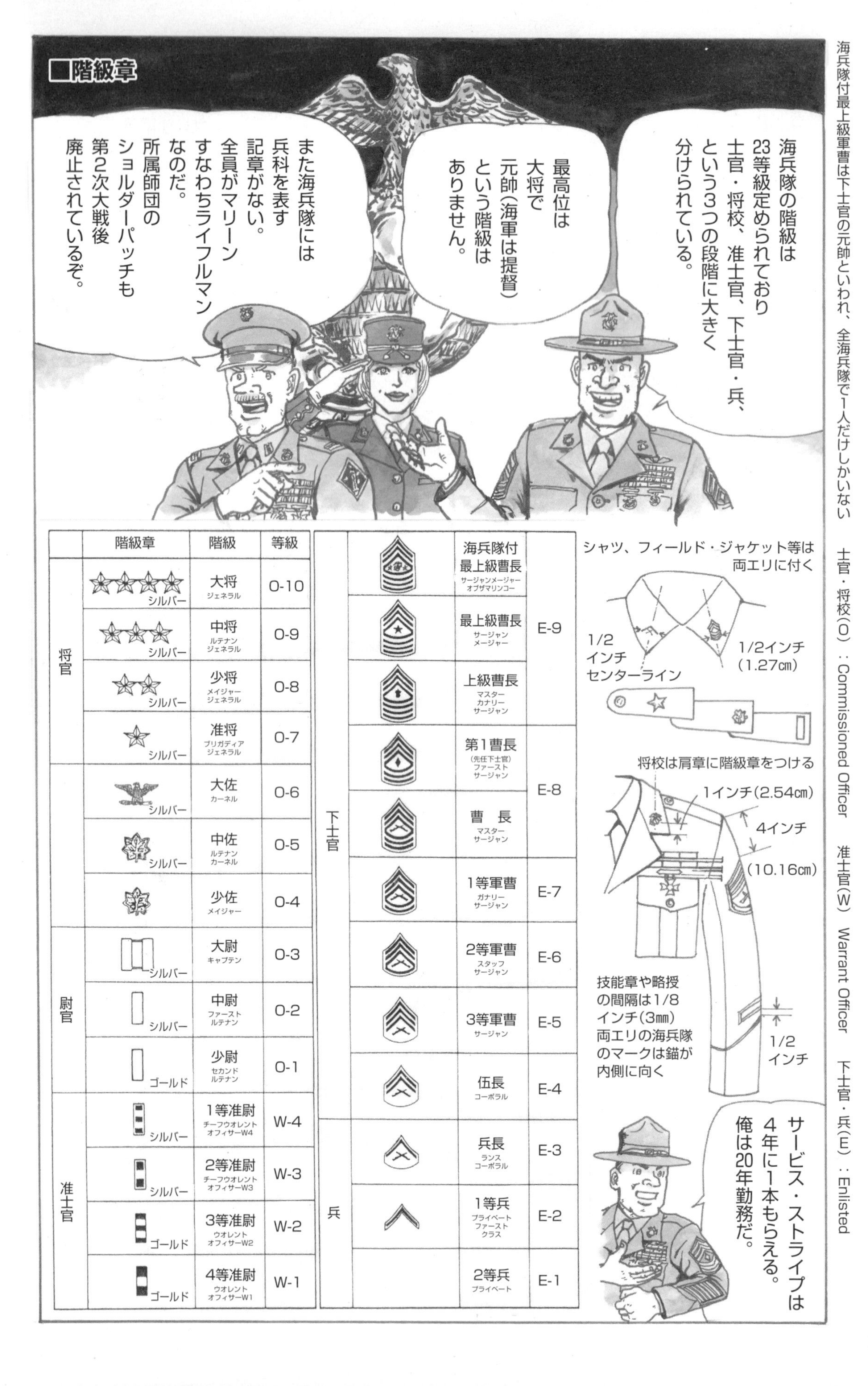

	階級章	階級	等級
将官	シルバー	大将 ジェネラル	O-10
	シルバー	中将 ルテナンジェネラル	O-9
	シルバー	少将 メイジャージェネラル	O-8
	シルバー	准将 ブリガディアジェネラル	O-7
	シルバー	大佐 カーネル	O-6
	シルバー	中佐 ルテナンカーネル	O-5
		少佐 メイジャー	O-4
尉官	シルバー	大尉 キャプテン	O-3
	シルバー	中尉 ファーストルテナン	O-2
	ゴールド	少尉 セカンドルテナン	O-1
准士官	シルバー	1等准尉 チーフウオレントオフィサーW4	W-4
	シルバー	2等准尉 チーフウオレントオフィサーW3	W-3
	ゴールド	3等准尉 ウオレントオフィサーW2	W-2
	ゴールド	4等准尉 ウオレントオフィサーW1	W-1

	階級章	階級	等級
下士官		海兵隊付最上級曹長 サージャンメージャーオブザマリンコー	E-9
		最上級曹長 サージャンメージャー	E-9
		上級曹長 マスターカナリーサージャン	E-9
		第1曹長 (先任下士官) ファーストサージャン	E-8
		曹長 マスターサージャン	E-8
		1等軍曹 ガナリーサージャン	E-7
		2等軍曹 スタッフサージャン	E-6
		3等軍曹 サージャン	E-5
		伍長 コーポラル	E-4
兵		兵長 ランスコーポラル	E-3
		1等兵 プライベートファーストクラス	E-2
		2等兵 プライベート	E-1

■海兵隊ショルダーパッチ(赤地黄色のマークが主体)

第1次大戦では、海兵隊は陸軍第2師団に編入されたため同師団のインディアンヘッドを使用した(星は白色 顔が肌色)

第4海兵師団

第5海兵連隊

第6海兵連隊

下地色　司令部(黒)・第1大隊(赤)・第2大隊(黄)・第3大隊(紫)
機関銃小隊(ピンク)・補給部隊(緑)

海兵航空師団(赤地に黄色)

PAC＝太平洋航空師団司令部
Ⅰ～Ⅳ＝各師団ナンバー

第1海兵師団(紺地 赤)(星と文字は白色)

第2海兵師団(星と手が白色)

第3海兵師団

第4海兵師団

第5海兵師団(紺のアローヘッド)

第6海兵師団(紺地)

第3水陸両用軍団(Ⅲと星が白色)

第5水陸両用軍団

第13警備大隊(タツノオトシゴ黄色)

第18警備大隊(剣 白色)

第51警備大隊(数字と文字白色)

第52警備大隊(星 白色)

艦船分遣隊

FMF-PAC
太平洋艦隊付
海兵部隊

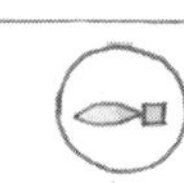

補給　不発弾処理

アムトラック　対空

ダック中隊　砲兵

司令部(星と文字が白色)　工兵(黄色地に赤)　軍用犬小隊

■車両用師団マーキング

この図形の中に連隊、大隊、中隊を表す3ケタの数字が入ります

第1海兵師団

第2海兵師団

第3海兵師団

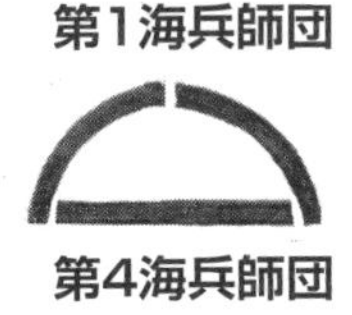

第4海兵師団

第5海兵師団

第6海兵師団

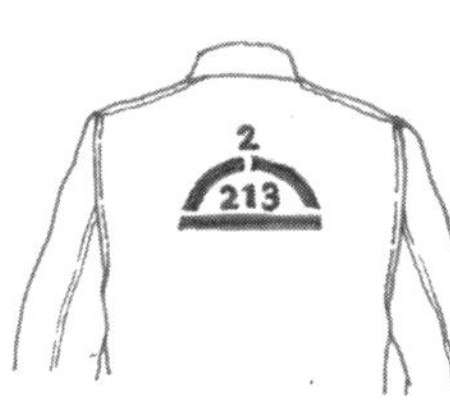

1 - 兵
2 - 伍長
3 - 軍曹、曹長
4 - 少尉、中尉
5 - 大尉
6 - 少佐以上

1ケタ目　連隊
2ケタ目　大隊
3ケタ目　中隊

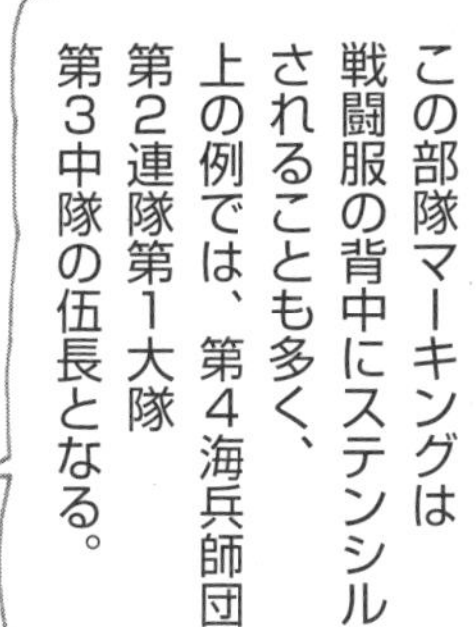

第1水陸両用軍団(紺地に白星)

補給(赤地に白)

航空技術

対空大隊

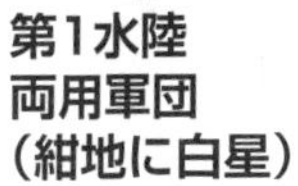

挺進大隊

司令部(赤)

パラシュート大隊

インシグニア（部隊章・階級章・技能章・略授などの各種徽章）

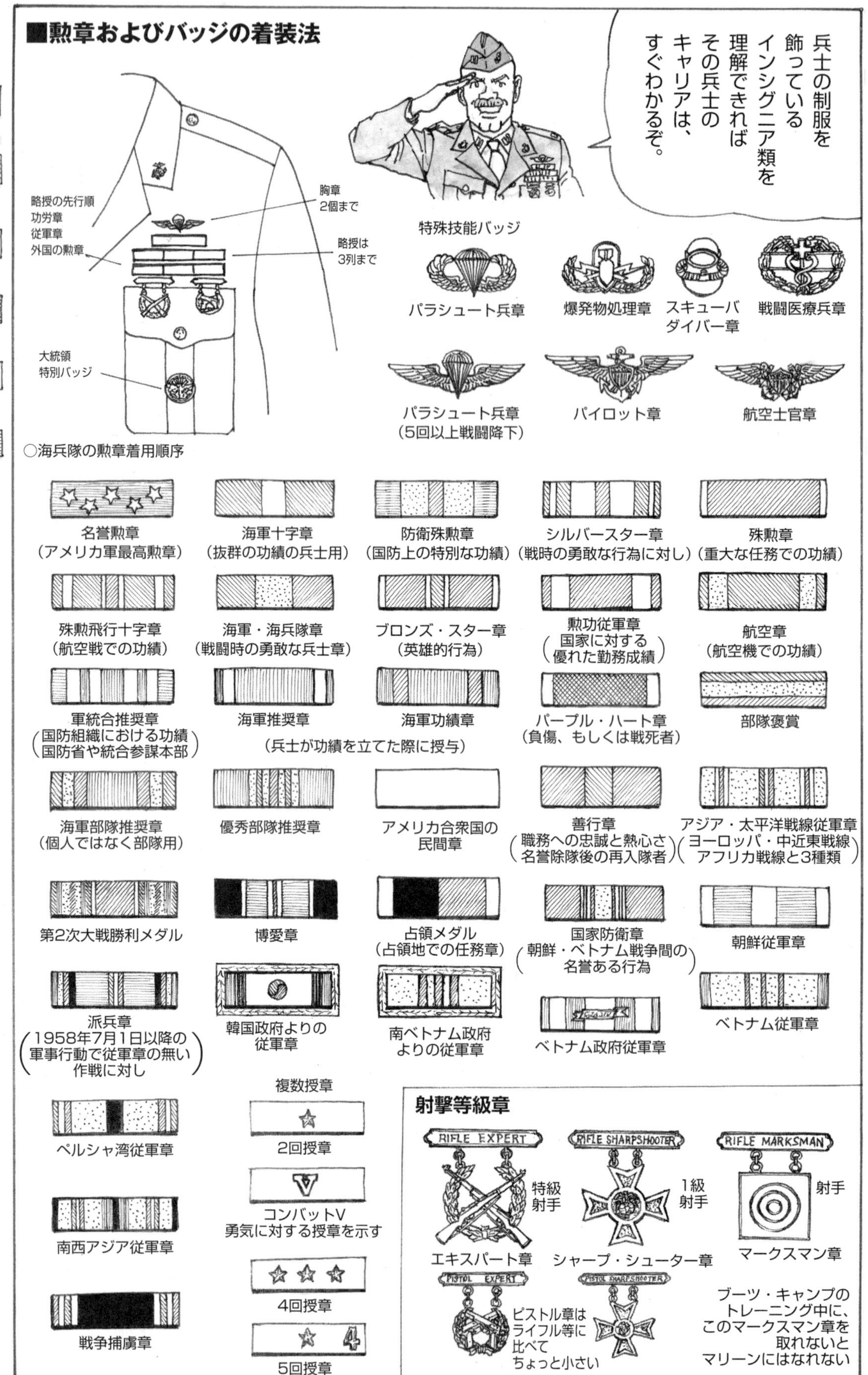

■勲章およびバッジの着装法
兵士の制服を飾っているインシグニア類を理解できればその兵士のキャリアは、すぐわかるぞ。
赤
青
緑
紫
黄
水色
略授の先行順
功労章
従軍章
外国の勲章
胸章
2個まで
略授は
3列まで
大統領
特別バッジ
特殊技能バッジ
パラシュート兵章
爆発物処理章
スキューバダイバー章
戦闘医療兵章
パラシュート兵章（5回以上戦闘降下）
パイロット章
航空士官章
○海兵隊の勲章着用順序
名誉勲章（アメリカ軍最高勲章）
海軍十字章（抜群の功績の兵士用）
防衛殊勲章（国防上の特別な功績）
シルバースター章（戦時の勇敢な行為に対し）
殊勲章（重大な任務での功績）
殊勲飛行十字章（航空戦での功績）
海軍・海兵隊章（戦闘時の勇敢な兵士章）
ブロンズ・スター章（英雄的行為）
勲功従軍章（国家に対する優れた勤務成績）
航空章（航空機での功績）
軍統合推奨章（国防組織における功績 国防省や統合参謀本部）
海軍推奨章
海軍功績章
（兵士が功績を立てた際に授与）
パープル・ハート章（負傷、もしくは戦死者）
部隊褒賞
海軍部隊推奨章（個人ではなく部隊用）
優秀部隊推奨章
アメリカ合衆国の民間章
善行章（職務への忠誠と熱心さ 名誉除隊後の再入隊者）
アジア・太平洋戦線従軍章（ヨーロッパ・中近東戦線 アフリカ戦線と3種類）
第2次大戦勝利メダル
博愛章
占領メダル（占領地での任務章）
国家防衛章（朝鮮・ベトナム戦争間の名誉ある行為）
朝鮮従軍章
派兵章（1958年7月1日以降の軍事行動で従軍章の無い作戦に対し）
韓国政府よりの従軍章
南ベトナム政府よりの従軍章
ベトナム政府従軍章
ベトナム従軍章
ペルシャ湾従軍章
南西アジア従軍章
戦争捕虜章
複数授章
2回授章
コンバットV
勇気に対する授章を示す
4回授章
5回授章
射撃等級章
RIFLE EXPERT
特級射手
エキスパート章
RIFLE SHARPSHOOTER
1級射手
シャープ・シューター章
RIFLE MARKSMAN
射手
マークスマン章
PISTOL EXPERT
PISTOL SHARPSHOOTER
ピストル章はライフル等に比べてちょっと小さい
ブーツ・キャンプのトレーニング中に、このマークスマン章を取れないとマリーンにはなれない

海兵隊用語・略称集

■海兵隊俗用語

airdale 〈birdman,wing,wiper,zoomie〉〈エアデール〉 海兵航空隊（員）
Bald eagle 〈ボールドイーグル〉 反撃大隊
bird 〈chopper,copter〉〈バード〉 ヘリコプター
blow away 〈snuff〉〈ブローアウェイ〉 キル（殺すこと）と同じ
chow 〈grease,grit〉〈チャウ〉 食事
cools 〈クール〉 冷静なこと
crapped out 〈クラップドアウト〉 睡眠、休憩
crunchie 〈grunt〉〈クランチー〉 海兵隊歩兵
C's 〈シーズ〉 C レーション（携行食糧）
ding 〈zap〉〈ディング〉 殺傷すること
doc 〈ドック〉 海兵隊配属の海軍衛生兵
dude 〈デュード〉 海兵隊の初年兵
fire in the hole 〈ファイア・イン・ザ・ホール〉 爆発物爆破の警告
goodies 〈グディーズ〉 高価な品物
honcho 〈ホンチョー〉 古参兵、班長のこと
humble 〈ハンブル〉 低い、悪いの意味
humming 〈ハミング〉 悪い
hump 〈ハンプ〉 動く、運ぶの意味
in a trick 〈インナ・トリック〉 不利な状況に直面の意味
Mike-Mike 〈マイクマイク〉 ミリメーターのこと
number one 〈ナンバーワン〉 最高
number ten 〈ナンバーテン〉 最低
pogey bait 〈ポギーベイト〉 キャンディ、菓子
rough rider 〈ラッフライダー〉 車両コンボイ
snuffie 〈スナッフィー〉 兵隊
S.O.P 〈エスオーピー〉 標準操作要領
Sparrow Hawk 〈スパローホーク〉 反撃小隊
strike 〈ストライク〉 近接航空支援
stad 〈super bird〉〈スタッド〉 CH-53のこと
the hawk's out 〈ザ・ホークスアウト〉 悪天候（寒いこと）
The Man 〈ザ・マン〉 将校など権威ある個人
tight-jawed 〈タイトジョウド〉 立腹
two-holer 〈トゥーホーラー〉 野戦トイレ
Willie Peter Pac. 〈ウィリー・ピーター・パック〉 防水収納袋

■海兵隊で使われる海軍用語

bulkhead 〈バルクヘッド〉 壁のこと
deck 〈デック〉 床、地面
hatch 〈ハッチ〉 ドア、出入口
ladder 〈ラダー〉 階段
overhead 〈オーバーヘッド〉 天井
piece 〈ピース〉 兵器
strboard 〈スターボード〉 右舷、右

■海兵隊組織略称

CG 司令官
CS 参謀長
G-1 総務人事
G-2 情報部
G-3 作戦計画部
G-4 兵站部
G-5 民事部
CO 隊長、指揮官
XO 副官
PltCmdr 小隊長
S-1 総務、人事課（連隊、群、大隊レベル）
S-2 情報課（ 連隊、群、大隊レベル ）
S-3 作戦計画課（ 連隊、群、大隊レベル ）
S-4 兵站課（ 連隊、群、大隊レベル ）
FAC 前線航空管制官（航空―地上軍連絡）
FO 前線視察官（砲兵支援）
MTO 自動車輸送担当将校

■海兵隊兵器関係用語

A.P. 〈エーピー〉 甲鉄
APC 〈エーピーシー〉 装甲人員輸送車
A.T. 〈エーティー〉 対戦車
BAR 〈バー〉 ブローニング自動ライフル
Baseball grenade 〈ベースボールグリネード〉 催涙手榴弾
Booby trap 〈ブービートラップ〉 人員殺傷用のワナ
Bouncing Betty 〈バウンシング・ベティー〉 爆発前に空中へ放り出す地雷除去装置
C-4 〈シーフォー〉 4種類配合爆発物、C レーションに過熱することにも使う
Claymore 〈クレイモアー〉 鋼鉄球を仕込んだ地雷
CS 〈シーエス〉 催涙ガス
Fifty 〈フィフティ〉 .50口径機関銃
Flare 〈フレアー〉 信号装置または証明
.45 〈フォーティファイブ〉 .45口径拳銃
Four-deuce 〈フォーデュース〉 107mm迫撃砲
Frag 〈フラッグ〉 M-26手榴弾のこと
H.E. 〈エッチ・イー〉 高性能爆発
HEAT 〈ヒート〉 レーション過熱剤
H.E.A.T. 〈エッチ・イー・エー・ティー〉 高性能爆発対戦車弾
How-Six 〈ハウシックス〉 上陸有軌車両
Illum 〈イルム〉 イルミネーション
K-Bar 〈ケイバー〉 ナイフ
LAW 〈ロウ〉 軽量突撃兵器（ロケットランチャーの一種）
LVT 〈エルビーティー〉 水陸両用上陸用車両
M-16 〈エムシックスティーン〉 M-16ライフル
M-48 〈エム・フォーティエイト〉 ガン・タンク
M-67 〈エム・シックスティセブン〉 フレーム・タンク
M-60 〈エム・シックスティ〉 マシンガン
M-79 〈エム・セブンティナイン〉 手榴弾発射装置
Motor 〈モーター〉 81㎜、4.2″（107㎜）迫撃砲 105㎜、155㎜ 8175㎜ 各口径榴弾砲
Pod 〈ポッド〉 航空機の空対地ロケット・ポッド
Rifle 〈reckless rifle,recoiless〉〈ライフル〉 106㎜無反動砲
Smoke 〈スモーク〉 各種カラー発煙手榴弾
SP 〈エスピー〉 自走
StarCluster 〈スタークラスター〉 発火信号
3.5 〈フリー・ポイント・ファイブ〉 3.5″ロケット・ランチャー

■海兵隊主要部隊組織呼称

FMFPac 〈FMFLant〉 太平洋艦隊付海兵部隊（大西洋艦隊付海兵部隊）
WestPac 西太平洋
MarDiv 〈Divy.Division〉 海兵帰国
MAW 〈Wing〉 海兵航空団
MAG 〈Marine Air Group〉 海兵航空群
VMF 海兵戦闘飛行隊
VMA 海兵攻撃飛行隊
VMFA 海兵戦闘攻撃飛行隊
VMO 海兵観察飛行隊
VMCJ 海兵写真偵察飛行隊
VMGR 海兵輸送給油飛行隊
HML 軽ヘリコプター飛行隊
DASC 航空直援センター
MACS 海兵航空管制隊
H & MS 本部/整備分隊
HMM 中型ヘリコプター飛行隊
HMH 大型ヘリコプター飛行隊
ASRT 航空支援レーダー・チーム
H & HS 本部/本部飛行隊
HABS 海兵航空基地飛行隊
MACG 海兵航空管制群
MASS 海兵航空支援飛行隊
MWCS 海兵航空団通信分隊
MWFS 海兵航空団施設分隊
MWHG 海兵航空団本部群
MWSG 海兵航空団支援群
AmTracBn. 水陸両用トラクター大隊
ANGLIO 空海砲撃連絡中隊
Btry 砲兵大隊
COC 戦闘作戦センター
CommCenter 通信センター
FADAC 野砲デジタル自動コンピュータ
FDC 砲撃誘導センター
FT 〈team〉 射撃班
LSA 上陸補給活動
L/3/4 L中隊/第3大隊/第4海兵連隊
MAB 海兵水陸両用（上陸）旅団
MCB 機動建設連隊
MEB 海兵遠征旅団
MP 憲兵
NSA 海兵支援活動
Plt 小隊
PMO 憲兵司令部
Recon. 偵察
RLT 連隊上陸チーム
Squad 分隊
Section 砲兵中隊
Shore Party Bn. 上陸支援大隊
SLF 特別上陸部隊
Ashore 〈アシェアー〉 非番。長期・短期休暇を取る
Aye Aye, Sir 〈アイアイサー〉 命令を正式に受理するときに言う
Barracks 〈バラック〉 海兵隊兵舎
Below 〈ベロー〉 一階
Bivouac 〈ビバーク〉 野外でテントをはって野営するところ
Blouse 〈ブラウス〉 外装
Boondocks 〈ボーンダックス〉 林、野原。新編地
Brightwork 〈ブライトワーク〉 真鍮、光る金属、蛇口、ドアの把手など
Bulkhead 〈バルクヘッド〉 壁
Bunk or rack 〈バンクオアラック〉 ベッド
Chit 〈チット〉 小さい紙切れ。受取伝票、許可の伝票
CMC 〈シーエムシー〉 海兵隊司令官
CO 〈シーオー〉 司令官、司令将校
Colors 〈カラーズ〉 団旗
Cover 〈カバー〉 帽子
Cruise or tour 〈クルーズオアツアー〉 兵役期間
Deck 〈デック〉 床
Drill 〈ドリル〉 行進
Esprit de Corps 〈エスプリットデコープス〉 隊員精神
Field 〈フィールド〉 割譲地
Galley 〈ギャレー〉 台所
Gangway 〈ギャングウェー〉 邪魔にならないようにどく、道をあける
Gear Locker 〈ギアロッカー〉 掃除道具をいれる納戸
Passageway 〈パッセージウェー〉 廊下
Porthole 〈ポートホール〉 窓
PFT 〈ピーエフティー〉 体力検査
Quarters 〈クオーター〉 居住区。家、兵舎など
Reveille 〈リバイル〉 起床時間
Secure 〈セクワー〉 仕事を止める、しまう、閉める、鍵をかける
Scuttlebutt 〈スカットルブット〉 水飲み場、噂
Snapping in 〈スナッピングイン〉 射撃体勢に入る練習をする
Squadbay 〈スコードベイ〉 兵舎内の海兵隊の居住区
Square away 〈スクエアウェイ〉 整頓する
Survey 〈サーベイ〉 入隊に不必要な品を提出する
Swab 〈モップ〉 モップ
Taps 〈タップス〉 就寝時間
Topside 〈トップサイド〉 二階
W.M 〈ダブル・エム〉 女子海兵隊員
Gang Ho 〈ガンホー〉 一致団結して仕事する。意気軒昂
Hatch 〈ハッチ〉 ドア
Head 〈ハード〉 トイレ、浴室
Ladder 〈ラダー〉 階段
Leave 〈リーブ〉 正式長期休暇
Liberty 〈リバティ〉 正式休み時間、休暇ではない
MOS 〈エムオーエス〉 特技区分
NCO 〈エヌシーオー〉 下士官
NCOIC 〈エヌシーオーアイシー〉 先任下士官
Overhead 〈オーバーヘッド〉 天井

参考文献

アメリカ海兵隊　野中郁次郎・著　中央公論社・刊
アメリカ海兵隊の徹底研究　稲垣治・著　光人社・刊
朝鮮戦争　児島襄・著　文春文庫・刊
フルメタル・ジャケット
グスタフ・ハスフォード・著　角川文庫・刊
写真集 朝鮮戦争　国書刊行会・刊
砂漠の電撃戦 湾岸戦争の機甲部隊　デルタ出版・刊
NAM・凶器の戦争の真実　同朋社出版・刊
世界兵器図鑑 アメリカ編　岩堂憲人・著　国際出版・刊
世界兵器図鑑 日本編　小橋良夫・著　国際出版・刊
世界兵器図鑑 共産諸国編　野崎龍介・著　国際出版・刊
第2次世界大戦米軍軍装ガイド　並木書房・刊
M-16ストーナーズ　床井雅美・著　大日本絵画・刊
AK-47&カラシニコフバリエーション
床井雅美・著　大日本絵画・刊
日本の軍装　中西立太・著　大日本絵画・刊
国連平和維持軍　大日本絵画・刊
世界の銃器　床井雅美・著　ごま書房・刊
世界大戦文庫スペシャル 空中機動作戦
村岡英夫・著　サンケイ出版・刊
一億人の昭和史　日本の戦史　毎日新聞社・刊
対ゲリラ戦　白善曄・著　原書房・刊
ベトナム戦闘記録 地獄から還った男
ロバート・グリーン・著　原書房・刊
世界の特殊部隊　土井寛・著　朝日ソノラマ・刊
特殊部隊
ウォルター・N・ラング・著　落合信彦・訳　光文社・刊
ベトナム・チョッパー
サイモン・ダンストン・著　石川潤一・訳　並木書房・刊
世界の傑作機シリーズ　文林堂・刊
第二次世界大戦ブックスシリーズ　サンケイ出版・刊
ライフ第2次世界大戦史シリーズ
ライムライフブックス・刊
丸スペシャル　太平洋戦争　空海戦シリーズ　潮書房・刊
航空戦史シリーズ　朝日ソノラマ・刊
新戦史シリーズ　朝日ソノラマ・刊
毎日グラフ　毎日新聞社・刊
アサヒグラフ　朝日新聞社・刊
アエラ　朝日新聞社・刊
ニューズウィーク　TBSブリタニカ・刊
週刊読売増刊 フセイン敗れたり　読売新聞社・刊
湾岸戦争全記録　毎日新聞社・刊
フライデー臨時増刊「湾岸戦争」　講談社・刊
週刊サンケイ緊急増刊 全記録ベトナム戦争30年
サンケイ新聞出版局・刊
時増刊ベトナム戦争の全貌　旺文社・刊
コンバットマガジン　ワールド・フォト・プレス・刊
ピーエックス・マガジン　ワールド・フォト・プレス・刊
アームズ・マガジン　ホビージャパン・刊
Gun　国際出版・刊
丸　潮書房・刊
航空ファン　文林堂・刊
エア・ワールド　エア・ワールド社・刊
PANZER　サンデー・アート社・刊
戦車マガジン　デルタ出版・刊
グランド・パワー　デルタ出版・刊
軍事研究　ジャパン・ミリタリー・レビュー・刊
世界の艦船　海人社・刊
週刊エアクラフト　同朋舎出版・刊
軍事研究別冊 徹底分析「湾岸戦争」
ジャパン・ミリタリー・レビュー・刊
コンバットマガジン増刊
アメリカ海兵隊　ワールド・フォト・プレス・刊
コンバットマガジン増刊
アメリカ陸軍　ワールド・フォト・プレス・刊
ワイルド・ムック　ワールド・フォト・プレス・刊
9 世界の特殊部隊
27 軍用車両の世界 U.S.ミリタリー・ビークル
35 日本陸軍兵器集
43 ベトナム戦争と兵器
49 世界のミリタリー・ユニフォーム
59 ベトナム戦争
世界の軍用機　航空ジャーナル・刊
世界軍用機年鑑　エア・ワールド社・刊
世界の戦車年鑑　戦車マガジン・刊
世界の航空戦力 アメリカ海軍／海兵隊
青木謙知・著　イカロス出版・刊
図説 アメリカ海兵隊のすべて
河津幸英・著　アリアドネ企画・刊
世界最強 アメリカ海兵隊のすべて　双葉社・刊
図解 最強海兵隊のすべて　コスミック出版・刊
ミリタリーユニフォーム大図鑑　文林堂・刊
最強軍団 アメリカ海兵隊　並木書房・刊
Vietnam Tracks Armor in Battle1945-75
OSPREY・刊
THE MARINE MACHINE
William　Mares・著　Doubleday・刊
FULL METAL JACKET KUBRICK、
HERR AND HASFORD・著　SECKER & WARBURG・刊
WW2　FACT FILES MACDONALD AND JANE'S・刊
JANE'S INFANTRY WEAPONS 1978
MACDONALD AND JANE'S・刊
JANE'S INFANTRY WEAPONS 1992～93
MACDONALD AND JANE'S・刊
Small Arms of The World
STRACKPOLE BOOKS・刊
VICTORY IN THE GULF
PUBLICATIONS INTERNATIONAL・刊
U.S.Army Uniforms of the Vietnam War
Stackpolo Books・刊
U.S.Army Uniforms of the KOREAN War
Stackpolo Books・刊
U.S.Marine Corps in Colour Phtographs
Window & Green・刊
Victory Desert Storm　Window & Green・刊
OPERATION DESERT SHIELD The Fist 90 Days
Window & Green・刊
U.S.MARINE CORPS Uniforms & Equipment in World War 2　Window & Green・刊
THE ARMED FORCES OF WORLD WAR Ⅱ
ANDREW MOLLO・著　MILITARY PRESS・刊
MARINE AIR FIRST TO FIGHT　Presidio Press・刊
WORLD ELITE FORCES　Histoire & Collections・刊
ALLIED SOLDIERS OF WORLD WAR TWO
Histoire & Collections・刊
THE UNITED STATES MARINES TODAY
GALLERY BOOKS・刊
US MARINE CORPS　Motor books International・刊
HISTORY OF THE UNITED STATES MARINE CORPS
Chevprime Limited・刊
Military Uniforms of the World Uniforms and equipment Sine World War Ⅱ
Crescent Books・刊
AMPHIBOUS WARFARE An Illustrated
History Blandford press・刊
Naval and Marine Badges and Insignia of World War 2　Blandford press・刊
ARMY UNIFORMS OF INDO-CHNA AND VIETNAM WARS　Blandford press・刊
TARAWA and WASP CLASS CONCORD
PUBLICATIONS COMPANY・刊
U.S.MARINE CORPS HELICOPTERS
CONCORD PUBLICATIONS COMPANY・刊
U.S.MILITARY WHEELED VEHICLES
CONCORD PUBLICATIONS COMPANY・刊
U.S.ARMY LIGHT FORCES
CONCOD PUBLICATIONS COMPANY・刊
OPERATION DESERT SHIELD
CONCORD PUBLICATIONS COMPANY・刊
OPERATION RESTORE HOPE and UNOSOM
CONCORD PUBLICATIONS COMPANY・刊
THE MARINE RIFLE SQUAD ESSENTIAL
SUBJECTS HAND BOOKS・刊
GUIDE BOOKS FOR MARINES ESSENTIAL
SUBJECTS HAND BOOKS・刊
THE UNITED STATES MARINE BATTLE SKILLS TRAINING ESSENTIAL
SUBJECTS HAND BOOKS・刊
MODERN LAND COMBAT
SALAMANDER BOOKS・刊
MODERN FIGHTING HELICOPTERS
Tiger Book International・刊
MODERN FIGHTING MEN Uniforms and equipment since World War Ⅱ　ORBIS BOOKS・刊
GROUND WAR VIETNAM VOL.1 1945-1965
Squadron/signal publications・刊
GROUND WAR VIETNAM VOL.2 1965-1968
Squadron/signal publications・刊
ARMOR IN ACTION
Squadron/signal publications・刊
AIRCRAFT IN ACTION
Squadron/signal publications・刊
WEAPON IN ACTION
Squadron/signal publications・刊
UNIFORMS ILLUSTRATED no.11 US MARINE in World War Two　ARMS AND ARMOUR PRESS・刊
Tanks Illustrated 29 US Marine Tanks of World War Two　ARMS AND ARMOUR PRESS・刊
MEN-AT-ARMS SERIES　OSPREY・刊
104 ARMIES OF THE VIETNAM WAR 1962-75
143 ARMIES OF THE VIETNAM WAR 1962-75 (2)
157 FLAK JACKETS
159 GRENADA 1983
174 THE KOREAN WAR 1950-53
205 U.S.Army Combat Equipments 1910-1988
VANGUARD　OSPREY・刊
8 US 1st MARINE DIVISION 1941-45
39 US Armour Camouflage and Markings 1917-45
MILITARY-Elite Series　OSPREY・刊
E2 The US Merine Corps Since 1945
E4 US Army Special Forces 1952-84
E13 US Army Ranger & LRRP Units 1942-87
E38 THE NVA AND VIETCONG
E43 VIETNAM MARINES 1965-73
E45 ARMIES OF THE GULF WAR
E55 MARINE RECON 1940-90
E59 US MARINE CORPS 1941-45

あとがき

現在、世界最強の軍隊と謳われているアメリカ海兵隊の全てを分かり易く図解によって紹介すべく、2年間『月刊モデルグラフィックス』誌に連載しました『ザ・レザーネック』に、新兵器や新たな考証を加え、ようやく完成させました『U.S.マリーンズ』。日本における海兵隊研究本№1を目指し、我が書庫にある関係資料を総動員、さらに軍事アナリストの高貫氏に監修をお願いした自信作であります。

尚、ブーツ・キャンプ編では元海兵隊員であった川口氏の貴重な体験談と、竹村氏紹介によりキャンプ富士の現役海兵隊員に取材させて頂き、内容をより充実させることが出来ましたことを、ここに御礼申し上げたいと思います。

〈新装改訂版のあとがき〉

と、いうわけで初版の刊行からおよそ25年ぶり(『モデルグラフィックス』連載当時から数えると30年以上)に本書を改訂することができました。

その間、オスプレイが実用化されたり、F/A-18E/Fが登場するなど、各種の装備が順次更新されているだけでなく、とくに21世紀になってからは対テロ作戦などの非正規戦が任務の多くを占めるようになるなど、海兵隊を取り巻く環境も様変わりしているようです。無人兵器も登場しました。

これからもその姿を追いかけて行きたいですね。

末筆ながら、本書を手に取っていただいた読者の皆様に感謝申し上げます。

2019年11月1日
上田 信

著者紹介

上田　信(うえだ・しん)　SHIN UEDA

1949年、青森県生まれ。モデルガンで有名なMGC社の宣伝部に勤務した後、イラストレーターとして独立、小松崎茂氏に師事。以来20年以上にわたってフリーとして活躍。戦車をはじめミリタリー関係が中心で、『コンバットマガジン』『コンバットコミック』『アーマーモデリング』などで連載ページを持つ。著書に『大戦車』(ワールドフォトプレス)、『コンバットバイブル』(日本出版社)、『USマリーンズ・ザ・レザーネック』『ドイツ陸軍戦車隊戦史 ヴェアマハト』『日本陸軍戦車隊戦史』『現代戦車戦史』『世界の戦車メカニカル大図鑑』『ビジュアル合戦雑学入門(東郷隆／共著)』『戦車大百科』(いずれも大日本絵画)、『大図解世界の武器』(グリーンアロー出版社)などがある。

新装改訂版 U.S.マリーンズ ザ・レザーネック

新装改訂版 U.S.マリーンズ ザ・レザーネック
著者／上田 信
2019年12月26日　初版第一刷

発行人／小川光二
発行所／株式会社 大日本絵画
〒101-0054　東京都千代田区神田錦町１丁目７番地
Tel：03-3294-7861（代表）　Fax：03-3294-7865
http://www.kaiga.co.jp

編集人／市村 弘
企画・編集／株式会社 アートボックス
〒101-0054　東京都千代田区神田錦町１丁目７番地　錦町一丁目ビル4階
Tel：03-6820-7000　Fax：03-5281-8467
http://www.modelkasten.com

編集担当／吉野泰貴
編集協力／浪江俊明
装丁／丹羽和夫(九六式艦上デザイン)
DTP／小野寺 徹

印刷・製本／三松堂株式会社

内容に関するお問い合わせ先：03(6820)7000 ㈱アートボックス
販売に関するお問い合わせ先：03(3294)7861 ㈱大日本絵画

ISBN978-4-499-23280-7